普通高等教育"十一五"国家级规划教材

高等院校技能应用型教材

微机原理与接口技术

（第 5 版）

李 芷 主 编

杨文显 段 青 杨青峰 副主编

电子工业出版社

Publishing House of Electronics Industry

北京·BEIJING

内 容 简 介

本书以 Intel 80x86 系列微处理器为背景，从应用角度系统介绍了 16 位和 32 位微机原理与接口技术。全书共 11 章。首先介绍微机的基本组成及软件和硬件基础；然后分别介绍微机系统的微处理器及其系统结构、汇编语言程序设计、微机存储器、微机接口、微机中断系统、控制器接口、并行/串行通信接口、D/A 转换和 A/D 转换接口、总线接口，并对微机系统常用的可编程接口给出应用实例分析；最后给出 7 个通用接口应用实验示例，供相关课程教学实验选用。

本书可作为高等院校、高等职业院校计算机类、通信工程类等相关专业的教材，也可作为计算机（偏硬件技术）等级考试的培训教材，还可供从事微机系统设计和应用的技术人员自学相关知识时参考。

图书在版编目（CIP）数据

微机原理与接口技术 / 李芷主编. —5 版. —北京：电子工业出版社，2020.6
ISBN 978-7-121-38582-7

Ⅰ. ①微… Ⅱ. ①李… Ⅲ. ①微型计算机—理论—高等学校—教材②微型计算机—接口技术—高等学校—教材 Ⅳ. ①TP36

中国版本图书馆 CIP 数据核字（2020）第 032421 号

责任编辑：薛华强　　　　特约编辑：田学清
印　　刷：北京七彩京通数码快印有限公司
装　　订：北京七彩京通数码快印有限公司
出版发行：电子工业出版社
　　　　　北京市海淀区万寿路 173 信箱　　　　　邮编：100036
开　　本：787×1 092　　1/16　　印张：14　　　字数：381 千字
版　　次：2003 年 8 月第 1 版
　　　　　2020 年 6 月第 5 版
印　　次：2025 年 7 月第 12 次印刷
定　　价：45.00 元

前　言

本书先后被教育部列入普通高等教育"十五"和"十一五"国家级规划教材。

本书认真学习宣传贯彻党的二十大精神，强化现代化建设人才支撑。本书秉持"尊重劳动、尊重知识、尊重人才、尊重创造"的思想，以人才岗位需求为目标，突出知识与技能的有机融合，让学生在学习过程中举一反三，创新思维，以适应人才培养需求。

"微机原理与接口技术"是计算机科学与技术专业学生必修的一门专业课程，也是与计算机相关的工程类各专业学生在计算机应用方面的一门重要选修课程。本书适用面广，可作为高等院校、高等职业院校计算机类、通信工程类等相关专业的教材，也可作为计算机（偏硬件技术）等级考试的培训教材，还可供从事微机系统设计和应用的技术人员自学相关知识时参考。

这是一本内容充实，综合性和应用性强，编写很有特色的教材。编者结合长期教学实践，注重基础性、系统性、实用性和新颖性，并通过大量的应用实例分析，力求深入浅出地阐述微机系统和接口的工作原理、使用方法。本书介绍了接口软件、硬件技术结合应用的新技术。

"微机原理与接口技术"是一门实践性很强的课程。本书根据对学生的培养目标要求，侧重于培养学生微机系统和接口的分析、设计及开发应用等方面的能力，要求加强习题练习、实验环节和课程综合设计项目的实践教学，使学生具有一定的微机系统分析、设计能力和较强的接口技术应用能力。

本书既是计算机专业先修基础课程（如"计算机组成原理""汇编语言程序设计"等）的综合应用教材，又可以作为计算机专业后续课程（如"计算机通信""计算机网络"等）的技术基础，因此具有较强的实用性。

本书教学参考课时数为80～90。

本书共11章。第1章介绍微机的软件和硬件基础，微机系统组成和结构特点，以及微机应用技术要点；第2章介绍80x86系列微处理器及其系统结构；第3章介绍汇编语言程序设计；第4章介绍微机存储器；第5章介绍微机接口技术的基本要点，包括接口的功能和分类、I/O

接口的基本结构、接口数据传输的控制方式等；第 6 章介绍微机的中断系统、中断管理和现代微机的中断技术；第 7 章介绍专用控制器，即中断控制器、DMA 控制器、定时/计数器的组成原理和应用；第 8 章介绍并行/串行通信接口应用技术；第 9 章介绍 D/A 转换和 A/D 转换接口应用技术；第 10 章介绍当今流行的微机总线接口；第 11 章介绍微机接口应用实验，给出了 7 个通用的实验示例，供相关课程教学实验选用。

本书还提供了配套的教学资源及部分习题的参考答案，读者可以登录华信教育资源网（http://www.hxedu.com.cn）免费注册后进行下载。

本书由李芷担任主编，杨文显、段青、杨青峰担任副主编。其他参与编写的人员有陈晔、齐宁超、吴奕斐、刘文杰。全书由袁晓宁审校。

由于编者水平有限，书中难免有不足之处，敬请广大读者不吝指正。

编　者

目　录

第 1 章　微机概述 ·· 1

　1.1　微机 ··· 1

　　1.1.1　微处理器、微机和微机系统 ·· 1

　　1.1.2　微机的性能指标 ·· 1

　　1.1.3　微机系统的组成 ·· 3

　　1.1.4　微机的分类及其应用 ·· 4

　1.2　微机的软/硬件基础 ·· 5

　　1.2.1　微机中的数和运算 ··· 5

　　1.2.2　微机的总线结构 ··· 10

　　1.2.3　微机系统的组成技术 ··· 11

　　1.2.4　微机中常用的数字部件 ··· 12

　习题 1 ··· 15

第 2 章　80x86 系列微处理器及其系统结构 ··· 17

　2.1　8086/8088 的结构及特点 ·· 17

　　2.1.1　8086/8088 的结构 ·· 17

　　2.1.2　8086/8088 的总线周期 ·· 20

　　2.1.3　8086/8088 的引脚特性 ·· 20

　2.2　8086/8088 的系统组成 ··· 22

　　2.2.1　8086/8088 的系统结构 ·· 22

　　2.2.2　8086/8088 最小模式系统组成 ·· 23

　　2.2.3　8086/8088 最大模式系统组成 ·· 23

　2.3　现代微处理器系统 ··· 24

　　2.3.1　80x86 系列高档微处理器 ··· 24

　　2.3.2　32 位微处理器的寄存器 ·· 26

　　2.3.3　32 位微处理器的工作方式 ··· 27

　　2.3.4　现代微机的系统结构 ··· 28

　习题 2 ··· 30

第 3 章　汇编语言程序设计 ·· 31

　3.1　汇编语言的指令系统 ·· 31

　　3.1.1　指令和指令系统 ··· 31

        3.1.2　8086/8088 指令语句 ·· 32
        3.1.3　8086/8088 指令系统 ·· 34
　3.2　汇编语言程序 ··· 42
        3.2.1　汇编语言程序的语句格式及汇编表达式 ·· 43
        3.2.2　伪指令 ··· 44
        3.2.3　汇编过程 ··· 47
　3.3　汇编语言程序设计 ·· 47
        3.3.1　顺序程序 ··· 48
        3.3.2　分支程序 ··· 49
        3.3.3　循环程序 ··· 53
        3.3.4　子程序设计和系统功能调用 ·· 57
　习题 3 ·· 63

第 4 章　微机存储器 ·· 65
　4.1　半导体存储器 ··· 65
        4.1.1　半导体存储器的性能指标 ·· 65
        4.1.2　半导体存储器的分类及其特点 ·· 66
        4.1.3　存储器芯片概述 ··· 67
　4.2　存储器与微机系统的连接 ·· 69
        4.2.1　数据线、地址线和读/写线的连接 ··· 69
        4.2.2　存储器容量的扩充 ·· 70
        4.2.3　片选信号的产生 ··· 71
        4.2.4　微机内存组织 ··· 72
　4.3　现代存储器的体系结构 ·· 74
        4.3.1　并行主存储器 ··· 74
        4.3.2　高速缓冲存储器 ··· 75
        4.3.3　虚拟存储器 ··· 76
　习题 4 ·· 77

第 5 章　微机接口概述 ·· 78
　5.1　微机接口 ·· 78
        5.1.1　微机接口与接口技术 ··· 78
        5.1.2　接口的分类 ··· 78
        5.1.3　接口的功能 ··· 80
　5.2　接口的基本结构 ··· 81
        5.2.1　接口与外设之间的信息 ·· 81
        5.2.2　接口的基本组成 ··· 82

5.3　接口数据传送的控制方式 ……………………………………………………… 83

　　5.3.1　程序方式 ……………………………………………………………… 83

　　5.3.2　中断方式 ……………………………………………………………… 85

　　5.3.3　直接存储器存取（DMA）方式 ……………………………………… 86

习题 5 ………………………………………………………………………………… 89

第 6 章　微机中断系统 ……………………………………………………………… 90

6.1　中断和中断系统 ………………………………………………………………… 90

　　6.1.1　中断系统的功能 ……………………………………………………… 90

　　6.1.2　中断处理过程 ………………………………………………………… 91

　　6.1.3　中断判优（排队）逻辑 ……………………………………………… 92

6.2　8086/8088 的中断结构 ………………………………………………………… 94

　　6.2.1　向量中断 ……………………………………………………………… 94

　　6.2.2　8086/8088 中断分类 ………………………………………………… 96

　　6.2.3　8086/8088 的中断管理过程 ………………………………………… 98

6.3　现代微机的中断技术 …………………………………………………………… 99

　　6.3.1　保护方式的中断 ……………………………………………………… 99

　　6.3.2　ICH 中断 ……………………………………………………………… 100

　　6.3.3　APIC 中断 …………………………………………………………… 101

习题 6 ………………………………………………………………………………… 101

第 7 章　控制器接口 ………………………………………………………………… 102

7.1　中断控制器 8259A ……………………………………………………………… 102

　　7.1.1　8259A 简介 …………………………………………………………… 102

　　7.1.2　8259A 的中断管理方式 ……………………………………………… 104

　　7.1.3　8259A 的编程设置 …………………………………………………… 106

7.2　DMA 控制器 8237A ……………………………………………………………… 111

　　7.2.1　8237A 简介 …………………………………………………………… 111

　　7.2.2　8237A 的工作方式 …………………………………………………… 114

　　7.2.3　8237A 的编程设置 …………………………………………………… 115

　　7.2.4　8237A 的应用举例 …………………………………………………… 119

7.3　定时/计数器 8253 ……………………………………………………………… 120

　　7.3.1　定时/计数器的工作原理 …………………………………………… 120

　　7.3.2　8253 简介 ……………………………………………………………… 121

　　7.3.3　8253 的工作方式 ……………………………………………………… 123

　　7.3.4　8253 的应用举例 ……………………………………………………… 126

习题 7 ………………………………………………………………………………… 128

第 8 章　并行/串行通信接口 ································· 129

　8.1　可编程并行 I/O 接口 8255A ·························· 129

　　8.1.1　8255A 的内部结构 ····························· 130

　　8.1.2　8255A 的工作方式 ····························· 131

　　8.1.3　8255A 的编程设置 ····························· 134

　　8.1.4　8255A 的应用举例 ····························· 135

　8.2　串行通信和串行 I/O 接口 ························· 137

　　8.2.1　串行通信方式 ······························· 137

　　8.2.2　串行通信规程 ······························· 138

　　8.2.3　可编程串行 I/O 接口的基本结构 ················· 140

　8.3　可编程串行 I/O 接口 8251A ·························· 141

　　8.3.1　8251A 简介 ································· 141

　　8.3.2　8251A 的工作过程 ····························· 143

　　8.3.3　8251A 的编程设置 ····························· 143

　　8.3.4　8251A 的应用举例 ····························· 145

　习题 8 ····································· 148

第 9 章　D/A 转换、A/D 转换接口 ······················· 149

　9.1　D/A 转换 ································· 149

　　9.1.1　D/A 转换原理 ······························· 149

　　9.1.2　DAC 的性能参数 ······························· 151

　　9.1.3　DAC0832 及其接口电路 ························· 152

　9.2　A/D 转换 ································· 156

　　9.2.1　A/D 转换过程 ······························· 156

　　9.2.2　A/D 转换方法 ······························· 156

　　9.2.3　ADC 的性能参数 ······························· 158

　　9.2.4　ADC0809 及其接口电路 ························· 159

　9.3　A/D 通道、D/A 通道设计 ························· 161

　　9.3.1　多路模拟开关 ······························· 161

　　9.3.2　采样/保持器 ······························· 162

　　9.3.3　A/D 通道、D/A 通道的结构形式 ················· 163

　　9.3.4　A/D 通道、D/A 通道的应用举例 ················· 164

　习题 9 ····································· 166

第 10 章　微机总线接口 ····························· 167

　10.1　总线概述 ································· 167

　　10.1.1　总线和总线结构 ····························· 167

      10.1.2　总线类型和总线标准 ·· 168

      10.1.3　总线技术 ··· 169

  10.2　系统总线 ··· 172

      10.2.1　IBM PC/XT 总线 ·· 172

      10.2.2　ISA 总线和 EISA 总线 ·· 174

      10.2.3　高速局部总线 ·· 176

  10.3　常用的串行总线 ··· 178

      10.3.1　EIA-RS-232 总线 ··· 178

      10.3.2　USB ·· 180

  习题 10 ··· 181

第 11 章　微机接口应用实验 ·· 182

  11.1　微机实验系统 ·· 182

      11.1.1　实验系统（台）的组成 ··· 182

      11.1.2　TDN 86/51 教学实验系统 ·· 184

      11.1.3　微机实验的操作 ··· 186

  11.2　实验示例 ··· 188

      11.2.1　8259A 实验 ··· 188

      11.2.2　8237A 实验 ··· 190

      11.2.3　8253 实验 ··· 191

      11.2.4　8255A 实验 ··· 193

      11.2.5　8251A 实验 ··· 194

      11.2.6　DAC0832 和 ADC0809 实验 ·· 196

      11.2.7　时间数码显示系统实验 ·· 198

附录 A　8086/8088 指令系统表 ·· 202

附录 B　常用 BIOS 中断调用表 ·· 208

附录 C　常用 DOS 功能调用（INT 21H）表 ··· 210

参考文献 ··· 213

第 1 章　微机概述

以大规模集成电路工艺和计算机技术为基础的微处理器和微型计算机的问世，是计算机发展史上重要的里程碑，标志着计算机进入了超大规模集成电路的、微型化的计算机时代。

本章主要介绍微机的性能指标、组成、分类及其应用，以及微机的软/硬件基础，使读者对微机和微机技术有一个概括的了解，为微机原理和接口技术的学习和应用打下基础。

1.1　微机

从基本结构和工作原理上来看，微型计算机与大型、中型、小型计算机并没有本质上的区别，只是其广泛采用了集成度相当高的器件和部件，使其体积大为减小，故被称为微型化的电子计算机。

1.1.1　微处理器、微机和微机系统

运算器和控制器合称为中央处理器（CPU）。随着半导体集成电路工艺的提高，可以将整个 CPU，即由成千上万个各种门电路及触发器等电子元器件构成的复杂电路，做成一个大规模集成电路，通常其尺寸只有十几至几十平方厘米。这种微缩的大规模集成电路称为微处理器（MicroProcessor，MP）。微处理器在微机中也常被称为 CPU。

微处理器由算术逻辑部件（ALU）、控制部件（CU）、寄存器（R）组、片内总线等组成，用于执行算术/逻辑运算和控制微机自动、协调地完成各种操作。微处理器本身不构成独立的工作系统，只有与存储器、输入/输出（Input/Output，I/O）接口，以及一些辅助电路有机地结合在一起，才具有一台完整的计算机应该具有的功能。

微型计算机（MicroComputer，MC）是以微处理器为核心部件，再加上半导体存储器（如随机存储器 RAM、只读存储器 ROM 等），I/O 接口，以及相应的辅助电路（如时钟发生器、各类译码器、缓冲器等）构成的微型化计算机装置，简称微机。

微型计算机系统（MicroComputer System，MCS）是以微机为主体，配上一定规模的系统软件和外部设备而构成的，简称微机系统。系统软件包括操作系统和一系列系统实用程序，可以为用户使用微机提供各种手段，从而更好地发挥微机系统中的硬件功能。

1.1.2　微机的性能指标

对微机的性能进行评估涉及指令系统、系统结构、硬件组织、外部设备（简称外设）配置、软件配置等。对于微机的使用者来说，至少要了解以下几个评估微机性能的主要指标。

1. 字长

计算机中所有的信息都是用二进制数（0 和 1）表示的，其最小单位是二进制数位（bit）。微处理器在处理和传送信息时，往往把一组二进制数作为一个整体并行操作，这一组二进制数称为一个字（Word），字所含有的二进制数位的位数称为字长。字长通常与微处理器的寄存器、运算器、数据传输线的位数一致，因此，字长可以定义为微处理器并行处理的最大位数。

字长是微机的重要性能指标，也是微机分类的主要依据之一。字长越大，表示微机运行的精度越高，当然相应的硬件线路也越多。从某个角度来说，字长的增大提高了微处理器的并行处理速度。例如，传送一个 16 位二进制数，8 位机须分两次完成，而 16 位机一次就可以完成，其优越性是显而易见的。高档微机字长已达到 32 位、64 位。

微机中普遍使用的单位为字节（Byte），一个字节由 8 位二进制数位组成，通常用 $D_7,D_6,\cdots,D_0$ 从最高位（MSB）到最低位（LSB）表示其各个数位。字长的位数，也常以字节为单位。例如，字长 8 位，可说成字长 1 字节；字长 16 位，可说成字长 2 字节，用 $D_{15},D_{14},\cdots,D_0$ 表示其各个数位，也说成高位字节（$D_{15}\sim D_8$）和低位字节（$D_7\sim D_0$）。

2. 存储容量

存储器（通常指主/内存储器）是微机存放信息的"仓库"，由若干个存储单元组成。存储单元一般以字节为单位，即 1 个存储单元中存放 1 字节信息，读出或者写入均是 8 位一起操作。存储单元的编号称为存储地址（二进制编码，但常用十六进制数来描述）。微机系统能够直接寻址的存储单元数目称为存储容量。存储容量也可以定义为存储器能够存放信息的最大字节数。

存储单元数目是由传送存储地址的传输线条数决定的。如果有 16 条地址线，那么有 2^{16}（65 536）种组合的地址编码，由此可区分 65 536 个存储单元；如果有 20 条地址线，那么有 2^{20}（1 048 576）种组合的地址编码，由此可区分 1 048 576 个存储单元。微机中把 2^{10} 规定为 1K，2^{20} 规定为 1M，2^{30} 规定为 1G，2^{40} 规定为 1T。所以，16 条地址线可直接寻址 64K 个存储单元，20 条地址线可直接寻址 1 M 个存储单元。

由于存储器是以字节为单位的，所以微机存储容量可表示为 64K 字节、1M 字节、1G 字节，即 64KB、1MB、1GB。

3. 运算速度

微机完成一个具体任务所花费的时间就是完成该任务的执行时间，时间越短，表明微机的运算速度越高。不断提高运算速度，是微机多年发展所努力追求的目标之一。

早期，人们选用加法指令作为基本指令（因为加法指令是使用频率最高，也是最基本的运算指令），以基本指令的执行时间，或者以每秒执行基本指令的条数来大致地反映微机的运算速度。多数人选择后一种表示方法，以百万条/秒（MIP/s）为单位。

现在一般用微机的主频——系统时钟频率（每秒时钟个数）来表示运算速度，以 MHz（10^6Hz）、GHz（10^9Hz）为单位。微机的主频越高，表明其运算速度越高。高档微机，如奔腾 4 系列的主频达到 1.4GHz～3.2GHz。

4. 系统配置

一台微机的配置除了要能保证正常工作，还必须提供必要的人—机联系手段，包括配置相应数量的外设（如键盘、显示器、打印机等）和配置实现计算机操作的相应软件。当然，配置的外设档次越高、软件种类越丰富，微机的使用就越便利，工作效率也就越高。特别是系统软件和应用软件的配置，在很大程度上决定了微机功能的发挥。

5．性能价格比

性能价格比是选购微机时需要重点考虑的指标。用户应该根据实际需求，从性能和价格两个方面进行综合考虑，仔细权衡，选购性能价格比高的微机。

1.1.3 微机系统的组成

微机是借助于大规模集成电路技术发展起来的计算机。它在基本结构和工作原理方面与一般的计算机有许多共性。其中，最大的共同之处是，都是由硬件（Hardware）和软件（Software）两大部分组成的相辅相成的系统。硬件是指那些为组成计算机而有机联系在一起的各种元件、部件或装置的总称，是计算机的物理实体——机器系统。软件是相对于硬件而言的，是指方便用户使用和发挥计算机效能的各种程序（Program）和相关文档资料的总称，是计算机的程序系统。

微机系统的硬件和软件更加密不可分，其组成如表 1.1 所示。

表 1.1 微机系统的组成

微机系统的组成	硬件	主机 （单片/单板/多板）	微处理器	算术逻辑部件（ALU）、控制部件（CU）、寄存器（R）组
			内存储器	ROM：PROM、EPROM、E²PROM 等。 RAM：SRAM、DRAM、NVRAM 等
			I/O 接口	并行 I/O 接口、串行 I/O 接口
			系统总线	地址总线（AB）、数据总线（DB）、控制总线（CB）
		外设	I/O 设备	显示器、键盘、鼠标、打印机等
			外存储器	硬盘
			过程 I/O 通道	模拟量 I/O 通道：A/D 转换器、D/A 转换器。 开关量 I/O 通道
		电源		
	软件	系统软件		监控程序、操作系统（如 CP/M、DOS、UNIX、OS-2 等）、诊断程序、编辑程序（如 EDLIN、Word 等）、解释程序、编译程序等
		程序设计语言		机器语言、汇编语言、高级语言（如 BASIC、FORTRAN、Pascal、C 等）
		应用软件		软件包、数据库（dBASE）等

微机系统的硬件是机器的实体部分，主要包括主机、外设和电源。主机主要由微处理器和内存储器组成，它们被印制成一块电路板，称为主机板。外设主要包括显示器、键盘、鼠标、硬盘、打印机等。如果微机连网，还要配置网卡、调制解调器等通信设备。外设需要通过各自的接口电路（一般也以电路板形式）与主机连接。主机板和外设接口板往往是以多板的结构形式放置在一个机箱内的，合称为主机箱。

微机系统的软件主要包括系统软件、程序设计语言和应用软件等。系统软件是由设计者提供给用户的、可以充分发挥微机效能的一系列程序，包括操作系统、语言处理程序和各种服务程序。整个微机是通过系统软件进行管理的。应用软件（或称为工具包）是用户为解决实际问题而利用微机提供的系统软件研制的一系列程序，包括用户根据需要设计的各种程序、数据库管理系统等。程序设计语言是人和微机交换信息所用的编程工具语言，分为机器语言、汇编语言、高级语言三类。机器语言是微机执行指令的二进制编码语言，编程烦琐、易错、直观性差，在实际应用中很少直接采用。微机应用者通常使用高级语言或汇编语言编写（源）程序，再用相关语言处理程序（如编译程序、汇编程序等），把源程序"翻译"成机器语言程序。

1.1.4　微机的分类及其应用

微处理器的种类数以百计，以不同的微处理器为核心组装成的微机更是种类繁多，对微机进行分类，不仅有利于设计者对微机的设计，还有利用户对微机的选购。

1．微机的分类

由于微处理器的性能在很大程度上决定了微机的性能，所以可以根据微处理器性能的不同对微机进行分类。按微处理器的组成形式来分，可以分为位片式微机、单片式微机、多片式微机；按微处理器的制造工艺来分，可以分为 MOS 型微机和双极型微机；按微处理器利用的形态来分，可以分为单片机、单板机、多板机等。通常以微处理器的字长作为微机分类标准，分为 4 位微机、8 位微机、16 位微机、32 位微机等。下面以 Intel 系列微机为例，介绍微机的分类及其应用的大致情况。

1）4 位微机

最初的 4 位微处理器是 4004，后来改进为 4040。常见的 4 位微机是 4 位单片微机，即在一个芯片内集成了 4 位微处理器、（1～2）KB ROM、（64～128）KB RAM、I/O 接口和时钟发生器。这种单片微机虽然价格低廉，但运算能力弱，存储容量小，程序固化在 ROM 中。4 位微机主要用于家用电器、娱乐器件、仪器仪表的简单控制和各类袖珍计算器。

2）8 位微机

8 位微机的推出，表明微机技术已经比较成熟。8 位微机的通用性较强，它们的寻址能力可以达到 64KB，有功能灵活的指令系统和较强的中断能力，还有比较齐全的配套电路。这些特点使得 8 位微机应用范围很宽，广泛用于工业控制、事务管理、教育、通信等行业。

3）16 位微机

16 位微处理器不仅在集成度、运算速度和数据宽度等方面优于前几类微处理器，而且在功能和处理方法等方面做了改进，在此基础上构成的微机足以与 20 世纪 70 年代的中档小型机匹敌。个人计算机（PC）的微处理器以 8086/8088 为代表，PC 是 16 位微机的主流机型，不断推出的更高档微机都尽量保持对它的兼容。

4）32 位微机

以 32 位微处理器为核心的 32 位微机对比小型机更有竞争力，一般作为工作站可用于计算机辅助设计、工程设计，或者作为局域网中的资源站点。

2．微机的应用特点

微机是当今计算机应用领域中最主流的机型，这是因为它具有其他计算机不可比拟的特点。

1）体积小、重量轻、功耗低

采用大规模或超大规模集成电路的微处理器，其芯片的体积小、重量轻。比如，集成度为 6800 管/片的 M6800 微处理器的芯片尺寸是 5.2cm×5.4cm，32 位微机的 HP-9000 微处理器的芯片尺寸是 6.35cm×6.35cm。芯片封装后一般只有十几克重，使用少量的芯片就可以在一块电路板上组装出一台微机，如单板机。微机的功耗一般只有十几瓦，电源体积小，而且易于散热。这些优点使微机在小型电子设备、家用电器、航空航天等领域有着重要的应用价值。

2）性能可靠

由于采用大规模集成电路，微机内组件数量大幅度减少，电路板上的焊接点数和接插件数比采用中、小规模集成电路的小型机减少 1～2 个数量级，使微机的可靠性大大提高。微机完全可以做到工作数千小时不出故障，而且对使用环境的要求较低。

3）价格便宜

由于集成电路技术的进步，微机的生产批量加大，并且价格不断下降。同时，价格因素又促使市场上性能价格比更高的新品种不断涌现。

4）结构灵活、适应性强

微机的组成结构为总线结构，可以灵活组装，方便构成满足各种需要的应用系统，并且易于对系统进行进一步扩充。此外，构成微机的基本部件的系列化和标准化增强了微机的通用性。更为重要的是，微机具有可编程序和软件固化的特点，这使得一台标准微机仅通过改变程序就能执行不同任务。这一特点使得微机适应性很强，研制周期也大为缩短。

5）应用面广

微机广泛应用于信息处理、工业过程控制、人工智能、计算机辅助设计/制造、商业流通、财政金融、办公自动化、家用电器等领域。

1.2　微机的软/硬件基础

众所周知，微机的硬件和软件是相辅相成的。微处理器、存储器、I/O 设备等硬件仅使微机具有了计算和处理信息的能力，若要真正进行计算和信息处理，微机还必须配有软件。

1.2.1　微机中的数和运算

微机硬件是由基本电路部件构成的一个电路系统。电路通常只有两种稳态，如导通与阻塞，饱和与截止，高电位与低电位等。具有两种稳态的电路被称为二值电路，采用二值电路来代表数或其他信息只能用两个数码（0 和 1）表示，这样的物理表示既简单又快捷。这就是微机中的数和运算，以及操作命令等全部采用二进制数或二进制编码表示的缘由。

1. 数 制

数制是按进位原则进行计数的科学方法。微机中常用的数制是十进制、二进制和十六进制，表 1.2 中给出了这三种数制的特性。

表 1.2　十进制、二进制和十六进制的特性

分　类	十　进　制	二　进　制	十　六　进　制
数码	0~9	0, 1	0~9, A, B, C, D, E, F
基	10	2	16
进位原则	逢十进一	逢二进一	逢十六进一
位值	10^i	2^i	16^i
位值规则通项公式	$N=\sum(D_i\times10^i)$, i 为 $n{-}1\sim{-}m$	$N=\sum(B_i\times2^i)$, i 为 $n{-}1\sim{-}m$	$N=\sum(H_i\times16^i)$, i 为 $n{-}1\sim{-}m$
数制后缀符号	D 或者省略	B	H

数制中使用的数码个数称为基（或模），数制的进位原则就是逢"基"进一。一个数码在数中的大小，不仅与数码本身的大小有关，而且与其在数中的位置有关。每一个数位上表示的值的大小称为位权值（简称位值）。一个数可以用"按位值展开"（称为位值规则）表达式来描述。位值规则通项公式为

$$N=\sum(\text{数位 } i\times\text{数位 } i \text{ 的位值})$$

其中，i 为 $n{-}1\sim{-}m$，表示从整数的最高 $n{-}1$ 数位到小数的最低 $-m$ 数位。例如，

$$623.79 = 6\times10^2+2\times10^1+3\times10^0+7\times10^{-1}+9\times10^{-2}$$

$$11011.101B = 1\times2^4+1\times2^3+0\times2^2+1\times2^1+1\times2^0+1\times2^{-1}+0\times2^{-2}+1\times2^{-3}$$

$$3AC2H = 3\times16^3+10\times16^2+12\times16^1+2\times16^0$$

2．数制转换

使用不同数制的数据，常需要进行数制转换。

1）二进制数和十六进制数之间的转换

十六进制数实际是二进制数的缩写，二进制数和十六进制数之间有着直接的对应关系，即 $2^4{=}16$。二进制数和十六进制数之间的转换是 4 位二进制数和 1 位十六进制数的对应转换，十分简便。例如，

$$11000001B = 0C1H \qquad 7F2AH = 0111111100101010B$$

如果需要进行数制转换的数中有小数，则以小数点为界，分别对整数、小数 4 位一组进行转换。例如，

$$01011101.01B = \underline{0101}\ \underline{1101}.\underline{0100}B = 5D.4H$$

2）将二进制/十六进制数转换成十进制数

将二进制/十六进制数转换成十进制数可按照表 1.2 中位值规则通项公式，即采用"乘以位值法"展开计算。例如，

$$1010110B = 1\times2^6+1\times2^4+1\times2^2+1\times2 = 64 + 16 + 4 + 2 =86$$

$$4D.8H = 4\times16^1+13\times16^0+8\times16^{-1} = 64 +13 +0.5 = 77.5$$

3）将十进制数转换成二进制/十六进制数

将十进制数转换成二进制/十六进制数，其整数部分和小数部分的转换方法是不同的。

① 将十进制数的整数部分转换成二进制/十六进制数的整数部分采用"除以基取余法"，即把十进制数的整数部分辗转除以基（2 或 16），直到商等于 0 为止，将得到的一系列余数作为二进制/十六进制数的整数部分。注意，最先得到的余数是转换后数的最低有效位。例如，

$$233D = 0E9H\ （除以 16 取余数） \qquad 233D = 11101001B\ （除以 2 取余数）$$

② 将十进制数的小数部分转换成二进制/十六进制数的小数部分采用"乘以基取整法"，

即先把十进制数的小数部分辗转乘以基（2 或 16），再把各次乘积的整数部分分离出来，作为二进制/十六进制数的小数部分。注意，最先分离出来的整数是转换后数的最高小数有效位。例如，

$$0.25D = 0.01B = 0.4H \qquad 0.5D = 0.1B = 0.8H$$

$$0.625D = 0.101B = 0.AH \qquad 0.75D = 0.11B = 0.CH$$

在实际应用中，将十进制数转换为二进制数采用将十进制数先转换为十六进制数再转换为二进制数的方法更为简捷。例如，将 38.625D 转换成二进制数，先将 38 辗转除以 16，两次分别得到余数 6 和 2；再将 0.625 乘以 16，得到整数 10（十六进制数为 A）。所以 38.625D 转换成十六进制数为 26.AH，再将其转换成二进制数，即

$$38.625D = 26.AH = 100110.101B$$

3．字符编码

除数字以外，微机还要能识别各种符号，如英文字母、运算符等。这些符号可用若干位 0 和 1 的组合码描述，称为二进制字符编码。每种编码有其一定的编码规则。

微机常用的字符编码有 BCD（Binary Coded Decimal）码、ASCII 码（美国信息交换标准码，American Standard Code for Information Interchange），我国还使用汉字编码。

1）BCD 码

BCD 码是十进制数的二进制编码表示形式。1 位十进制数用 4 位二进制编码表示，0～9 的 BCD 码分别对应 0000～1001 编码。

微机中十进制数的 BCD 码表示分为两种情况：用 1 个字节存放 1 位 BCD 码（高 4 位不用，恒为 0000），为非压缩 BCD 码；用 1 个字节存放 2 位 BCD 码，为压缩 BCD 码。例如，10000000B（80H），压缩 BCD 码为 80；01001001B（49H），压缩 BCD 码为 49。

2）ASCII 码

ASCII 码是微机中普遍使用的 7 位字符编码，它可表示 $2^7 = 128$ 个字符，包括数字符、运算符、大/小写英文字母等可打印字符，以及回车、换行、响铃等控制字符。

微机中用 1 个字节表示 1 个 ASCII 码，其 b_7 位恒为 0。ASCII 编码表如表 1.3 所示。

表 1.3　ASCII 编码表

$b_3 b_2 b_1 b_0$	$b_6 b_5 b_4$							
	000 （0H）	001 （1H）	010 （2H）	011 （3H）	100 （4H）	101 （5H）	110 （6H）	111 （7H）
0000（0H）	NUL（空）	DLE（数据链换码）	SP（空格）	0	@	P	、	p
0001（1H）	SOH（标题开始）	DC1（设备控制 1）	!	1	A	Q	a	q
0010（2H）	STX（正文结束）	DC2（设备控制 2）	"	2	B	R	b	r
0011（3H）	ETX（本文结束）	DC3（设备控制 3）	#	3	C	S	c	s
0100（4H）	EOT（传输结果）	DC4（设备控制 4）	$	4	D	T	d	t
0101（5H）	ENQ（询问）	NAK（否定）	%	5	E	U	e	u
0110（6H）	ACK（承认）	SYN（空转同步）	&	6	F	V	f	v
0111（7H）	BEL（报警）	ETB（组传送结束）	'	7	G	W	g	w
1000（8H）	BS（退一格）	CAN（作废）	(	8	H	X	h	x
1001（9H）	HT（横向列表）	M（纸尽）	)	9	I	Y	i	y

$b_3 b_2 b_1 b_0$	$b_6 b_5 b_4$							
	000 （0H）	001 （1H）	010 （2H）	011 （3H）	100 （4H）	101 （5H）	110 （6H）	111 （7H）
1010（AH）	LF（换行）	SUB（减）	*	:	J	Z	j	z
1011（BH）	VT（垂直制表）	ESC（换码）	+	;	K	[	k	{
1100（CH）	FF（走纸）	FS（文字分隔符）	,	<	L	\	l	|
1101（DH）	CR（回车）	GS（组分隔符）	−	=	M	]	m	}
1110（EH）	SO（移位输出）	RS（记录分隔符）	.	>	N	↑	n	~
1111（FH）	SI（移位输入）	US（单元分隔符）	/	?	O	←	o	DEL

4．数的表示

微机中的数是用二进制有穷数位表示的。例如，8 位（字节）数是 0～0FFH，可表示 256 个数；16 位（字）数是 0～0FFFFH，可表示 65 536 个数。数有无符号数和有符号数之分。

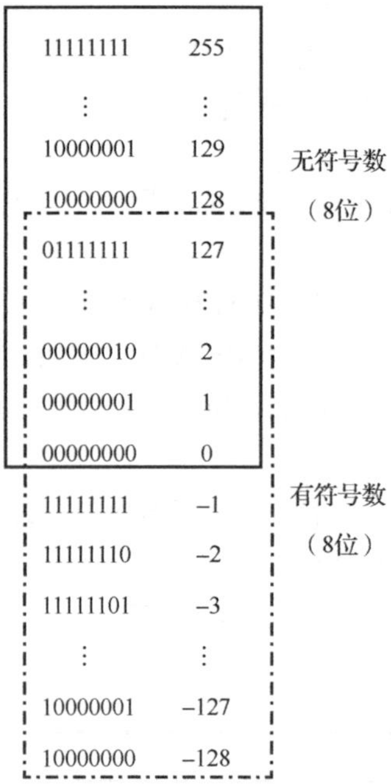

图 1.1 有/无符号字节数范围

1）无符号数

无符号数是正数，无须用符号表示，所有数位都是数值位。n 位无符号数 N 的数值范围是 $0 \leqslant N \leqslant 2^n - 1$。例如，无符号字节数为 0～255（如图 1.1 中实框所示），无符号字数为 0～65 535。

2）有符号数

在绝大多数情况下，数是有正负之分的。有符号数把符号数值化，正号用"0"表示，负号用"1"表示；最高数位为符号位，其余数位为数值位。

有符号数有原码、反码、补码三种表示法。

① 原码是"数符 S_f—绝对值"表示法。例如，

　　0 1000011（+67）　　1 0111000（−56）

② 正数的反码与原码相同；负数的反码是将它对应的正数的原码连同符号位一起按位取反所得。例如，

　　0 1000011（+67）　　1 1000111（−56）

③ 正数的补码也与原码相同；负数的补码是将它对应的正数的原码连同符号位一起按位取反，再在最低数位上加 1 所得。简而言之，负数的补码为其反码加 1。例如，

　　0 1000011（+67）　　1 1001000（−56）

微机中有符号数均采用补码表示。n 位用补码表示的数 N 的数值范围是 $-2^{n-1} \leqslant N \leqslant 2^{n-1}-1$。例如，有符号字节数为 −128～127（如图 1.1 中虚框所示），有符号字数为 −32 768～32 767。

求一个负数 X 补码的方法：先求 X 对应正数的原码（n 位），然后"按位取反"，并在最低数位加 1，相当于做了一个 n 位的 0−X 运算。例如，求 −127 的补码：+127 的原码为 01111111，"按位取反"并在最低数位上加上 1 得 10000001。

3）定点数和浮点数

如果有符号数中有小数点，则微机可通过人—机约定确定小数点的位置。根据约定的不同，有定点和浮点两种表示法。

定点表示法是指小数点在数中的位置固定。若小数点固定在数值位后，则为整数表示，称为定点整数表示；若小数点固定在符号位后，则数的绝对值必小于 1，称为定点小数表示。

为了扩大数值范围、提高运算精度，微机中的数多采用浮点表示法。数 N 用表达式 $N = 2^P \times S$ 表示，浮点描述格式为

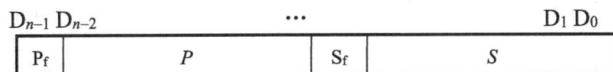

$$D_{n-1}\ D_{n-2} \qquad\qquad \cdots \qquad\qquad D_1\ D_0$$

P_f	P	S_f	S

其中，S 为尾数，表示全部有效数字，一般用定点小数表示，S_f 为尾数符号；P 为阶码，用定点整数表示，P_f 为阶码符号。

例如，$N = -320 = 2^6 \times (-5)$，浮点描述为 $N = 2^{110} \times (-101)$；若浮点数的阶码和尾数都规定用 4 位定点整数原码表示，则 -320 的浮点数为 01101101B。

5. 基本运算

微机中的基本运算由 ALU 完成。ALU 既能进行二进制的算术运算，又能进行布尔代数的逻辑运算。

1）逻辑运算

布尔代数也称为逻辑代数，其变量的数值 0 或 1 并无大小之意，只代表事物的两个不同的逻辑性质。微机中的逻辑运算有反（非）运算、与（∧）运算、或（∨）运算、异或（⊕）运算。对于多位二进制变量的逻辑运算是"按位"进行的，即分别对各对应位进行逻辑运算。例如，

$$(11001001) \wedge (00101100) = 00001000B（08H）$$
$$(11001001) \vee (00101100) = 11101101B（0EDH）$$
$$(11001001) \oplus (00101100) = 11100101B（0E5H）$$

2）算术运算

微机从硬件结构"最简"方面考虑，将算术运算中的乘法和除法运算在适当的软件配合下分别变成加法和减法运算。这样，四则算术运算即可简化成加法和减法运算。ALU 的核心电路是加法器，实现的就是补码的加法和减法运算。

根据补码表示法规则，补码有这样一个特性：一个数的补码经过两次求补运算可以还原，即 $[X]_{补码}$ 取反加 1 得 $[-X]_{补码}$，再取反加 1 得 $[X]_{补码}$。这个特性在补码的加法和减法运算中很有用，可以将补码的减法运算变成加法运算，使得加法和减法运算进一步简化为只有加法运算，即

$$[X \pm Y]_{补码} = [X]_{补码} + [\pm Y]_{补码}$$

微机中加法和减法运算采用补码，不仅十分简便，而且不需要判断正负号，符号位一起参加运算，自动得到正确的补码结果（除非出现数值溢出错误）。例如，

$X = 64 - 10 = 54$

$[X]_{补码} = [64]_{补码} + [-10]_{补码} = 01000000\ B + 11110110\ B = 00110110\ B = [54]_{补码}$

$Y = 34 - 68 = -34$

$[Y]_{补码} = [34]_{补码} + [-68]_{补码} = 00100010\ B + 10111100\ B = 11011110\ B = [-34]_{补码}$

综上所述，微机中的数和符号都是用 0 和 1 两个数码表示的。那么一个若干位二进制信息到底表示什么含义呢？这要根据使用场合的"约定"，或者人为的"规定"来确定。表 1.4

中给出了 8 位（$D_7 \sim D_0$）二进制数在不同使用场合表示的物理含义，用于帮助读者理解微机中的数制和码制。

表 1.4　微机中（8 位）二进制数含义示例

$D_7 \sim D_0$	十六进制数	无符号数	有符号数（补码）	压缩 BCD 码	ASCII 码
01000001	41H	65	65	41	A
01100100	64H	100	100	64	d
01111111	7FH	127	127	非法码	<DEL>
10000000	80H	128	−128	80	非法码
10010101	95H	149	−107	95	非法码
10011100	9CH	156	−100	非法码	非法码
11111111	0FFH	255	−1	非法码	非法码

1.2.2　微机的总线结构

微机属于计算机，其工作原理与其他计算机的一样，都是分为程序存储和程序控制的。但是，微机系统的组成结构发生了根本的改变。

微机主要由微处理器、存储器、I/O 接口及相应的辅助电路组成，微机系统的组成结构形式有别于大/中/小型计算机，采用的是总线结构。

总线是传输信号的一组导线，可作为微机各部件之间信息传输的公共通道。一个部件只要符合总线标准，就可以连接到使用这种总线标准的微机系统中。这样的结构使得微机系统中各个部件之间的相互关系变成各个部件面向总线的单一关系，不仅简化了整个微机系统，而且使微机系统的进一步扩充变得非常方便。总线结构这种模块化（或称为积木化）特点使得微机系统部件的组成相当灵活，维护起来也相当简捷。

微机的核心部件是微处理器，所以微机的总线是指微机主板或单板机上以微处理器为核心的、芯片与芯片之间的连接总线，也称为系统总线。微处理器通过系统总线实现和其他部件的联系。总线就像整个微机系统的"中枢神经"，把微处理器、存储器和 I/O 接口（用于 I/O 设备与微机相连）有机地连接起来，所有的地址信息、数据和控制信号都通过总线传输。

微机的总线结构如图 1.2 所示。微机的总线按功能可分成三组，即数据总线（Data Bus，DB）、地址总线（Address Bus，AB）和控制总线（Control Bus，CB），所以微机的总线结构也称为三总线结构。

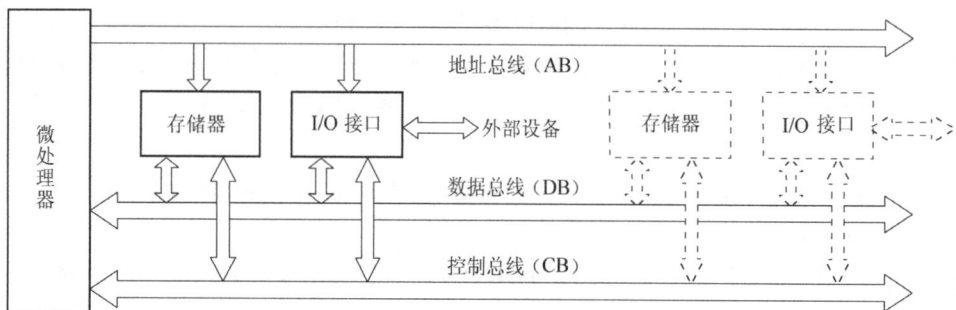

图 1.2　微机的总线结构

数据总线是传输数据或代码的一组通信线，其宽度（总线的根数）一般与微处理器的字长相等。例如，16 位微处理器的数据总线有 16 根，分别以 $D_{15} \sim D_0$ 表示，D_0 为最低位。数据总线上的数据信息在微处理器与存储器或 I/O 接口之间的传送可以是双向的，即数据总线既可以传送读信息，也可以传送写信息。

地址总线是传输地址信息的一组通信线，是微处理器访问外界时用于寻址的总线。地址总线是单向的，其根数决定了可以直接寻址的范围。例如，16 位微处理器的地址总线有 20 根，分别用 $A_{19} \sim A_0$ 表示，A_0 为最低位。$A_{19} \sim A_0$ 可以组合成 2^{20}（1M）个不同地址值，可寻址范围为 00000H～0FFFFFH。

控制总线是传送各种控制信号的一组通信线。控制信号用于微处理器和其他芯片间的相互联络或控制。其中包括微处理器传送给存储器或 I/O 接口的输出控制信号，如读信号 $\overline{RD}$、写信号 $\overline{WR}$ 等，还包括其他部件传送给微处理器的输入控制信号，如时钟信号 CLK、中断请求信号 INTR 和 NMI、准备就绪信号 READY 等。

1.2.3　微机系统的组成技术

除组成结构是总线结构之外，微机系统的组成技术也有一些独特之处。

1. 引脚的功能复用

出于对工艺和生产成本的考虑，大规模集成电路的封装尺寸和引脚数目往往是有一定限制的。为了解决一个大规模集成电路上引脚数目不足的问题，微机采用了引脚功能复用技术，即把引脚设计成多个功能"公用"的引脚，以便达到扩充引脚数目的目的。所谓多个功能的"公用"引脚，是指可供多个功能"分时"使用的引脚，所以，引脚功能复用也称为引脚分时复用。

随着微机字长的增大和寻址能力的提高，引脚功能复用技术的应用越来越普遍。例如，8 位微处理器有 40 个引脚（地址总线 16 根，数据总线 8 根，其他的是电源和控制总线），而 16 位微处理器（如 8086）仍然有 40 个引脚，由于可寻址 1MB，需要 20 根地址总线和 16 根数据总线，如果不采取措施，显然 40 个引脚不够用。采用引脚功能复用的办法，就是将地址总线、数据总线分时使用同一组引脚，即 8086 的 20 个引脚具有两个功能：在某一时刻传送 20 位地址信息，在另一时刻用其中的 16 个引脚传送 16 位数据信息。

功能复用的引脚必须分时使用总线，以达到区分功能、节约引脚的目的，这需要有相应的辅助电路，实现分时控制逻辑。所以，采用引脚功能复用技术是以延长信息传输时间、增加系统的复杂性为代价的。

2. 流水线技术

随着大规模集成电路技术的出现和发展，芯片集成度显著提高，过去在大/中/小型计算机中应用的一些现代技术（如流水线技术、高速缓冲存储器、虚拟存储器等）也被借鉴性地应用到微机系统中。特别是流水线技术的应用，使得微机运行模式发生了很大的变革。

所谓流水线技术就是一种同时（或称为同步）进行若干操作的处理方式。由于这种方式的操作过程类似于工厂的流水线作业装配线，故形象地称之为流水线技术。

微机的运行采用程序存储和程序控制的方式。传统上，程序指令顺序地存储在存储器中。当执行程序时，这些指令被相继地逐条取出并执行，也就是说指令的提取和执行是串行进行的。

这种串行运行方式的优点是控制简单，缺点是微机有时会出现部分空闲而导致利用率不高。这是传统串行工作模式的主要局限性。为了提高指令的执行速度，除采用更高速的半导体器件和提高系统主频以外，还可以使微处理器采用同时进行若干操作的并行处理方式。

如果把微处理器的一个操作过程（如分析指令、加工数据等）进一步分解成多个单独处理的子操作，则可使每个子操作在一个专门的硬件站（Stage）上执行。这样一个子操作序列便可顺序地经过流水线中多个站的处理，而且是在各个站间重叠进行处理的。这种操作的重叠性提高了微处理器的工作效率。

下面以"取指令—执行指令"一个工作周期中要完成的若干个操作为例来说明流水线工作流程。

在串行运行方式中，一个"取指令—执行指令"工作周期一般要顺序完成以下操作。

- 取指令——微处理器根据指令指针所指地址，到存储器寻址，读出指令送入指令寄存器。
- 指令译码——对指令进行译码，指令指针增值，指向下一条指令的地址。
- 地址生成——由于很多指令要访问存储器或 I/O 接口，所以必须给出存储器或 I/O 接口的地址（地址在指令中直接给出，或者可经过某些计算得到）。
- 存取操作数——当指令要求存取操作数时，按照生成的地址寻址，并存取操作数。
- 执行指令——由 ALU 完成指令操作。

流水线运行方式可以使上述某些操作重叠。例如，把取指令和执行指令（甚至再加上指令译码）操作重叠起来进行。在执行一条指令的同时，取另一条或若干条指令。程序中的指令仍是顺序执行的，但可以预先取若干条指令，并在当前指令尚未执行完时，提前启动其他操作。这样的并行操作可以加快一段程序的运行过程。

流水线技术的实现依赖于增加部件。例如，上述取指令和执行指令的重叠，就需要增加"预取指令"部件来取指令，并且把它存放到一个排队队列中，使微处理器同时进行取指令和执行指令操作。再如，让微处理器中有两个 ALU，一个主 ALU 用于进行算术/逻辑运算等操作，另一个 ALU 专用于地址生成，这样可以使地址的计算和其他操作同时进行。

流水线技术主要目的是加快取指令和访问存储器等操作（这些操作量是很大的），在某些情况下，可以使运行的速度呈指数级提高。此外，要保证流水线有良好的性能，必须有一系列有效的技术支持，如流水线协调管理技术和避免阻塞技术等。

流水线技术可分为指令流水线技术、运算操作流水线技术、寻址流水线技术等，现已广泛应用于 16 位及 16 位以上的微机系统。

1.2.4 微机中常用的数字部件

尽管数字电路技术发展迅猛，集成度不断提高，已使得一个实际的微机电路结构相当复杂，但它仍依赖于一些基本原理。对于初学者而言，要掌握其工作原理和应用技术，就必须将它分解成若干个功能块，由"粗"到"细"地进行剖析。其中，每个功能块由若干个电路部件组成，每个电路部件又由若干个微电子器件组成……。本节介绍微机中常用的一些数字部件的功能结构，以利于学生对微机系统结构的理解和对接口电路的分析。

1．逻辑门电路

数字电路是一个二值开关电路，通常用逻辑图表示逻辑关系。逻辑图是用一系列逻辑符号描述电路中输入与输出之间逻辑关系的电路图。它只反映电路的逻辑功能，而不反映其电气性能。

逻辑门是逻辑图中最基本的逻辑符号，是表征一种逻辑关系的数字门电路。逻辑门电路的名称、符号和表达式如图 1.3 所示。

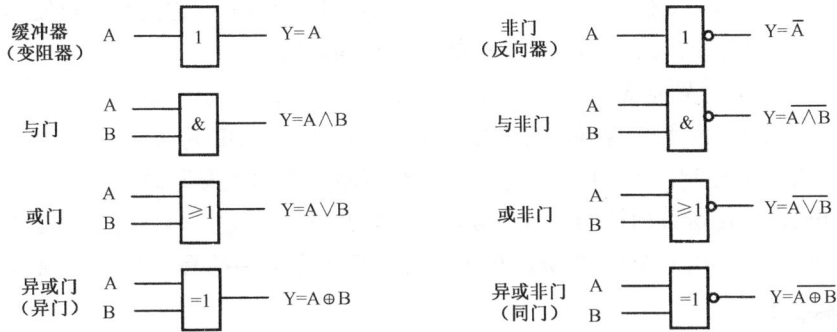

图 1.3　逻辑门电路的名称、符号和表达式

2．三态门

微机的总线结构既要保证挂在总线上的功能部件"共享"总线通道，又要保证信息在公共总线上传输时不"乱窜"，能正确地实现信息源和信息目的地的对应传输，而不影响其他不工作的部件。这就需要采用有效的办法来避免总线冲突和信息串扰。解决方法之一是，采用三态输出电路（三态门）把部件与总线相连。当部件不工作时，与总线相连的三态门处于高阻态，部件犹如与总线断开一样，仅由正在工作的部件"独享"总线。

所谓三态是指输出电路具有 0 态（开通，传输"0"）、1 态（开通，传输"1"）、高阻态（断开/悬浮输出）三种状态。图 1.4 给出了总线结构上广泛采用的单向三态门和双向三态门。三态门"开"或"关"的控制信号一般由微处理器发出。双向三态门是由两个单向三态门构成的，又称为双向电子开关，工作时用两个单向三态门互斥的控制端信号来选通传输方向。

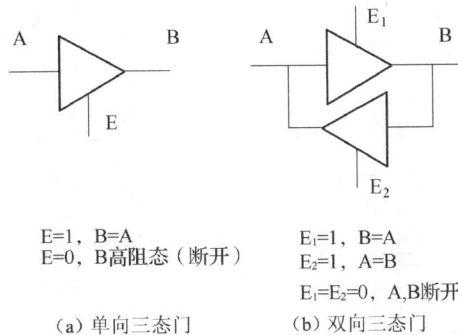

$E=1$，$B=A$
$E=0$，B高阻态（断开）

$E_1=1$，$B=A$
$E_2=1$，$A=B$
$E_1=E_2=0$，A,B断开

（a）单向三态门　　（b）双向三态门

图 1.4　三态门

三态门具有较高的输入阻抗和较低的输出阻抗，可以改善传输特性，故能对传输数据起到缓冲作用，同时能对传输的数据进行功率放大，具有一定的驱动能力，所以三态门还被称为

数据缓冲/驱动器。

3．数据缓冲/驱动器

由于微机的数据总线的负载能力是有限的，所以如果有比较多的部件挂在数据总线上，则微处理器可能没有足够的功率把数据传输给每个部件。为了解决这个问题，往往需要在数据总线上接一个双向数据缓冲/驱动器来传输数据，使数据经放大后再传输给需要该数据的部件。这样不仅增加了驱动数据的能力，而且可以简化对挂接部件接口的要求。

8286（74LS245）是 8 位带双向三态门的双向数据缓冲器，或称为数据收发器，采用 20 个引脚的双列直插式封装，其内部逻辑结构如图 1.5（a）所示。

$A_0 \sim A_7$ 和 $B_0 \sim B_7$ 分别是 8 位数据输入端和输出端，数据双向传输。

$\overline{OE}$（Out Enable）为允许输出控制信号，低电平有效。当 $\overline{OE}$ 为低电平时，允许数据输入/输出，传送方向由 T 控制；当 $\overline{OE}$ 为高电平时，数据输出端口为高阻态。

T（Transmit）为传送方向控制信号，高电平、低电平均有效。当 T=1 时，数据由 A 向 B 传送；当 T=0 时，数据由 B 向 A 传送。T 常用微处理器的读/写信号（$R/\overline{W}$）来控制。

4．数据锁存器

在信息传输的过程中，微机系统往往需要对"短暂"信号进行锁存，以达到时间上的扩展，保证让接收方有足够的时间接收和处理数据。

8282（74LS373）是 8 位带单向三态门的数据锁存器，常用于数据的锁存、缓冲和信号的多路传输，采用 20 个引脚的双列直插式封装，其内部逻辑结构如图 1.5（b）所示。

$DI_0 \sim DI_7$ 和 $DO_0 \sim DO_7$ 分别是 8 位数据输入端和输出端，数据单向传输。

STB（Strobe）为输入选通信号，高电平有效。当 STB 为高电平时，8282 进行数据传输，即 $DO_0 \sim DO_7 = DI_0 \sim DI_7$；当 STB 由高电平变为低电平时，8282 将输入数据锁存。

$\overline{OE}$ 为输出允许信号，低电平有效。$\overline{OE}$ 实际上是 8282 内部单向三态门的输出允许信号。如果将 $\overline{OE}$ 端接地使其保持常有效，则 8282 总是处于输出允许状态，当 STB 有效时，数据被锁存并直接传送到输出端，这时 8282 就仅作为数据锁存器使用。如果让 STB 保持常有效，则数据直通，当 $\overline{OE}$ 有效时，数据才输出，这时 8282 仅作为数据缓冲器用。

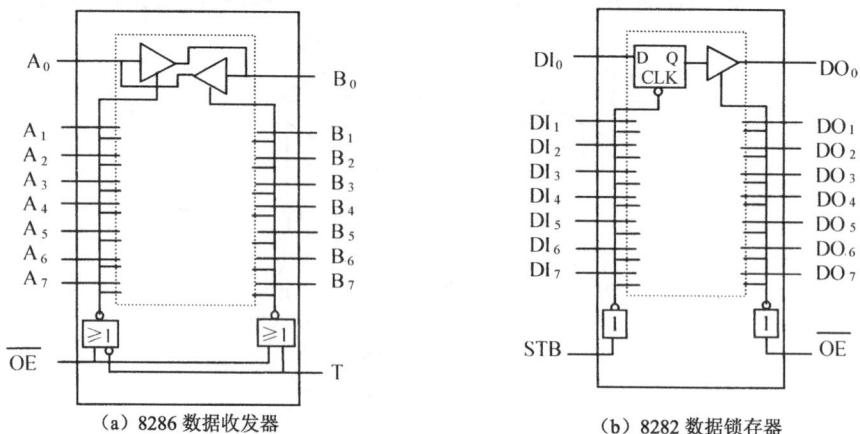

（a）8286 数据收发器　　　（b）8282 数据锁存器

图 1.5　8286 和 8282 的内部逻辑与引脚

5．地址译码器

微机中广泛采用译码器根据存储器或 I/O 接口的地址码对其进行寻址。

地址译码器的工作原理是，根据输入的组合状态得到唯一的输出有效信号，即对应于当前输入的组合状态码，所有输出信号中只能有一个有效，其余的均无效。若以输出低电平（逻辑 0）为有效，则输出高电平（逻辑 1）表示无效，反之亦然。n 位二进制数有 2^n 个不同的编码组合，所以译码电路有 n 个输入端，就有 2^n 个输出端，这称为 n-2^n 译码器。

8205（74LS138）是一个 3-8 译码器，如图 1.6 所示。A_2、A_1、A_0 是 8205 译码器的 3 个输入端，有 $000,001,\cdots,111$ 这 8 种输入组合状态。$\overline{Y_0} \sim \overline{Y_7}$ 是 8205 译码器的 8 个输出端，根据 A_2、A_1、A_0 的输入组合进行译码，得到 $\overline{Y_0} \sim \overline{Y_7}$ 中唯一的一个（低电平）有效信号。$\overline{E_1}$、$\overline{E_2}$、E_3 是 8205 译码器的 3 个选通控制信号，当 $\overline{E_1} \wedge \overline{E_2} \wedge E_3 = 1$ 时，译码器工作。

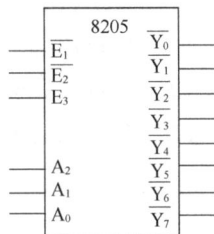

图 1.6　8205 译码器的引脚

8205 译码器的逻辑真值表如表 1.5 所示。

表 1.5　8205 译码器的逻辑真值表

$E_3 \overline{E_2} \overline{E_1}$	$A_2\ A_1\ A_0$	$\overline{Y_7} \sim \overline{Y_0}$
1　0　0	0　0　0	11111110
	0　0　1	11111101
	0　1　0	11111011
	0　1　1	11110111
	1　0　0	11101111
	1　0　1	11011111
	1　1　0	10111111
	1　1　1	01111111

习　题　1

1.1　解释和区别下列名词术语。

　　硬件、软件、主机、外设、接口

　　微处理器、微机、微机系统

　　存储器、存储单元、存储内容、存储地址、存储容量

　　总线、总线结构、地址总线、数据总线、控制总线

　　三态门、数据缓冲/驱动器、数据锁存器、地址译码器

1.2　将下列十进制数分别转换成二进制数和十六进制数。

　　（1）84　　　　　（2）217　　　　　（3）35.5　　　　　（4）129.75

1.3　给出下列十进制数的补码（8 位）。

　　（1）+127　　　　（2）−127　　　　（3）+105　　　　（4）−64

1.4 给出下列十六进制数所代表的无符号数和有符号数（用十进制数表示）。

（1）50H　　　　　（2）64H　　　　　（3）85H　　　　　（4）0FFH

1.5 对下列算式进行字节补码运算，并指出是否发生溢出。

（1）100+86　　　　（2）99−123　　　　（3）78+49　　　　（4）−75−64

1.6 对下列算式进行逻辑运算。

（1）(01011001)∧(11001100)　　　（2）(11010011)∨(10001010)

（3）(10110101)⊕(01100001)　　　（4）(01011010)⊕(00001111)

1.7 微机由哪几部分组成？各部分的作用是什么？

1.8 请画出微机系统三总线结构示意图，并说明采用总线结构的好处。

1.9 微机的引脚功能复用技术和流水线技术的要点分别是什么？

第2章 80x86系列微处理器及其系统结构

随着大规模集成电路技术的迅速发展，微处理器及其外围芯片的集成度不断提高，功能也越来越强。Intel 公司于 1978 年推出了 16 位微处理器 8086 和 8088，接着推出了更高性能的 80286，1985 年推出了 32 位微处理器 80386，继而又开发出 80486，1993 年推出了 Pentium（80586）。近年来，Intel 公司不断推陈出新，又相继研制出 Pentium II、Pentium III、Pentium IV 等。Intel 公司这一系列飞速更新换代的微处理器被称为 80x86 系列。

学习微机原理，不仅要弄清微处理器的内部结构和系统组成；还要了解运行程序时，指令或数据在微处理器中的流动路径、存放空间和操作时序等；同时要树立起微处理器操作的空间和时间概念，掌握微处理器的工作原理。本章主要介绍 80x86 系列微处理器的结构、特点和系统组成。

2.1 8086/8088 的结构及特点

16 位微处理器 8086/8088 的性能远远优于 8 位微处理器的性能，不仅运行速度、运算能力和寻址范围等纵向能力有很大提高，而且由于具有协处理器接口，其横向能力也大为提高，在复杂的控制和诊断、字处理、通信网络和终端、图像处理等领域得到了广泛的应用。此外，80386、80486、Pentium 等更高性能的微处理器也保持了对它的兼容。8086/8088 既有广泛的应用，也有很好的承上启下作用。这正是本章在 80x86 系列中选择 8086/8088 做重点介绍的原因。

2.1.1 8086/8088 的结构

8086 是一种功能很强的 16 位微处理器，集成了 2.9 万只晶体管，采用单一+5V 电源，主频为 5MHz/10MHz，内部和外部的数据总线都是 16 位的，地址总线是 20 位的，可直接寻址空间达 2^{20}B，即 1MB。

Intel 公司在推出 8086 之后，又推出了一种准 16 位微处理器 8088。它是 IBM PC/XT 等个人计算机的微处理器。8088 和 8086 的内部结构基本相同，两者的软件也完全兼容。它们的主要区别在于外部数据总线：8086 的外部数据总线是 16 位的，而 8088 的外部数据总线是 8 位的。8088 的这一特点使它能与 Intel 公司的 I/O 接口芯片（大多数为 8 位的）直接连接，且构成的系统结构简单。但是，执行相同的程序 8088 要比 8086 有较多的外部存取操作，运行速度较慢。

1．8086/8088 的编程结构

从功能上来看，8086/8088 的内部结构由两个独立的工作部件，即执行部件（Execution Unit，EU）和总线接口部件（Bus Interface Unit，BIU）组成，如图 2.1 所示。

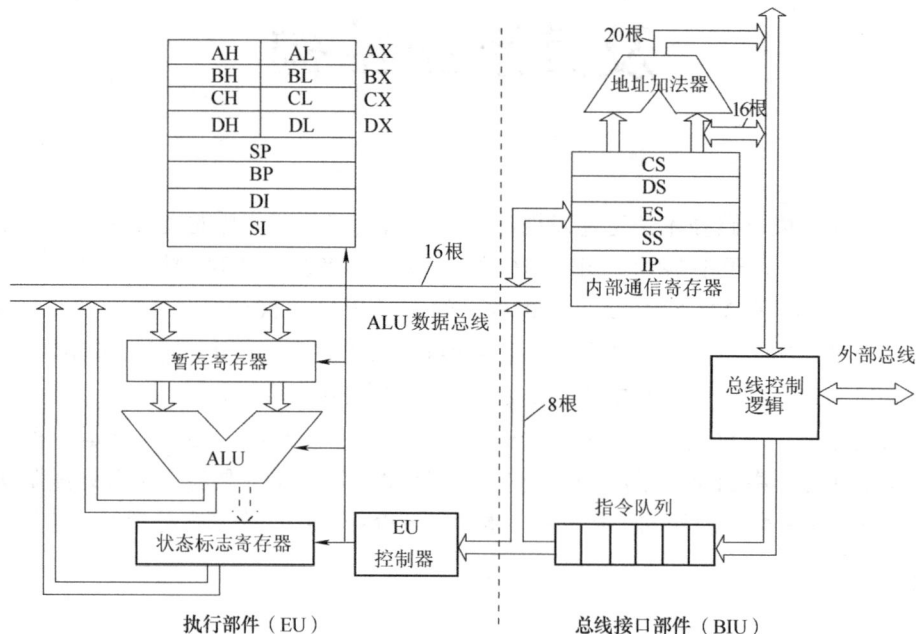

图 2.1　8086/8088 的内部结构

1）执行部件（EU）

EU 由 ALU、寄存器阵列、EU 控制器等组成。EU 不与外部系统总线相连，只负责指令的译码和执行。EU 从 BIU 的指令队列中取指令，进行指令译码并利用暂存寄存器和 ALU 对数据进行处理。执行指令的结果或者执行时所需要的外部数据，都由 EU 向 BIU 发出请求，让 BIU 对存储器或 I/O 接口进行访问。

EU 的寄存器阵列包括 4 个 16 位通用数据寄存器（AX、BX、CX、DX）（也可以分成高 8 位和低 8 位，分别作为 8 位寄存器使用）、4 个 16 位专用数据寄存器（BP、SP、SI、DI）和 1 个 16 位状态标志寄存器（Flags）。状态标志寄存器用于存放 9 位状态标志（其他 7 位未用），8086/8088 的状态标志位表如表 2.1 所示。

表 2.1　8086/8088 的状态标志位表

标志位名称	数据位	标 志 含 义
零标志位 ZF	D_6	运算结果是否为零。ZF=1，运算结果为零；ZF=0，运算结果不为零
符号标志位 SF	D_7	运算结果的符号位（最高位）。SF=1，运算结果为负数；SF=0，运算结果为正数
进位标志位 CF	D_0	最高位上是否有进/借位。CF=1，最高位上有进/借位；CF=0，最高位上无进/借位
辅助进位标志位 AF	D_4	D_3 位上是否有进/借位（一般作为调整 BCD 码时的判断依据）。AF=1，D_3 位上有进/借位；AF=0，D_3 位上无进/借位
溢出标志位 OF	D_{11}	有符号数运算是否溢出。OF=1，有符号数运算溢出；OF=0，有符号数运算无溢出

标志位名称	数据位	标 志 含 义
奇偶标志位 PF	D_2	运算结果中有偶数或奇数个"1"。PF=1，运算结果中有偶数个"1"；PF=0，运算结果中有奇数个"1"
方向标志位 DF	D_{10}	控制串操作的地址增量方向。DF=1，地址递减；DF=0，地址递增
中断标志位 IF	D_9	控制可屏蔽中断是否允许。IF=1，中断允许；IF=0，中断屏蔽
跟踪标志位 TF	D_8	控制指令执行方式。TF=1，微处理器单步执行指令；TF=0，微处理器正常执行指令

2）总线接口部件（BIU）

BIU 由指令队列（8086 的指令队列是 6 字节的，8088 的指令队列是 4 字节的）、地址加法器、寄存器阵列、总线控制逻辑等组成。BIU 与外部系统总线相连，负责向存储器或者 I/O 接口传送信息，也就是 BIU 管理预取指令（存放到指令队列）和存数、取数的实际过程。

BIU 的寄存器阵列包括 4 个 16 位的段寄存器（CS、DS、ES、SS）、1 个 16 位的指令指针寄存器 IP，以及 1 个内部通信寄存器。

8086/8088 的存储器的存储空间为 1MB，对其寻址需要 20 位地址信息（物理地址）。对存储器寻址是根据逻辑地址（16 位段址和 16 位偏移地址）的描述，通过地址加法器产生 20 位物理地址的。

地址加法器把段寄存器提供的 16 位段址，即段首地址的高 16 位左移 4 位（相当于乘以 16），形成段基址，即 20 位的段首地址，加上 EU 或者 IP 提供的偏移地址，即 16 位相对段首地址的偏移地址，形成 20 位的物理地址（如图 2.2 所示），即

$$物理地址（20 位）= 段址（16 位）\times 16 + 偏移地址（16 位）$$

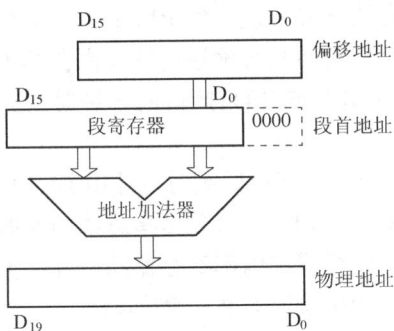

图 2.2　存储器物理地址的形成

2. BIU 和 EU 的流水线式管理

BIU 和 EU 采用取指令和执行指令的流水线式的并行工作模式，使得总线控制逻辑部件和指令执行逻辑部件之间既互相独立又互相配合，提高了微处理器的工作效率，这也是 8086/8088 成功的原因之一。

BIU 和 EU 的流水线式非同步管理原则主要有以下 4 点。

① 当指令队列已满，而且 EU 又无访问外部请求时，BIU 便进入空闲状态。

② 当 BIU 空闲，而且指令队列有空字节（8086 有 2 个以上，8088 有 1 个以上）时，BIU 自动把所跟踪的指令从存储器预取到指令队列。

③ 当 EU 执行完一条指令后，按"先进先出"原则从 BIU 的指令队列中取出下一条指令，进行译码，然后再去执行。在执行指令过程中，如果需要访问存储器或 I/O 接口，EU 会请求 BIU 去完成访问外部的操作；BIU 此时如果正好空闲，就会立即响应 EU 请求，否则，会等完成预取指令后再响应 EU 请求。

④ 当执行到转移、调用、返回等指令时，若将要执行的指令不在指令队列中（这是因为 BIU 只是机械地按顺序预取指令），则原有指令队列被自动清除，BIU 根据新的指令指针重新取指令装入指令队列。

2.1.2　8086/8088 的总线周期

微机必须有一个系统时钟为微处理器和总线控制逻辑电路提供时序基准。微处理器在外部提供的系统时钟脉冲信号作用下，按时序执行一个个操作。系统时钟频率称为主频，以 MHz 为单位，一个系统时钟脉冲的时间长度称为时钟周期（T），以 ns（10^{-9}s）为单位，因此主频和时钟周期互为倒数。例如，8086 主频为 5MHz，1 个时钟周期是 200ns。

8284A 是为 8086/8088 设计的配套的系统时钟发生器。它采用 TTL 脉冲发生器作为振荡源，输出系统时钟（CLK）的频率为振荡源频率的三分之一。除此之外，振荡源频率经 8284A 驱动后，还向系统提供晶体振荡信号（OSC），以及外围芯片所需的时钟信号（PCLK）等。8284A 还要对外部电路送来的就绪信号（RDY）和复位信号（RES）进行整形，并将其在时钟的下降沿同步后输出，分别作为系统的就绪信号（READY）和复位信号（RESET）。

8086/8088 通过 BIU 完成的一次总线操作称为一个总线周期，一个总线周期由若干个时钟周期组成。由于总线上的操作种类不同，总线周期也分成相应的不同类型，如读总线周期、写总线周期、中断响应总线周期等，不同的总线周期表示不同的操作时序。

8086/8088 的基本总线周期是由 4 个时钟周期组成的，分别用 T_1、T_2、T_3、T_4 表示相应的时钟周期状态。总线读/写操作在基本总线周期中的时序是，在 T_1 状态，输出读/写对象的地址；在 $T_2 \sim T_3$ 状态，数据总线传送数据；在 T_4 状态，读/写结束。

8086/8088 除了有基本总线周期的 $T_1 \sim T_4$ 这 4 个时钟周期状态，还有等待时钟周期（T_W）状态和空闲时钟周期（T_i）状态。

T_W 状态：当系统中的存储器或 I/O 接口在数据传输速度方面不能满足 8086/8088 的要求，即不能用一个基本总线周期完成读/写操作时，会通过系统中的"Ready"电路产生 READY 信号。当"Ready"电路在 T_3 状态的下降沿检测到 READY 无效信号时，表示数据传送未完成，于是在 T_3 之后插入 $1 \sim n$ 个 T_W；当"Ready"电路在 T_3 状态的下降沿检测到 READY 有效信号时，会自动脱离 T_W 而进入 T_4 状态。为了与存储器或 I/O 接口的数据传输速度匹配而在基本总线周期中插入 T_W 状态，实际上是快速微处理器对慢速存储器或 I/O 接口的一种等待。8086/8088 数据传输的总线周期是 $(4+n)$ 个 T。

T_i 状态：8086/8088 只有在和存储器或 I/O 接口交换数据或装填指令队列时，才由 BIU 执行总线周期，否则，BIU 执行 $1 \sim n$ 个 T_i，进入总线空闲状态（空操作）。T_i 只是指总线操作的空闲，对于 8086/8088 内部，仍可进行有效操作（如 EU 进行计算或在内部寄存器间进行数据传送等）。因此，在两个总线周期之间插入 T_i 状态，实际上是 BIU 对 EU 的一种等待。

2.1.3　8086/8088 的引脚特性

8086/8088 为 40 引脚的双列直插式组件（DIP）封装。8086/8088 的引脚如图 2.3 所示，其中 24～31 引脚的功能根据工作在最小模式下还是最大模式下有所不同，括号中为工作在最大模式下的引脚名。下面以 8086 为例，介绍引脚功能。

MN/$\overline{\text{MX}}$：最小/最大模式选择信号，输入，高电平、低电平均有效。MN/$\overline{\text{MX}}$=1，设置为最小模式；MN/$\overline{\text{MX}}$=0，设置为最大模式。

CLK：系统时钟信号，输入。CLK 端与时钟发生器 8284A 的时钟输出端连接。该信号的占空比为 33%，即低电平和高电平之比为 2:1。

AD$_{15}$～AD$_0$：地址/数据复用线，双向，三态。在 T_1 状态，输出要访问的存储器或 I/O 接口的地址；在 $T_2 \sim T_4$ 状态，作为数据传输线。

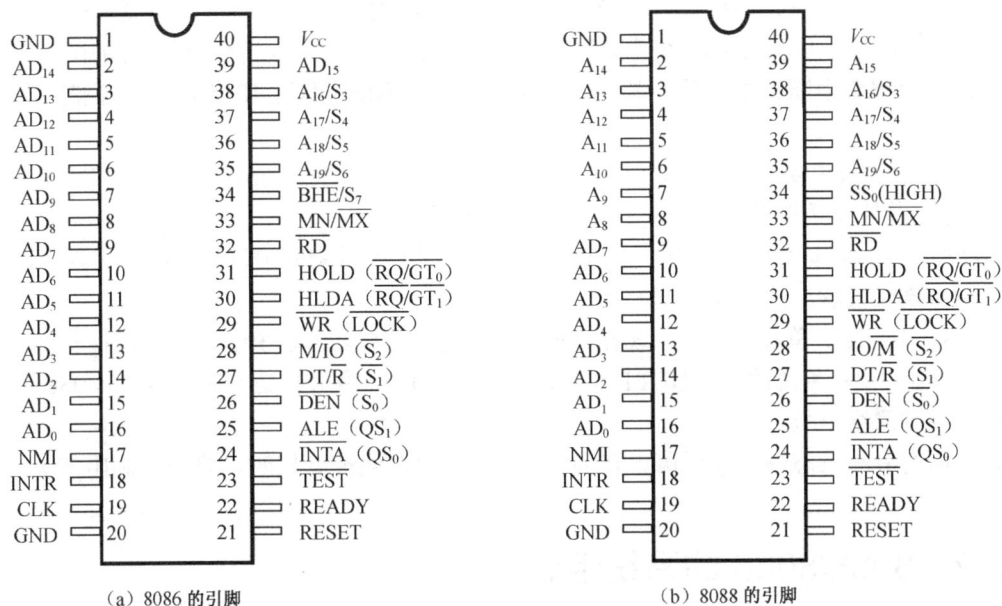

（a）8086 的引脚　　　　　　　　　（b）8088 的引脚

图 2.3　8086/8088 的引脚

$A_{19}/S_6 \sim A_{16}/S_3$：地址/状态复用线，输出，三态。在 T_1 状态，输出 $A_{19} \sim A_{16}$ 高 4 位地址；在 $T_2 \sim T_4$ 状态，输出 $S_6 \sim S_3$ 微处理器的状态信号。当访问存储器时，T_1 输出的 $A_{19} \sim A_{16}$ 与 $AD_{15} \sim AD_0$ 组成 20 位地址信号，可寻址 1MB 存储器空间；当访问 I/O 接口时，$AD_{15} \sim AD_0$ 为 16 位地址信号，可寻址 64KB（$A_{19} \sim A_{16}$ 为 0000）I/O 接口空间。当状态信号的 S_6 为 0 时，表示当前 8086 占用总线，S_5 表示中断允许 IF 的状态，S_4 和 S_3 组合码表示当前使用的段寄存器（00、01、10、11 分别指 ES、SS、CS、DS）。

ALE：地址锁存信号，输出，高电平有效。ALE 是提供给外部地址锁存器的选通信号，在 T_1 状态发出，表示当前地址/数据复用线上输出的是地址信号。

$\overline{RD}$、$\overline{WR}$：读、写选通信号，输出，低电平有效，三态。$\overline{RD}=0$，表示存储器或 I/O 接口读操作；$\overline{WR}=0$，表示存储器或 I/O 接口写操作。它们在"同时"是互斥信号，即若读操作有效则写操作无效，若写操作有效则读操作无效。

$M/\overline{IO}$：存储器或 I/O 选通信号，输出，高电平、低电平均有效，三态。$M/\overline{IO}=1$，表示微处理器与存储器进行数据传输；$M/\overline{IO}=0$，表示微处理器和 I/O 接口进行数据传输（8088 是 $IO/\overline{M}$，信号逻辑相反）。

$\overline{DEN}$、$DT/\overline{R}$：数据允许、数据收/发信号，输出，三态。$\overline{DEN}$ 是提供给外部数据收发器的选通信号，$\overline{DEN}=0$，表示允许传输。$DT/\overline{R}$ 是在允许传输时控制其数据传输方向的信号，$DT/\overline{R}=1$，表示数据发送；$DT/\overline{R}=0$，表示数据接收。

RESET：系统复位信号，输入，高电平有效。RESET 接时钟发生器 8284A 的 RESET 端，得到一个经同步了的复位脉冲信号。

READY："准备好"信号，输入，高电平有效。READY 接时钟发生器 8284A 的 READY 端，得到一个经同步的"准备好"信号。READY=0，表示数据传输未完成，在 T_3 状态之后，自动插入一个或多个 T_W；READY=1，表示数据传输完毕，进入 T_4 状态。

$\overline{\text{TEST}}$：等待测试信号，输入，低电平有效。$\overline{\text{TEST}}$ 信号和 WAIT 指令结合使用。当微处理器执行 WAIT 指令时，每隔 5 个 T 对该信号进行一次测试。$\overline{\text{TEST}}=1$，重复执行 WAIT 指令，直到 $\overline{\text{TEST}}=0$，结束 WAIT 指令，执行下一条指令。$\overline{\text{TEST}}$ 相当于外部硬件的同步信号。

NMI：非屏蔽中断请求信号，输入，上升沿触发。NMI 不受 IF 影响，也不能用软件进行屏蔽。

INTR：可屏蔽中断请求信号，输入，高电平有效。INTR 可以被 IF 屏蔽。当 INTR=1，并且 IF=1 时，微处理器响应 INTR 中断。

$\overline{\text{INTA}}$：中断响应信号，输出，低电平有效。$\overline{\text{INTA}}$ 表示响应 INTR 中断，进入中断响应周期（两个连续负脉冲的总线周期）。

HOLD、HLDA：总线请求、总线允许信号，高电平有效。当系统中其他总线控制部件（如 DMA 控制器）要占用总线时，HOLD（输入）和 HLDA（输出）是一对与 8086/8088 配合使用的总线控制联络信号。

以上所有具有三态性质的引脚，在 8086/8088 让出总线控制权时，将呈现高阻态。

2.2 8086/8088 的系统组成

8086/8088 的系统组成可以设计成最小模式和最大模式两种工作组态。

8086/8088 最小模式系统只有一个微处理器（8086/8088），所有总线控制信息都由微处理器直接产生，系统中的总线控制逻辑电路被减到最少，这就是最小模式名称的由来。最小模式适合于较小规模的微机系统。

8086/8088 最大模式系统是相对最小模式而言的，是中/大型规模的微机系统。最大模式系统也称为多处理器系统，即系统中有多个微处理器，其中一个是主处理器（8086/8088），其他处理器称为协处理器。协处理器专门承担系统某一方面的工作，如数据运算、数据输入和输出等。

2.2.1 8086/8088 的系统结构

8086/8088 系统除了最主要的微处理器，还需要配置许多部件（芯片）。系统的硬件组成虽然由于最小模式或最大模式而有所差异，但它们的系统组成是有很多共同点的。

① MN/$\overline{\text{MX}}$ 端接 V_{CC} 或者 GND，分别决定工作在最小模式或者最大模式下。

② 采用时钟发生器 8284A 提供系统时钟。8284A 外接 15MHz 振荡源，经三分频后得到 5MHz 主频，接 8086/8088 的 CLK 端。除此之外，8284A 还将外部的复位信号 RESET 和就绪信号 READY，经同步后分别发送给 8086/8088 相应引脚。

③ 用 3 片 8282 锁存器，在 T_1 状态时锁存 $A_{19}\sim A_0$ 地址信号。3 片 8282 的 STB 端接 8086/8088 的 ALE 端；$\overline{\text{OE}}$ 端接地，保持内部三态门常通，仅作为锁存器使用，所以，这里的 8282 为地址锁存器。

④ 当系统所连的存储器和外设较多时，需要增加数据总线的驱动能力，可选用 8286 收发器（8086 用 2 片，8088 用 1 片）。8286 的 $\overline{\text{OE}}$ 端接 8086/8088 的 $\overline{\text{DEN}}$ 端；T 端接 8086/8088 的 DT/$\overline{\text{R}}$ 端，用于做数据传输方向选择。

⑤ 系统还必须有 RAM 和 ROM、I/O 接口、中断管理部件等部件。这些部件根据实际系统的需要进行选配，分别直接与系统总线（AB、DB、CB 三总线）连接。

2.2.2　8086/8088 最小模式系统组成

8086/8088 最小模式系统的所有控制信号都由 8086/8088 直接给出，地址总线通过 8282 锁存器给出，数据总线通过 8286 收发器给出。8086 最小模式系统典型的总线部件配置如图 2.4 所示。

8086/8088 最小模式系统除图 2.4 给出的总线部件配置之外，还要根据实际系统的需要，选配内存储器（RAM 和 ROM）、I/O 接口和 I/O 设备、中断控制器等其他组件，这样才能构成一个实际运行的 8086/8088 最小模式系统。

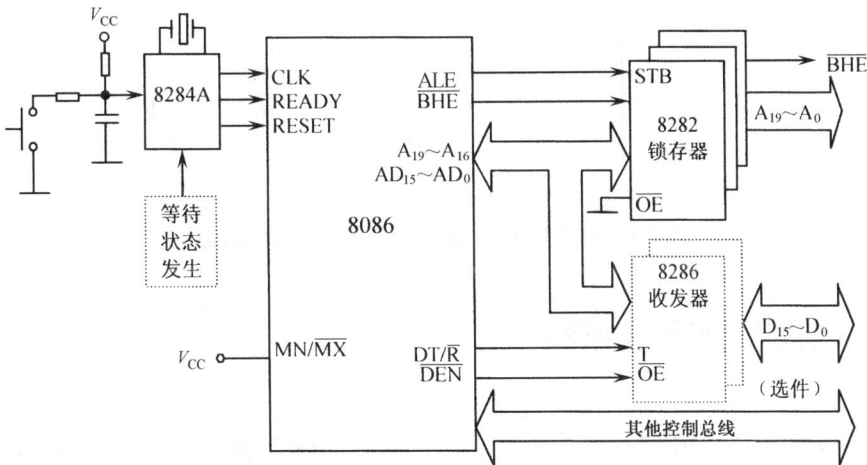

图 2.4　8086 最小模式系统典型的总线部件配置

2.2.3　8086/8088 最大模式系统组成

8086/8088 最大模式系统（多处理器系统）有两个或两个以上能进行译码和执行指令的处理器。系统增加的处理器可以是通用处理器，也可以是一个为有效完成某特定任务的专用处理器——协处理器。

最常用的协处理器是数值数据处理器（Numeric Data Processor，NDP）和输入/输出处理器（I/O Processor，IOP）。NDP 是为快速完成包括浮点数、超越函数在内的各种类型数据的运算而专门设计的协处理器，以 8087 NDP 最为典型。IOP 是专门执行频繁 I/O 处理操作的协处理器，以 8089 IOP 最为典型。

8086/8088 最大模式系统组成有多种结构形式，但有一个共同的特征：所有的处理器共享同一个系统总线，共享系统存储器和系统 I/O 设备。因此，多处理器系统必须增加相应的逻辑电路，以解决处理器之间的协调、通信，以及多个部件对总线的共享控制等问题。

8086/8088 最大模式系统采用 8288 总线控制器。许多控制信号不再由 8086/8088 直接发出，而是由 8288 总线控制器对 8086/8088 的控制信号进行变换和组合，进而得到各种信号，如总线控制信号、读/写控制信号、中断响应信号等。8086 最大模式系统典型的总线部件配置如图 2.5 所示。

8086/8088 最大模式系统的其他组件，如协处理器（8087 NDP 和 8089 IOP）、总线裁决器

8289（对总线请求部件进行判优裁决，确保任何时刻只有一个处理器占用系统总线）、中断控制器 8259、存储器、I/O 接口等也要根据实际系统的需要选配。

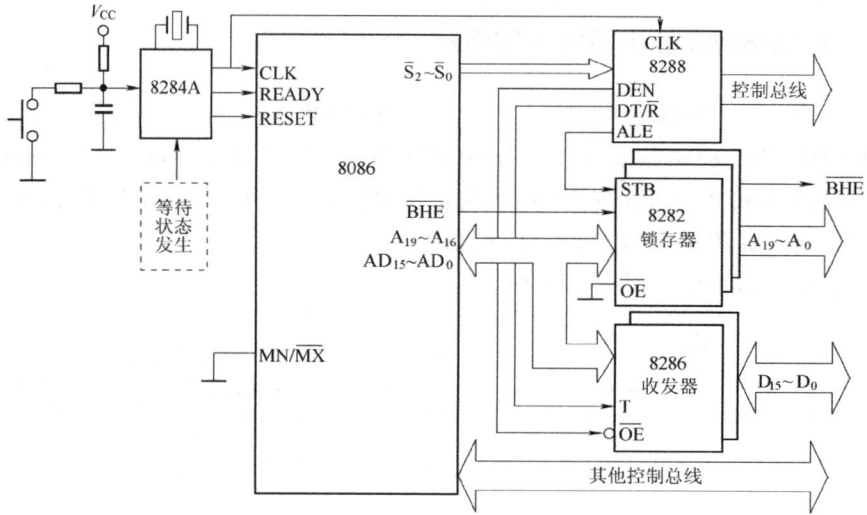

图 2.5　8086 最大模式系统典型的总线部件配置

2.3　现代微处理器系统

超大规模集成电路（VLSI）集成度的提高，新一代微处理器，特别是 80x86 系列高档微处理器——32 位微处理器的技术发展，使现代微机的体系结构设计概念不断革新。

2.3.1　80x86 系列高档微处理器

80x86 系列的高档微处理器，如 80386、80486、Pentium（80586）等，在技术上取得了巨大进展。80x86 系列微处理器主要型号的技术指标对比如表 2.2 所示。

表 2.2　80x86 系列微处理器主要型号的技术指标对比

指标	8086	8088	80286	80386DX	80486	80486DX4	Pentium（80586）P_5
晶体管数（万只）	2.9	2.9	13.4	27.5	120	120	310
引脚数（个）	40	40	68	132	168	168	296
主频（MHz）	5/8	5/8	8/10	16/25/33	25/33/50	75/100	133/166/200
字长（位）	16	16	16	32	32	32	32
外部数据总线（根）	16	8	16	32	32	32	64
外部地址总线（根）	20	20	24	32	32	32	36
物理地址空间	1MB	1MB	16MB	4GB	4GB	4GB	64GB
虚拟地址空间			1GB	64TB	64TB	64TB	64TB
数值协处理器	8087	8087	80287	80387	内置	内置	内置
高速缓冲存储器				外置	内置 8KB	内置 16KB	内置 16KB
工作电压（V）	5	5	5	5	5/3.3	5/3.3	3.3

从 16 位微处理器到 32 位微处理器，不仅总线加宽了，微处理器结构设计概念也发生了革新。32 位微处理器普遍采用流水线技术、指令重叠技术、虚拟存储技术、片内存储管理技术、存储器分段技术、分页保护技术等。这些技术的应用，使 32 位微处理器可以更有效地处理数据、文字、图像、图形、语音等各种信息，为实现多用户、多任务操作系统提供了有力的支持。

下面给出 80386、80486 和 Pentium 微处理器的主要技术特点。

1．80386 微处理器的特点

80386 是第一代 CISC（Complex Instruction Set Computer，复合指令集计算机）体系结构的 32 位微处理器，其主要结构特点有如下 6 条。

① 80386 采用高速 CHMOS-III 技术，132 个引脚用陶瓷网格阵列（PGA）封装，具有高可靠性和紧密性；可采用 16MHz/25MHz/33MHz 主频，其速度比 80286 快 3 倍以上。

② 80386 采用全 32 位结构，其寄存器、ALU 和内部总线的数据通路均为 32 位。其数据总线接口支持动态总线宽度控制，可实现 32 位或 16 位数据总线的动态切换；可使用 8 位、16 位或 32 位等多种数据类型，最大数据传输速率为 32MB/s。

③ 80386 按功能可划分为 6 个部件：总线接口部件（BIU）、指令预取部件（IPU）、指令译码部件（IDU）、执行部件（EU）、存储器管理的分段部件和分页部件。80386 采用更先进的流水线工作方式，并行地进行取指令、指令译码、指令执行、存储器管理等操作，而且引入芯片级地址转换的高速缓存，再加上具有较高的总线宽度，可以保证较短的平均指令执行时间和较高的系统吞吐率。

④ 80386 提供 32 位外部数据总线、地址总线，可直接寻址 4GB 物理存储空间，虚存空间达 64TB。80386 的存储器管理功能比 80286 的也有所增强。

⑤ 80386 有三种工作方式：实方式、保护方式和虚拟 8086 方式。80386 新增加的虚拟 8086 方式，使得多个 DOS 程序能同时运行，就像拥有各自的 8086 机一样。保护方式可支持虚拟存储、保护和多任务操作。

⑥ 80386 可配置数值协处理器 80287 或 80387，以实现高速数值处理。

2．80486 微处理器的特点

80486 是 Intel 在 1989 年推出的 32 位微处理器，是采用 CISC 技术的主流产品。80486 还采用了 RISC（Reduced Instruction Set Computer，精简指令集计算机）技术。RISC 体系结构可缩短计算机的设计周期，提高设计的可靠性，并且具有较高的性能价格比。

80486 的主要结构特点有如下 6 条。

① 80486 首次采用 RISC 技术，有效地优化了微处理器的性能。80486 已达到平均一个时钟周期执行 12 条指令的水平，因此，在相同的时钟频率下，指令执行速度比 80386 高出 2～4 倍，实现了高速度化和支持多处理器系统的设计目标。

② 80486 由 8 个基本部件组成：总线接口部件（BIU）、指令预取部件（IPU）、指令译码部件（IDU）、执行部件（EU）、控制部件（CU）、存储管理部件（MMU）、高速缓冲存储器（Cache）部件和高性能浮点处理部件（FPU）。其中，后两个部件是在 80386 的基础上新增的。80486 的内部总线有 32 位的、64 位的、128 位的 3 种。

③ 80486 采用突发总线（Burst Bus）与 RAM 进行高速数据交换。通常微处理器与 RAM 进行数据交换时，先取一个地址，交换一个数据，再取一个地址，交换一个数据。而采用突发

总线技术，则每取一个地址，便将这个地址和其后地址的数据一起进行交换，从而大大提高了微处理器与 RAM 之间的数据传输速率。这种技术尤其适用于图形显示和网络应用。

④ 80486 配置了由指令和数据公用的 Cache（8KB）。Cache 采用 4 路相连的实现方案，具有较高的命中率（约为 92%）。

⑤ 80486 芯片内设置了一个数值协处理器，具有浮点数据处理能力。80486 的 Cache 与协处理器之间有两条高速的 32 位数据总线（也可并为一条 64 位总线使用）。高档 80486 的数据总线宽度甚至可达 128 位。

⑥ 80486 还采用了有助于构成多处理器系统的硬件结构，可配置一些构成多处理器系统必需的功能和信号，使用户能利用 80486 方便地构成一个高性能多处理器并行系统。

3．Pentium 微处理器的特点

Pentium 是结合 CISC 技术和 RISC 技术的 32 位微处理器（CRISP），可视为 CRISP 体系结构处理器的一种"雏形"。Pentium 的总体性能大大超过了 80486，但依然保持了与 80x86 系列微处理器的兼容。Pentium 芯片结构的重大改进，可以归纳为如下 6 条。

① Pentium 采用亚微米级的 CMOS，实现了 0.8μm 集成技术。它装有 3 种指令处理部件：RISC 型微处理器、80386 处理部件和浮点处理部件。

② Pentium 采用超标量流水线设计，由 U 和 V 两条指令流水线构成。每条流水线都拥有自己的 ALU、地址生成电路和数据 Cache 接口。这种流水线结构实现了指令并行处理。

③ Pentium 的内部和外部工作频率一致，分别能达到 66MHz、75MHz、90MHz、100MHz，最高甚至可达到 166MHz。Pentium 的内部总线宽度为 32 位，外部总线宽度为 64 位，在一个总线周期内可将数据传输量增加 1 倍，数据传输速率已达 528MB/s。

④ Pentium 的浮点运算部件在执行过程分为 8 级流水，使每个时钟周期至少完成一个浮点操作，并对一些常用的指令采用新的算法，进行固化。Pentium 还改进了指令系统的微程序算法，大大减少了指令执行所需的时钟周期，使得运算速度大为提高。

⑤ Pentium 采用双 Cache 结构，两级 Cache 存储空间达 16～24KB，数据宽度为 32 位。

⑥ Pentium 增设了动态转移预测机构，可以预测分支程序的指令流向，节省判别程序路径的时间，并采用边界扫描和探针方式等多种测试机构，增强错误检测和报告功能。

Intel 公司的创办人之一戈登·摩尔曾提出的摩尔定律，即微处理器以 18 个月为一个更新换代周期，已经多次被证实。Intel 系列微处理器产品历经了 4040、8085、8086/8088、80286、80386、80486、Pentium（奔腾）、Pentium MMX（多能奔腾）、Pentium Pro（高能奔腾）、Pentium Ⅱ、Pentium Ⅲ、Pentium Ⅳ……的升级，到目前，一个微处理器可集成 10 亿多只晶体管，系统功能也得到了极大的增强，未来的每一天都可能出现新的创意，推出新的结构。可以说，微处理器发展到此，并不是极致，只不过是新的开端而已，更新的微处理器将会以前所未有的功能展现在世人面前。

2.3.2　32 位微处理器的寄存器

80x86 系列微处理器从 16 位的升级到 32 位的，在尽可能兼容的原则下，其寄存器除保存部分 16 位的之外，大多数升级为 32 位的。同时，为了适应 32 位微机新的工作方式和存储管理需求，增加了一些控制寄存器。

1）数据寄存器

扩展的 32 位数据寄存器有 EAX、EBX、ECX 和 EDX。仍然可以使用的 16 位数据寄存器有 AX、BX、CX 和 DX，8 位数据寄存器有 AH、AL、BH、BL、CH、CL、DH 和 DL。

2）地址寄存器

扩展的 32 位用于内存寻址的寄存器有 ESI、EDI、EBP、ESP 和 EIP。仍然可以使用的 16 位地址寄存器有 SI、DI、BP、SP 和 IP。

在原有 4 个存放段址的 16 位段寄存器 CS、DS、ES 和 SS 的基础上，新增了 2 个 16 位段寄存器 FS 和 GS。不过，FS 和 GS 中存放的是代表段的一个编号，称为段选择字（13 位），还有表指示器（1 位）和段特权级（2 位）。

除段选择字之外，32 位微机段结构的其他信息（起始地址、段长度、段属性等）组成 64 位的段描述符，存放在局部段描述符表（LDT）或者全部段描述符表（GDT）中。段选择字就是该段描述符在 LDT 或者 GDT 中存放的顺序号。表指示器就是对 LDT 或者 GDT 的选择。段特权级取值为 0～3。

32 位微机新增了 4 个系统地址寄存器。它们是存放 GDT 首地址的 GDTR、存放 LDT 首地址的 LDTR、存放中断描述符表（IDT）首地址的 IDTR、存放任务选择字的任务寄存器 TR。

3）控制寄存器

标志寄存器 FLAGS 扩展到 32 位为 EFLAGS。32 位微机还新增了 5 个 32 位控制寄存器 $CR_0 \sim CR_4$。

此外，还有 8 个用于调试的寄存器 $DR_0 \sim DR_7$，以及 2 个用于测试的寄存器 $TR_6 \sim TR_7$。

2.3.3　32 位微处理器的工作方式

80x86 系列的 32 位微处理器为了在充分发挥处理器功能的基础上，尽可能地兼容原有产品及原有的大量软件，设计了多种不同的工作方式。目前，32 位微处理器有实地址方式、保护方式、虚拟 8086 方式和系统管理方式 4 种工作方式。

1．实地址方式

当 32 位微处理器加电或复位时，就进入了实地址方式。实地址方式使用 16 位微处理器的寻址方式、存储器管理和中断管理。实地址方式使用 20 位地址，可寻址 1MB 空间，也可以使用 32 位寄存器（需要在指令前加寄存器扩展前缀），使用特权级 0，可以执行大多数指令。实际上，实地址方式是把 32 位微处理器当作一个高速 16 位微处理器使用。

32 位微处理器的实地址方式，主要是用于开机后为进入保护方式做准备。

2．保护方式

32 位微处理器的基本工作方式是保护方式。在保护方式下，微处理器支持多任务运行，对任务进行隔离和保护，并进行虚拟存储管理等。

保护方式充分发挥了 32 位微处理器的优良性能。

3．虚拟 8086 方式

在 32 位微处理器的保护方式下可以运行多个任务。虚拟 8086 方式是保护方式下某个任务的工作方式，即虚拟 8086 方式允许在保护方式下运行多个 8086 程序。

虚拟 8086 方式下的任务采用 8086 寻址方式，使用 1MB 内存空间，以最低特权级运行，不能使用特权指令。

4. 系统管理方式

系统管理方式是主要用于电源的管理方式。系统管理方式可以使处理器和外设进入"休眠"状态，当有键盘按下或者鼠标移动时"唤醒"系统。利用系统管理方式还可以实现软件关机。

2.3.4 现代微机的系统结构

为了充分发挥高档微处理器的性能，现代微机的系统结构发生了巨大变化，尤其集中地反映在它们的总线结构上。

早期的微机采用简单的"单级总线"结构，即以微处理器为核心的系统总线结构，其中最典型的是 IBM PC/XT 总线结构。后续为了提高微机的系统性能，出现了各种标准化的总线，如 ISA 总线、EISA 总线、PCI 总线等，因此出现了适应各种不同速度设备的"多级总线"结构。

这里给出现代高档微机具有代表性的 3 个系统总线结构模式。

1. IBM PC/XT 微机和 IBM PC/AT 微机的系统结构

以 8088 为主处理器的 IBM PC/XT 微机采用的是最大模式系统，其系统结构如图2.6所示。IBM PC/XT 微机的系统结构的核心是 62 线的 IBM PC/XT 总线，其中包括 8 位数据总线、20 位地址总线、4.77MHz 的时钟信号等。IBM PC/XT 总线数据传输速率为 1.2MB/s。微机的显示器接口、打印机接口、串行通信接口和扩充的存储器等都是以"接口卡"形式通过 62 线扩展槽与系统连接的。

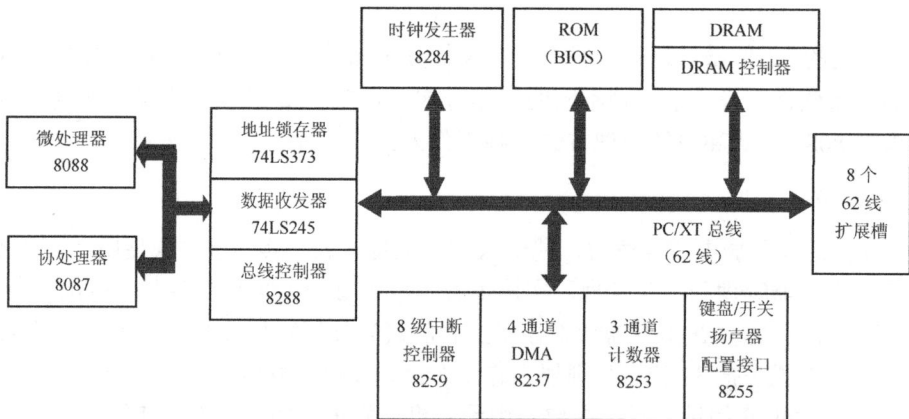

图 2.6 IBM PC/XT 微机的系统结构

随着新微处理器的出现，IBM 公司很快推出了与 IBM PC/XT 总线兼容、扩充的 IBM PC/AT 总线。IBM PC/AT 总线（98 线）在保留 IBM PC/XT 总线的 62 线的基础上新增了 36 线，其中包括 16 位数据总线、24 位地址总线、15 个硬件中断通道、7 个 DMA 通道。

IBM PC/AT 微机的系统结构与 IBM PC/XT 微机的系统结构相似，最主要的区别是扩展槽的形式"一分为二"，有 8 个（IBM PC/XT 总线的）62 线的扩展槽、6 个（新增的）36 线的扩展槽。

此后，IBM PC/AT 总线被国际标准化，定为 ISA（Industry Standard Architecture，工业标准体系结构）总线。

2．微机的"南北桥"系统结构

随着高性能微处理器 Pentium 的出现，现代微机以数据传输的高稳定、高速为目的，推出了"ISA 总线+PCI 总线"的新型多级总线系统结构。

微机的"南北桥"系统结构由处理器总线、局部总线（PCI 总线）、系统总线（ISA 总线）三级总线组成，如图 2.7 所示。

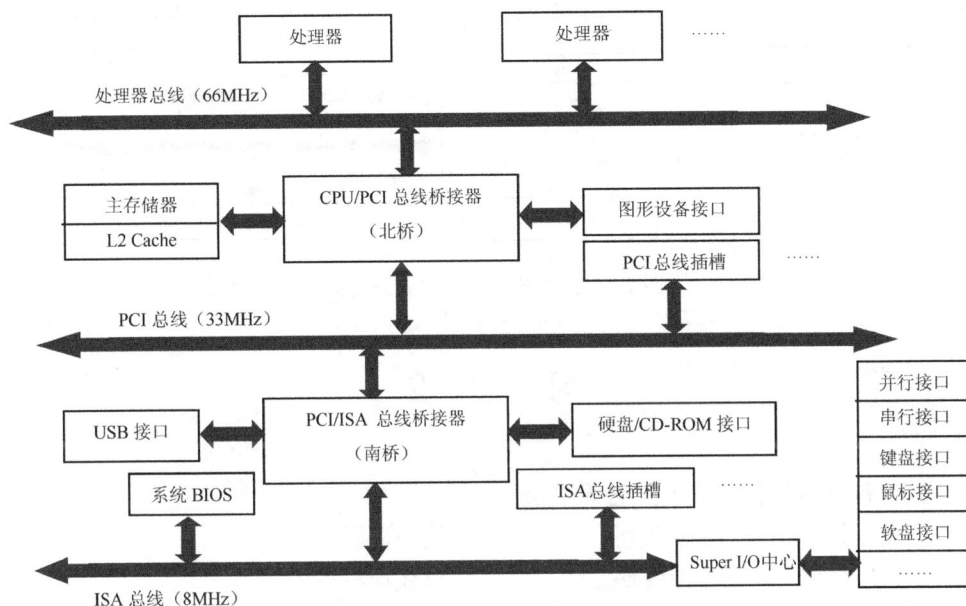

图 2.7　微机的"南北桥"系统结构

微机的"南北桥"系统结构建立了"存储器—高速外设—低速外设"的分层次的多级总线结构。PCI 总线插槽接高速外设接口，ISA 总线插槽接低速外设接口，传统的较低速外设接口集成在 Super I/O 中心中。

微机的"南北桥"系统结构的各级总线之间的数据传输需要由总线控制器（也称为桥接器）管理。在系统结构图上以相对位置而言，把处理器总线与 PCI 总线之间的桥接器称为"北桥"，把 PCI 总线与 ISA 总线之间的桥接器称为"南桥"。这就是"南北桥"系统结构名称的由来。

3．微机的"中心"系统结构

微机的"南北桥"系统结构仍然存在着数据传输不够理想的问题，为此，Intel 公司又推出了微机"中心"系统结构，如图 2.8 所示。

微机的"中心"系统结构进一步完善了多级总线结构，是目前高档微机普遍使用的结构。

存储控制中心（Memory Control Hub，MCH）可实现处理器与系统其他设备的高速连接，并通过中心高速接口与 I/O 控制中心（I/O Control Hub，ICH）连接。MCH 还连接高速 AGP 图形设备接口、电源管理部件和存储管理部件等。

ICH 负责实现 I/O 设备与系统的连接。ICH 连接了 2 个硬盘驱动器 IDE 接口、2 个或 4 个 USB 接口，内置了 AC'97 控制器，提供音频编码和调制解调器编码接口。ICH 还连接了 Super I/O 中心和固件中心（FWH）。FWH 主要用于存储系统的 BIOS。

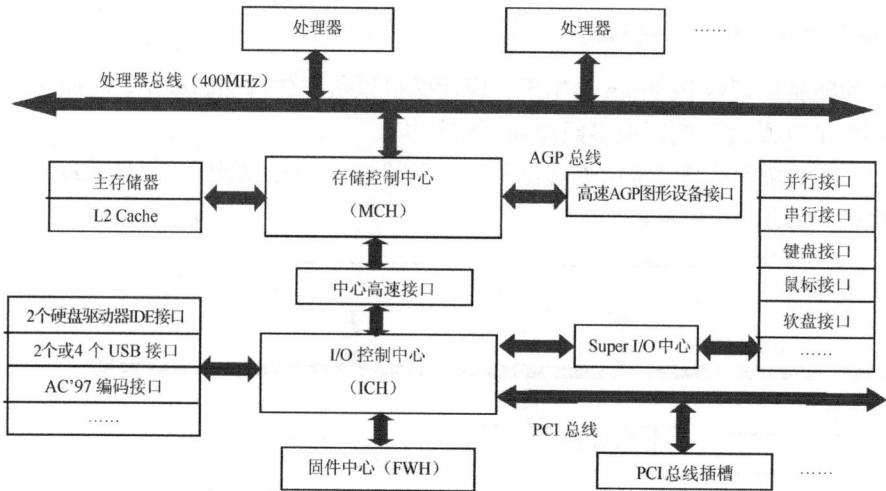

图 2.8 微机的"中心"系统结构

习 题 2

2.1 试解释下列微机系统中的名词术语。

指令指针	指令队列	指令译码
时钟发生器	时钟周期	总线周期
逻辑地址	物理地址	地址加法器
最小模式	最大模式	

2.2 8086/8088 微处理器的特点是什么？8086 与 8088 的主要区别是什么？

2.3 8086/8088 的 EU 和 BIU 各由哪些器件组成？EU 和 BIU 的主要功能各是什么？

2.4 8086/8088 是怎样解决地址总线和数据总线的复用问题的？ALE 信号何时有效？有效电平是什么？

2.5 系统 RESET（复位）信号有效时，各寄存器内容和总线状态是什么？系统复位后首先执行的是什么指令？

2.6 说明 8086/8088 微机在进行存储器读、存储器写、I/O 读、I/O 写操作时，$M/\overline{IO}$、$\overline{RD}$、$\overline{WR}$ 引脚信号分别是什么逻辑电平组合？

2.7 如果用 DEBUG 命令显示出 8086/8088 以下各寄存器的内容：

AX=0000	BX=0000	CX=006D	DX=0000
DS=2000	ES=2000	SS=4100	SP=0120
CS=1100	IP=00B8		

请画出此时存储器分段的示意图，并指出此时的指令地址和堆栈地址。

2.8 试说明 8086/8088 微机系统结构中以下部件的作用。

8284A	8282（74LS373）	8286（74LS245）

2.9 给出 8086/8088、80386、80486、Pentium 微处理器的字长、地址总线、数据总线的数目，并分别推算出各自的内存寻址空间。

第 3 章　汇编语言程序设计

计算机程序设计语言分为机器语言、汇编语言和高级语言。高级语言非常接近人类自然语言，是通用于各种计算机、给出问题求解过程的程序设计语言。但是，高级语言程序不能直接控制计算机的硬件，并且执行速度慢，占用的存储空间大。汇编语言和机器语言都是面向某型号计算机的程序设计语言。

汇编语言是一种符号化的机器语言（符号语言），与机器语言是一一对应的。汇编语言程序可以直接控制计算机的硬件和 I/O 接口，实时性能好，并且执行速度快，占用的存储空间小，运行效率高。所以，汇编语言常被用来编写计算机系统程序、实时通信程序、实时控制程序等。

本章主要介绍汇编语言的指令系统、汇编语言程序，以及汇编语言程序设计。

3.1　汇编语言的指令系统

众所周知，当计算机要解决一个计算问题或者处理信息问题时，必须把解决问题的步骤转换成计算机能识别和执行的操作命令。

3.1.1　指令和指令系统

1. 指令

计算机的指令是根据 CPU 硬件结构特点设计的、能直接执行的基本操作命令。一条指令对应计算机一条基本操作，如加、减、传送、移位等。

指令由操作码（OP）和操作数（OD）两部分组成。操作码是指令执行的操作功能，操作数是指令操作的数据（操作对象）。

机器指令是一串由 0 和 1 组成的二进制编码。机器指令由于难理解、难记忆、易出错，通常用一些助记符号来描述，这些助记符号被称为汇编语言符号指令，简称指令语句。所以，指令语句是一种符号化的机器指令，与机器指令是一一对应的。指令语句的操作码用英文单词的缩写描述，如传送指令操作码用"MOV"描述，加法指令操作码用"ADD"描述等；指令语句的操作数用操作对象存放的地方（寻址方式）描述。

2. 指令系统

能直接执行的全部指令的集合称为计算机的指令系统。实际上，一个计算机的全部指令，加上不同的寻址方式，再加上不同的数据形式（如字节、字、双字等）的组合，可构成上千种基本操作命令。由此可见，指令系统可以体现计算机的性能。

指令系统是计算机硬件和软件之间的桥梁，也是汇编语言程序设计的基础。

3.1.2 8086/8088 指令语句

1. 8086/8088 指令语句的格式

8086/8088 指令语句由标号、操作符、操作数和注释 4 项组成，其格式如下：

　　　[< 标号 >:]　　< 操作符 >　　[< 操作数 >]　　　[;< 注释 >]

其中，带方括号的为可选项，可根据需要取舍。各项之间用空格或 Tab 键符分隔。

标号项是一个自定义的、以 ":" 结束的符号串，表示该指令语句在程序中的地址。通常在需要表明转移到此处时给出标号描述。

操作符项是指令的功能名，是系统提供的该指令操作的助记符，为指令语句的关键字，必须记住，并要正确使用。

操作数项是指令语句的操作对象。操作数可以是操作数据，也可以是转移地址。操作数根据不同指令有 0 个（无）操作数、1 个（单）操作数和 2 个（双）操作数之分。如果是双操作数，操作数之间必须用 "," 分隔。

注释项（开始于 ";"）是说明几条指令语句或一段程序功能的文字信息。

2. 8086/8088 寻址方式

微机的寻址方式是指执行指令的操作数（操作对象）存放的地方——地址。8086/8088 的操作数可以在指令中直接给出，称为立即数，也可以指明存放的寄存器，或存储器（内存），或 I/O 接口，甚至可以约定存放的地方，即隐含寻址。

由于 8086/8088 指令的操作数（操作对象）可以是操作数据，也可以是转移地址，所以其寻址方式可分为与操作数据有关的寻址方式和与转移地址有关的寻址方式两大类。本节只介绍与操作数据有关的寻址方式，与转移地址有关的寻址方式将在 3.3.2 节中介绍。

与操作数据有关的寻址方式包括立即数寻址方式、寄存器寻址方式和存储器寻址方式，其中存储器寻址方式又分为直接寻址方式、寄存器间接寻址方式、寄存器相对寻址方式、基址变址寻址方式、基址变址相对寻址方式。故与操作数据有关的寻址方式共有 7 种。

为了能举例说明与操作数据有关的寻址方式，这里先简单介绍一条数据传送指令——MOV 指令。MOV 指令有 2 个（双）操作数，分别称为源操作数和目的操作数，其功能是把源操作数传送到目的操作数，数据类型有字节（8 位）数和字（16 位）数两种。MOV 指令的格式如下：

　　　MOV < 目的操作数 >,< 源操作数 >

（1）立即数寻址方式：操作数以常量形式（立即数）直接在指令中给出。

例如，

MOV	CX, 9	;CX ← 9
MOV	AX, 5807H	;AX ← 5807H
MOV	AL, 42H	;AL ← 42H
MOV	AH, 11010011B	;AH ← 11010011B（0D3H）
MOV	AL, 1000	;错误，1000 超过了字节数的范围

注意，立即数只能作为 MOV 指令中的源操作数。

（2）寄存器寻址方式：操作数存放在一个字节/字寄存器中。

上例中的所有目的操作数的寻址方式都是寄存器寻址方式。源操作数和目的操作数的寻址方式都可以是寄存器寻址方式。

例如，

MOV	AX, CX	;AX ← CX
MOV	BL, AL	;BL ← AL
MOV	AX, CL	;错误，寄存器类型不匹配

注意，由于 CS:IP 是由 DOS 控制的，IP 寄存器不能用，CS 寄存器只可"读"，不可"写"，即不能改变其内容。

（3）存储器寻址方式（5 种）：操作数存放在存储器中。

存储器操作数是用逻辑地址，即< 段址 >:< 偏移地址 >描述的。8086/8088 的地址加法器自动形成 20 位的物理地址：

$$物理地址 = < 段址 > \times 16 + < 偏移地址 >$$

存储器操作数的段址存放在段寄存器中，一般是隐含规定的。存储器操作数的偏移地址（EA）有直接寻址、寄存器间接寻址、寄存器相对寻址、基址变址寻址、基址变址相对寻址 5 种寻址方式。

① 直接寻址方式——指令中直接给出操作数的偏移地址（EA）。

例如，

MOV	AL, [1000H]	;(DS : 1000H)的字节数→AL
MOV	AX, [1000H]	;(DS : 1000H)的字数→AX
MOV	[2000H], BX	;BX →(DS : 2000H)

又如，

N2=1000H		;伪指令定义符号数据 N2=1000H
MOV	AX, N2	;N2 是立即数寻址方式
MOV	AX, [N2]	;[N2]，即[1000H]，是直接寻址方式

注意：存储器寻址方式的描述一定要用方括号标明；如果有 2 个操作数，则这 2 个操作数的寻址方式不可以都是存储器寻址方式。

② 寄存器间接寻址方式——用一个 16 位寄存器存放操作数偏移地址（EA）。

$$EA=基址/变址寄存器数据$$

存储器寻址方式中使用的寄存器，只能是 BX、BP、SI、DI 中的一个，其中 BX、BP 为基址寄存器，SI、DI 为变址寄存器。

例如，

| MOV | AX, [BX] | ;(DS : BX)的字数→AX |
| MOV | AX, [CX] | ;错误，CX 寄存器不能用于存储器寻址 |

又如，

| MOV | AX, SI | ;SI 是寄存器寻址方式 |
| MOV | [SI], AX | ;[SI]是寄存器间接寻址方式 |

③ 寄存器相对寻址方式——偏移地址（EA）是寄存器数据与位移量之和。

$$EA=(基址/变址寄存器数据)+< 位移量 >$$

位移量是相对于基址/变址寄存器数据的一个 8 位或 16 位有符号数（补码）。

例如，

MOV	AX, [BX-100]	;(DS :(BX-100))的字数→AX
MOV	[BP+2], BX	;BX →(SS :(BP+2))

④ 基址变址寻址方式——偏移地址（EA）是基址寄存器数据与变址寄存器数据之和。

$$EA=(基址寄存器数据)+(变址寄存器数据)$$

进行基址变址寻址必须将 BX 和 BP 中的一个寄存器与 SI 和 DI 中的一个寄存器组合。

例如，

MOV	AX, [BX+SI]	;(DS :(BX+SI))的字数→AX
MOV	[BP+SI], BX	;BX →(SS :(BP+SI))
MOV	AX, [SI+DI]	;错误，两个变址寄存器不能组合寻址

⑤ 基址变址相对寻址方式——偏移地址（EA）是基址寄存器数据、变址寄存器数据、位移量三者之和。

$$EA=(基址寄存器数据)+(变址寄存器数据)+< 位移量 >$$

例如，

MOV	AL, [BX+SI+10]	;(DS :(BX+SI+10))的字节数→AL
MOV	[BP+DI-6], CX	;CX →(SS :(BP+DI-6))

3．存储器寻址方式的段寄存器

存储器寻址方式中段寄存器的隐含规定：如果直接寻址，或者使用 BX、SI、DI 中某个寄存器间接寻址，那么段址均取自 DS 段寄存器；如果使用 BP 寄存器间接寻址，那么段址取自 SS 段寄存器。

除按照上述隐含规定操作以外，还可使用换段前缀方法改变隐含规定中的段寄存器。

例如，

MOV	AX, [1000H]	;直接寻址方式，段寄存器是 DS
MOV	AX, [BP]	;寄存器间接寻址方式，段寄存器是 SS
MOV	[BX+10], AX	;寄存器相对寻址方式，段寄存器是 DS
MOV	ES: [BX+10], AX	;寄存器相对寻址方式，段寄存器是 ES
MOV	AX, SS: [BX+SI]	;基址变址寻址方式，段寄存器是 SS

3.1.3 8086/8088 指令系统

80x86 系列高档微机的指令系统完全兼容 8086/8088 的指令，所以 8086/8088 指令系统是 80x86 系列微机指令系统的基础。

8086/8088 指令系统有 133 条指令，按功能分为数据传送类指令、算术运算类指令、逻辑运算和移位类指令、处理器控制类指令、控制转移类指令，以及串操作类指令。

本节主要介绍数据传送类指令、算术运算类指令、逻辑运算和移位类指令及处理器控制类指令。控制转移类指令将在 3.3.2 节、3.3.3 节和 3.3.4 节中介绍。对于串操作类指令，本书不做介绍。

下面从格式、操作、操作数寻址方式 3 个方面，分类给出每条指令语句的描述。为了描述的简约性，数据传送方向用"→"标明，操作数的类别和寻址方式用英文词的缩写符号标明。例如，

dst（目的操作数）　　src（源操作数）　　opr（操作数）　　lab（标号）

imm（立即数）　　reg（寄存器）　　segreg（段寄存器）　　mem（存储器）

1．数据传送类指令

数据传送类指令共有 14 条，如表 3.1 所示。

表 3.1　数据传送类指令简表

指令符	功　能	指令符	功　能	指令符	功　能
MOV	数据传送	PUSH	压入堆栈	POP	弹出堆栈
XCHG	数据交换	XLAT	查表换码	LES	取偏移地址和 ES
LEA	取偏移地址	LDS	取偏移地址和 DS		
PUSHF	标志寄存器压入栈	POPF	标志寄存器弹出栈		
LAHF	标志寄存器低 8 位→AH	SAHF	AH→标志寄存器低 8 位		
IN	端口输入（读）	OUT	端口输出（写）		

数据传送类指令的数据类型是字节和字，绝大多数是双操作数，两个操作数类型必须一致。数据传送类指令的寻址方式与 MOV 指令的寻址方式基本上相同，除 POPF 和 SAHF 以外，数据传送类指令的执行均不影响标志位。

1）数据传送指令

格式：MOV　　dst, src

操作：dst ← src

操作数寻址方式（dst、src 寻址配对有以下组合关系）：

dst	src
reg	reg/ mem/ imm / segreg
mem	reg/ imm/ segreg
segreg	reg/ mem

例如，

MOV	BX, 1000H	;BX=2000H
MOV	AL, [1000H]	;AL=(DS:1000H)
MOV	[2000H], [BX]	;错误，源/目的操作数不能都是存储器寻址方式
MOV	DS, 2000H	;错误，立即数不能直接传送给段寄存器

上述错误语句的功能可以用下列语句实现：

MOV	AX, 2000H	;AX= 2000H
MOV	DS, AX	;AX→DS，即 DS= 2000H

2）堆栈操作指令

堆栈是一个"先进后出"的内存数据区。堆栈的地址指针是 SS：SP，始终指向堆栈栈顶单元。堆栈操作是指从堆栈栈顶压入/弹出数据，压入/弹出的数据必须是字类型数据。

① 压入堆栈（入栈）指令。

格式：PUSH   src

操作：SP－2 → SP

    src → (SS : SP)

操作数寻址方式：src = reg / segreg / mem

② 弹出堆栈（出栈）指令。

格式：POP   dst

操作：(SS : SP) → dst

    SP＋2 → SP

操作数寻址方式：同 PUSH 指令。

例如，

PUSH	AX	;AX→(SS : SP)
PUSH	[BX]	;(DS : BX)→(SS : SP)
POP	CX	;(SS : SP)→CX
PUSH	CL	;错误，堆栈操作数据必须是字类型数据
POP	200	;错误，立即数不能是堆栈操作数据

3）数据交换指令

格式：XCHG   opr1, opr2

操作：opr1 ↔ opr2

操作数寻址方式：opr1= reg / mem   opr2= reg / mem

例如，

XCHG	[2000H], [BX]	;错误，两个存储器数据不可以直接交换

上述错误语句的功能可以用下列语句实现：

MOV	AX, [2000H]	;(DS : 2000H)→AX
XCHG	AX, [BX]	;AX 和(DS : BX)交换，即 AX =(DS : BX)
MOV	[2000H], AX	;AX→(DS : 2000H)

4）查表换码指令

格式：XLAT

操作：AL ← (DS :(BX+AL))

操作数寻址方式：AL 是隐含寄存器寻址，(BX+AL)是隐含存储器寻址

数据表最大容量为 256 字节，BX 是数据表头的偏移地址（EA），AL 是距离数据表头的位移量（0～255）。例如，

MEM DB	'ABCDEFGHIJKLMNOPQRSTUVWXYZ'	;定义 MEM 数据表
MOV	BX, OFFSET MEM	;BX 取 MEM 数据表头的 EA
MOV	AL, 2	;AL= 2
XLAT		;AL= 43H（'C'的 ASCII 码值）

5）地址传送指令

① 偏移地址传送指令。

格式：LEA   dst,src

操作：src 的偏移地址（EA） → dst

操作数寻址方式：dst = reg　　　　　　src = mem

例如，

LEA	BX, [2080H]	;BX = 2080H

② 段址和偏移地址传送指令。

格式：LDS　　dst,src

　　　　LES　　dst,src

操作：(src) → dst

　　　(src+2) → DS / ES

操作数寻址方式：同 LEA 指令

地址传送指令的 src 的寻址方式必须是存储器寻址方式。LDS、LES 指令的操作数是内存双字（4 字节）数据。例如，

LEA	BX,[2080H]	;BX = 2080H
LDS	BX,[2080H]	;BX =(DS: 2080H)，DS =(DS: 2082H)

上面 XLAT 指令的例子，也可以用如下语句来实现：

MEM	DB	'ABCDEFGHIJKLMNOPQRSTUVWXYZ'	;定义 MEM 数据表
	LEA	BX, MEM	;BX 取 MEM 数据表头的 EA
	MOV	AL, [BX+2]	;AL= 43H（'C'的 ASCII 码值）

6）标志（Flag）寄存器传送指令

① 标志寄存器入/出栈。

格式：PUSHF　　　　　　　　　;标志寄存器压入堆栈

　　　　POPF　　　　　　　　　;标志寄存器弹出堆栈

② 标志寄存器低位字节传送。

格式：LAHF　　　　　　　　　;标志寄存器低 8 位 → AH

　　　　SAHF　　　　　　　　　;AH → 标志寄存器低 8 位

标志寄存器传送指令的操作数，即标志寄存器和 AH 寄存器是隐含寻址的。

7）I/O 端口数据传送指令

格式：IN　　AL/AX,<端口地址>　;读输入端口数据（字节/字）

　　　　OUT　<端口地址>,AL/AX　;写输出端口数据（字节/字）

I/O 端口数据传送指令的寄存器只能是 AL（字节数据）或 AX（字数据），端口地址是一个 16 位（0～0FFFFH）地址值。如果端口地址值是 8 位（0～0FFH）的，则可以直接给出；如果端口地址值是 16 位的，则必须用（也只能用）DX 寄存器间接给出。

例如，

IN	AL, 80H	;读取 80H 端口的数据→AL
OUT	20H, AL	;AL→送 20H 端口输出
MOV	DX, 100H	;DX=100H
OUT	DX, AL	;AL→送（DX）端口，即送到 100H 端口输出
IN	AL, [80H]	;错误，端口寻址决不能加方括号
MOV	AL, [80H]	;正确，[80H]是内存直接寻址方式, (DS:0080H)→AL

2．算术运算类指令

算术运算类指令可分为加法指令、减法指令、乘法指令、（整）除法指令和 BCD 码调整

指令，本节仅介绍加法、减法、乘法、除法的 14 条指令，如表 3.2 所示。

表 3.2　算术运算类指令简表

指 令 符	功　能	指 令 符	功　能	指 令 符	功　能
ADD	加法	ADC	进位加法	INC	加 1
SUB	减法	SBB	借位减法	DEC	减 1
CMP	比较	NEG	求补		
MUL	无符号乘法	IMUL	有符号乘法		
DIV	无符号除法	IDIV	有符号除法		
CBW	字节符号扩展	CWD	字符号扩展		

　　绝大多数算术运算类指令的操作数是双操作数，可为字节/字类型，寻址方式与 MOV 指令的寻址方式基本相同。算术运算类指令一般都是根据运算结果设置标志位（ZF，SF，CF，OF）的。

　　1）加法相关指令

　　① 加法指令。

　　格式：ADD　dst,src

　　操作：(dst)+(src) → dst

　　操作数寻址方式：dst = reg/mem　　　　　src = reg/mem/imm

　　② 进位加法指令。

　　格式：ADC　dst,src

　　操作：(dst)+(src)+ CF → dst

　　操作数寻址方式：同 ADD 指令

　　③ 加 1 指令。

　　格式：INC　dst

　　操作：(dst)+ 1 → dst

　　操作数寻址方式：dst = reg/ mem

　　2）减法相关指令

　　① 减法指令。

　　格式：SUB　dst,src

　　操作：(dst)−(src) → dst

　　操作数寻址方式：同 ADD 指令

　　② 借位减法指令。

　　格式：SBB　dst, src

　　操作：(dst)−(src)− CF → dst

　　操作数寻址方式：同 ADD 指令

　　③ 减 1 指令。

　　格式：DEC　dst

　　操作：(dst)−1→ dst

　　操作数寻址方式：同 INC 指令

　　④ 比较指令。

　　格式：CMP　dst,src

操作：(dst)−(src)（不取运算结果，仅根据减法运算结果设置标志位）

操作数寻址方式：同 ADD 指令

⑤ 求补指令。

格式：NEG　dst

操作：0−(dst) → dst　　　　　　　　;求(dst)的互补码

操作数寻址方式：同 INC 指令

例如，求 2 个 32 位（双字）数之和，即 12345678H + 80A7FD28H。

```
MOV    DX, 1234H
MOV    AX, 5678H              ;DX|AX= 12345678H
ADD    AX, 0FD28H
ADC    DX, 80A7H             ;DX|AX=12345678H + 80A7FD28H= 92DC53A0H
```

3）乘法指令

① 无符号数乘法指令。

② 有符号数乘法指令。

格式：MUL / IMUL　src

操作：如果 src 是字节数，则(AL)×(src) → AX（字，16 位）

　　　如果 src 是字数，则(AX)×(src) → DX|AX（双字，32 位）

操作数寻址方式：src = reg/ mem

乘法指令的被乘数（AL 或 AX）、乘积（AX 或 DX|AX）是固定的，隐含寻址，只需要给出一个操作数，即乘数（src），并根据乘数的数据类型确定是字节乘法还是字乘法，字节乘法的乘积一定是字类型，字乘法的乘积一定是双字类型。例如，

```
MUL    AH            ;无符号数 (AL)×(AH)→AX
MUL    BX            ;无符号数 (AX)×(BX)→DX|AX
IMUL   CX            ;有符号数 (AX)×(CX)→DX|AX
```

有符号数乘法指令和无符号数乘法指令的运行结果是不一样的。例如，

无符号数字节乘法：0FFH×1= 00FFH（255×1 = 255）。

有符号数字节乘法：0FFH×1= 0FFFFH（−1×1 = −1）。

例如，计算 31×(−4)，

```
MOV    AL, 31        ;AL= 31（1FH）
MOV    CL, −4        ;CL= −4（0FCH）
IMUL   CL            ;AX= −124（0FF84H）
```

4）除法指令

① 无符号数除法指令。

② 有符号数除法指令。

格式：DIV / IDIV src

操作：如果 src 是字节数，则(AX)/(src) → AL（商）,AH（余数）

　　　如果 src 是字数，则(DX|AX)/(src) → AX（商）,DX（余数）

操作数寻址方式：src = reg / mem

除法指令的被除数（AX 或 DX|AX）、商（AL 或 AX）和余数（AH 或 DX）是固定的，

隐含寻址，只需要给出一个操作数——除数（src）。例如，

DIV	BL	;无符号数 (AX)/(BL) → AL（商）,AH（余数）
IDIV	BX	;有符号数 (DX|AX)/(BX) → AX（商）,DX（余数）

除法运算可能出现两种错误情况：① 0 作为除数的错误；② 除法溢出错误，即"商"超出了规定的数值范围。如果 AX＝600，BL=2，则

DIV　　　　BL　　　　　　　　　　　　　;错误，商为300，超出字节数范围，属于除法溢出错误

有符号数除法的余数与被除数的符号相同。

如果 AX＝0010H（+16），BL＝0FDH（-3），则

IDIV　　　　BL　　　　　　　　　　　　;商 AL＝0FBH（-5），余数 AH＝1

如果 AX=0FFF0H（-16），BL＝03H（3），则

IDIV　　　　BL　　　　　　　　　　　　;商 AL＝0FBH（-5），余数 AH＝0FFH（-1）

5）符号扩展指令

① 字节符号扩展指令。

② 字符号扩展指令。

格式：CBW　　　　　　　　　　　　　;AL 字节数符号扩展成 AX 字数

　　　　CWD　　　　　　　　　　　　;AX 字数符号扩展成 DX\|AX 双字数

符号扩展指令的操作数 AL/AX/DX 是隐含寻址的。

如果 AL=56H，则 CBW 指令使 AX=0056H。

如果 AL=86H，则 CBW 指令使 AX=0FF86H。

符号扩展指令常用在 IDIV 指令之前，做有符号被除数的数据类型扩展，即 AL 扩展成 AX，或 AX 扩展成 DX\|AX。

例如，计算（-104）除以 25。

MOV	AL, -104	;AL＝-104（98H）
CBW		;AL 扩展成 AX（0FF98H）
MOV	BL, 25	;BL=25
IDIV	BL	;AL＝-4（商），AH＝-4（余数）

3．逻辑运算和移位类指令

逻辑运算和移位类指令是以二进制数位为单位的"位操作"指令。逻辑运算类指令有 5 条（逻辑非、逻辑与、逻辑或、逻辑异或、位测试），移位类指令有 8 条（逻辑左/右移、算术左/右移、循环左/右移、带进位循环左/右移）。

绝大多数逻辑运算和移位类指令的操作数是双操作数，为字节/字类型，在多数情况下会影响标志位。逻辑运算类指令的寻址方式与算术运算类指令的寻址方式基本相同。

1）逻辑运算类指令

① 逻辑非指令。

② 逻辑与指令。

③ 逻辑或指令。

④ 逻辑异或指令。

⑤ 位测试指令。

逻辑运算类指令的格式和操作如表 3.3 所示。

表 3.3　逻辑运算类指令的格式和操作

逻辑运算类指令	格　式	操　作
逻辑非指令	NOT　dst	~(dst) → dst
逻辑与指令	AND　dst, src	(dst)∧(src) → dst
逻辑或指令	OR　dst, src	(dst)∨(src) → dst
逻辑异或指令	XOR　dst, src	(dst)⊕(src) → dst
位测试指令	TEST　dst,src	(dst)∧(src)（不取运算结果，仅根据逻辑运算结果设置标志位）

操作数寻址方式：dst = reg/mem　　　　　src = imm/reg/mem

逻辑运算类指令的标志位 ZF 和 SF 分别取自结果，OF 和 CF 均为 0。

例如，

AND	AL, 50H	;AL=(AL)∧50H
OR	AX, [8080H]	;AX=(AX)∨(DS : 8080H)
AND	AL, 0FH	;AL 高 4 位清 0，低 4 位保留
OR	AL, 0FH	;AL 高 4 位保留，低 4 位置 1
XOR	AL, 0FH	;AL 高 4 位保留，低 4 位取反

又如，

ADD	AL, 50H	;AL=(AL)+ 50H
TEST	AL, 80H	;AL∧80H，设置标志位（测试 AL 的 D_7 位）
JNZ	P1	;ZF 标志位 "不等于 0"（D_7 为 1），转 P1 标号

2）移位类指令

① 逻辑左/右移指令。

② 算术左/右移指令。

③ 循环左/右移指令。

④ 带进位循环左/右移指令。

格式：< 指令符 >　　dst,cnt

操作数寻址方式：dst 是移位的对象，dst = reg/mem

　　　　　　　　　cnt 是移位的位数，cnt = 1/CL

移位类指令的标志位（ZF 和 SF）根据移位结果设置。CF，左移取自 dst 的最高位，右移取自 dst 的最低位。

移位类指令的操作图解如图 3.1 所示。

SHL / SAL 指令：　　　　　　　　　　　ROL 指令：

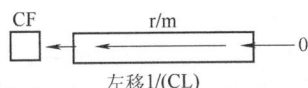
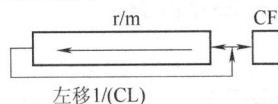

SHR 指令：　　　　　　　　　　　　　　ROR 指令：

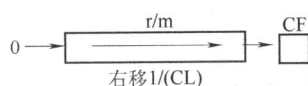
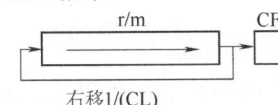

图 3.1　移位类指令的操作图解

SAR 指令：

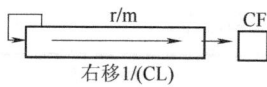

RCL 指令：

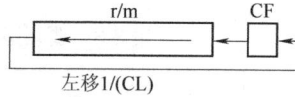

RCR 指令：

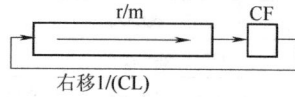

图 3.1　移位类指令的操作图解（续）

算术/逻辑左移一位，相当于"乘以 2"；算术/逻辑右移一位，相当于"除以 2"。所以，在做 2 的倍数的乘/除法时，常用移位类指令来实现。

例如，将双字（DX|AX）算术右移 2 位，即做有符号双字数（DX|AX）除以 4。

MOV	DX, 8FF9H	
MOV	AX, 8000H	;DX|AX= 8FF98000H
SAR	DX, 1	
RCR	AX, 1	;(DX|AX)除以 2
SAR	DX, 1	
RCR	AX, 1	;再除以 2，即除以 4，DX|AX= 0E3FE6000H

4．处理器控制类指令

处理器控制指令类可分为控制标志位（CF、DF、IF）设置指令和微处理器控制指令，如表 3.4 所示。

表 3.4　处理器控制类指令简表

指　令　符	功　　能	指　令　符	功　　能
CLC	CF=0	STC	CF=1
CMC	CF 取反	STD	DF=1
CLD	DF=0	STI	IF=1
CLI	IF=0	HLT	暂停（等外部中断）
NOP	空操作	WAIT	等待（TEST 信号）
LOCK	封锁总线		

3.2　汇编语言程序

8086/8088 汇编语言程序由执行（符号）指令语句、汇编指示（伪）指令语句、宏指令语句组成。

1）执行（符号）指令语句

执行指令语句是提供给汇编程序的、机器能直接执行的指令语句。

2）汇编指示（伪）指令语句

汇编指示指令语句是汇编程序自身提供的、对汇编过程起控制作用的指令语句。汇编指示指令可用于分配数据存储单元、给标号赋值、控制汇编过程结束等。相对于执行指令，这类指令是"非执行"的，所以汇编指示指令常被称为伪指令。

3）宏指令语句

宏（Macro）指令语句是提供给汇编程序的、"功能宏大"的扩展指令语句。宏指令语句是有唯一命名、按一定语法规则定义、具有独立功能的一个指令语句序列。宏指令实际是功能扩展的"高级"指令。本书不对宏指令的使用进行介绍。

3.2.1　汇编语言程序的语句格式及汇编表达式

1．汇编语言程序的语句格式

汇编语言程序的执行指令和伪指令语句由 4 项组成，其格式如下。

[< 名字 >]　　< 操作 >　< 操作数 >　[;< 注释 >]

1）名字项

名字项是自定义的一个标识符串，可以是标号名（结束于":"）、符号常数名、变量名、段名、过程（子程序）名等。

名字项的标识符由字母 A～Z / a～z（大/小写字母通用）、数字 0～9、特殊字符"@""_"".""?"等可打印字符组成。名字的标识符不能多于 31 个字符（超过的字符将被省略），第 1 个字符不能是数字符 0～9，"."只能是第 1 个字符。

有效的名字项如 NEXT_A、LOOP1、START、FFH、.386、AP???等。

无效的名字项如 0FFH（十六进制数）、'ABC'（字符串数据）、2ab（数字打头）、S.asm（文件名）等。

2）操作项

操作项是执行指令名或伪指令名，是系统提供的指令操作的功能助记符，是指令语句的关键字，必须正确使用。

3）操作数项

操作数项是指令具体操作的对象，可以是操作数据，也可以是转移地址。如果是多个操作数，操作数之间用","分隔。操作数项可以用常数和汇编表达式描述。

在名字项中定义的名字，可以在操作数项中使用。如果是标号名、过程名，则可作为转移地址使用；如果是变量名，则可作为内存单元的偏移地址（EA）直接寻址使用；如果是符号常数名，则可作为立即数使用；如果是段名，则可作为段址立即数使用。

2．汇编表达式

操作数项可以用汇编表达式描述。汇编表达式是由常数（整数）、寄存器、标号、变量，以及规定的运算符组成的，能被汇编程序识别，并能计算出结果的操作数表达式。

汇编表达式根据其计算结果是数值，还是地址，可分为数值表达式和地址表达式两种。

1）数字常数

数字常数，即立即数，可以是直接给出的二进制数、十进制数、十六进制数、ASCII 码字符数值（用单引号括起来的字符）、名字项定义的符号常数等。

例如，11001010B、0A080H、255、'A'（41H）、'ok'（6F6BH）。

2）数值表达式

数值表达式由常数和数值运算符组成，计算结果是字节/字（整数）数据的表达式。

数值表达式中常使用的数值运算符如下。

① 算术运算符：+、−、*、/（整除）、MOD（取余）。

② 逻辑运算符：NOT（非）、AND（与）、OR（或）、XOR（异或）、SHL（左移）、SHR（右移）。

③ 关系运算符：EQ（=）、NE（≠）、GT（>）、GE（≥）、LT（<）、LE（≤），关系运算结果真值为−1，即全1，假值为0。

例如，19/7（=2），19 MOD 7（=5），80H OR 78H（=0F8H），88H SHL 2（=20H），100 NE 102（=−1），100 GT 102（=0）。

3）地址表达式

地址表达式由常量、变量、标号、[BP]、[BX]、[SI]、[DI]，以及地址运算符组成，计算结果为内存地址值的表达式。

内存地址有段址、偏移地址、地址类型三种属性。地址类型分为 BYTE（字节）、WORD（字）、DWORD（双字）、NEAR（段内）、FAR（段间）5 种。

地址表达式中常用的地址运算符如下。

① 地址算术运算符：+、−（加/减偏移地址的相对值）。

② 属性定义运算符：<段寄存器>:（换段前缀）、PTR（类型运算）。

③ 分析运算符：SEG（取段址值）、OFFSET（取偏移地址值）、TYPE（取地址类型值，1/2/4/−1/−2）、LENGTH（取变量单元数）、SIZE（取变量总字节数）。

例如，

MEM	DB	10H, 20H, 30H, 40H	;伪指令 DB 定义 MEM 字节变量
	MOV	AX, SEG MEM	;AX= MEM 的段址
	MOV	DS, AX	
	MOV	BX, OFFSET MEM	;BX= MEM 的偏移地址 EA
	MOV	AL, [BX+2]	;AL=30H
	MOV	AX, WORD PTR MEM	;定义 MEM 为字变量类型，AX=2010H
	MOV	AL, TYPE MEM	;取 MEM 变量类型值，AL=1

3.2.2 伪指令

汇编语言程序中指示汇编操作的指令称为伪指令。常用的汇编语言程序伪指令有符号定义伪指令、内存变量定义伪指令、段定义伪指令、过程（子程序）定义伪指令（在子程序设计中介绍）和程序模块定义伪指令 5 组，如表 3.5 所示。

表 3.5　常用的伪指令简表

伪 指 令 符	功　　能	伪 指 令 符	功　　能
EQU	符号等值	=	等号
DB	字节变量定义	DW	字变量定义
SEGMENT	段开始	ENDS	段结束
ASSUME	段说明	ORG	段内偏移地址指针$设置
PROC	过程（子程序）开始	ENDP	过程（子程序）结束
NAME	程序模块开始	END	程序模块结束

1．符号定义伪指令

1）符号等值伪指令

格式：<符号名>　EQU　<符号对象>

2）等号伪指令

格式：<符号名>＝<表达式>

注意：EQU 的符号名不可重复定义，符号对象可以是任何符号。

　　　"="的符号名可以重复定义，"="的表达式只能是合法的汇编表达式。

例如，

Count	EQU	19	;count =19
b=20			
b=b+10			;b 重新定义，b = 30
d=(count+4)*2			;d = 46
fnum	EQU	123456H	;正确，123456H 为符号对象
gnum=123456H			;错误，123456H 超过了 16 位二进制的数值范围
addr	EQU	ES:[BX+SI]	

如果使用了 addr 符号定义的指令语句，则

MOV	AX, addr	;即汇编为 MOV　AX, ES:[BX+SI]

2．内存变量定义伪指令

内存变量定义伪指令有 DB（字节）、DW（字）、DD（双字）、DQ（8 字节）、DT（10 字节）等，其中常用的是 DB 和 DW。

格式：[<变量名>]　DB / DW / DD　<数据表>

操作：定义内存变量、类型（BYTE/ WORD/ DWORD），通过数据表分配内存单元，并存放初始数据。

数据表给出了顺序存放在内存单元中的数据，多个数据之间用","分隔。数据表的数据可以是数值表达式（8/16/32 位值）、地址表达式（16/32 位值）、ASCII 码值——8 位值、? 和数据重复定义子句。

? ——仅分配内存单元，不给出初始数据。

数据重复定义子句——重复定义一批数据，并可嵌套使用。

格式：　<重复次数>　DUP <数据表>

例如，

DA1	DB	'DATA SEGMENT'	
DA2	EQU	$-DA1	;DA2=12（$ 为当前偏移地址指针）
DA3	DB	6DH, 62, 15H, 28	
DA4	DB	10 dup (0, 5 dup (1, 2), 0)	
DA5	DB	'12345'	
DA6	DW	7, 9, 298, 1967	
DA7=DA6 −DA4			;DA7=125
DA8= $-DA4			;DA8=133

3．段定义伪指令

1）段开始伪指令

格式：<段名>　　SEGMENT　　　[<段属性表>]

段属性表为可选项，一般在多模块的大规模程序中使用，这里不讨论。

2）段结束伪指令

格式：<段名>　　ENDS

同一个段的 SEGMENT 语句与对应的 ENDS 语句的段名必须一致。

例如，定义了一个数据段，则

DATA	SEGMENT	;DATA 数据段开始
STR1	DB 100 dup (?)	;分配了 100 字节单元
DATA	ENDS	;DATA 数据段结束

3）段说明伪指令

格式：ASSUME　　segreg: <段名>，…

segreg 是 CS、DS、ES 和 SS 中的一个，段名是已定义的段名。ASSUME 伪指令必须用在程序段中，说明已定义的各个段的类型（数据/代码/堆栈/附加段）。

4．程序模块定义伪指令

1）程序模块开始伪指令

格式：NAME　　<模块名>

NAME 伪指令标识程序模块名，可省略不用。如果省略 NAME 伪指令，则将程序文件名作为程序模块名。

2）程序模块结束伪指令

格式：END　　[<主程序入口>]

程序模块一定要以 END 伪指令结束，不可省略。一般，主程序模块结束要给出程序入口标号或主程序的过程名。

5．汇编语言程序的段结构

8086/8088 汇编语言程序是由一个程序模块组成的，而程序模块又是以标准的段结构形式组织的，所以段结构体现了程序模块化设计思想。用段定义、程序模块定义等伪指令可以组成汇编语言程序的段结构。下面给出一个 8086/8088 汇编语言程序段结构示例。该例有一个数据段和一个代码段。

DATA	SEGMENT	;定义 DATA 数据段
	＜ 数据定义语句序列 ＞	
DATA	ENDS	;DATA 数据段结束
CODE	SEGMENT	;定义 CODE 代码段
	ASSUME CS:CODE，DS:DATA	
START:		
	＜ 指令语句序列 ＞	
	MOV AX,4C00H	

```
        INT      21H              ;程序结束，返回 DOS
CODE    ENDS                      ;CODE 代码段结束
        END      START            ;汇编结束，START 为入口标号
```

3.2.3　汇编过程

汇编语言程序必须经过一个汇编过程，把汇编语言程序"翻译"成机器语言程序才能被机器执行。系统软件的编辑程序（EDIT 或记事本）、汇编程序（MASM 或 TASM）、连接程序（LINK 或 TLINK）、调试程序（DEBUG 或 TD）承担了把汇编语言程序"翻译"成机器语言程序的功能，其"翻译"过程就是汇编过程。由于汇编语言程序与机器语言程序是一一对应的，所以汇编过程是"一对一"的翻译过程。

汇编语言程序的设计是通过一系列有序操作步骤（编辑、汇编、连接、调试、运行）的上机过程来实现的。汇编语言程序设计的上机过程如图 3.2 所示。

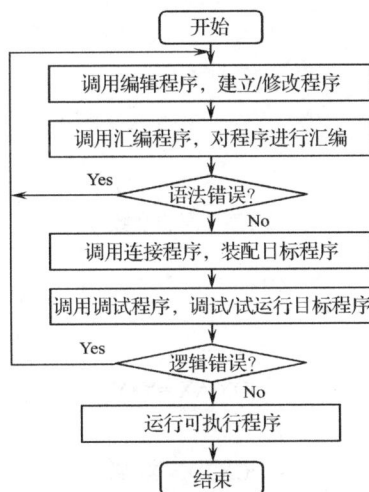

图 3.2　汇编语言程序设计的上机过程

汇编语言程序设计的上机过程必须有编辑程序、汇编程序、连接程序和调试程序等程序的支持。

① 用编辑程序建立扩展名为.ASM 汇编语言源程序文件。
② 用汇编程序将.ASM 文件汇编成扩展名为.OBJ 的二进制目标文件。
③ 用连接程序将.OBJ 文件连接成扩展名为.EXE 的可执行文件。
④ 在 DOS 环境下，可直接执行.EXE 程序，或者通过调试程序调试/试运行.EXE 程序。

3.3　汇编语言程序设计

汇编语言程序设计的步骤和高级语言程序设计的步骤一样，都包括分析问题、确定解决问题的方法（算法）、用流程图表示算法、编写程序、上机调试运行（汇编/连接/调试/运行）等。

汇编语言程序采用结构化程序设计技术设计。结构化程序设计体现了程序结构定理化，

即采用三种基本结构（顺序结构、分支结构和循环结构）编写程序。

由顺序结构、分支结构、循环结构的任意组合和嵌套构成的结构化的程序只有一个入口和一个出口，这使得程序结构清晰、易于理解、易于修改、易于调试，充分显示了程序模块化设计的优点。

本节主要介绍 8086/8088 汇编语言的 3 种基本结构（顺序、分支、循环）的程序设计，子程序设计，以及系统提供的中断调用子程序的使用。

3.3.1 顺序程序

顺序结构一种是最基本的程序结构，也是最简单的汇编语言程序设计结构。它是一个完全按顺序逐条执行的指令序列，即指令指针线性增加，程序一直顺序往下执行，中途没有任何分支和出口。顺序程序设计的例子最多的是做数据运算。

【例 3.1】计算 $S =[8000-(X×Y+Z)]/X$，其中 X、Y、Z、S 均是有符号数字变量。

```
;数据段
DATA      SEGMENT
  X       DW        600
  Y       DW        25
  Z       DW        -2000
  S       DW        ?, ?              ;存放商和余数
DATA      ENDS
;计算 S 算术表达式程序段
          MOV       AX, X
          IMUL      Y                 ;DX|AX =X×Y
          MOV       BX, AX
          MOV       CX, DX            ;CX|BX= X×Y
          MOV       AX, Z
          CWD                         ;Z 扩展成双字 DX|AX
          ADD       BX, AX
          ADC       CX, DX            ;CX|BX= X×Y+Z
          MOV       AX, 8000
          CWD                         ;字数 8000，扩展成双字 DX|AX
          SUB       AX, BX
          SBB       DX, CX            ;DX|AX= 8000-(X×Y+Z)
          IDIV      X                 ;[8000-(X×Y+Z)]/X
          MOV       S, AX             ;商（AX）存放到 S 单元
          MOV       S+2, DX           ;余数（DX）存放到 S+2 单元
```

【例 3.2】把一个字节的压缩 BCD 码，转换成两个字节的 ASCII 码。

```
DATA      SEGMENT
BCD       DB        48H
ASC       DB        ?, ?
```

DATA	ENDS	
CODE	SEGMENT	
	ASSUME CS:CODE, DS:DATA	

```
DATA    ENDS
CODE    SEGMENT
        ASSUME  CS:CODE, DS:DATA
START:  MOV     AX, DATA
        MOV     DS, AX          ;设置 DS 数据段址
        MOV     AL, BCD
        MOV     BL, AL          ;AL、BL 取 BCD 数据（48H）
        AND     AL, 0FH         ;AL=08H
        OR      AL, 30H         ;AL=38H
        MOV     ASC, AL         ;转换的 38H 存放到 ASC 单元
        MOV     CL, 4
        SHR     BL, CL          ;BL=04H
        OR      BL, 30H         ;BL=34H
        MOV     ASC+1, BL       ;转换的 34H 存放到 ASC+1 单元
        MOV     AX, 4C00H
        INT     21H             ;返回 DOS
CODE    ENDS
        END     START
```

注意，本书中给出的汇编语言程序设计例题多数把段结构形式省略了，仅给出了相关数据变量定义和主要的程序功能段。

3.3.2　分支程序

一个实际应用程序，往往需要根据处理过程中出现的不同条件做出逻辑判断，从而决定程序的走向。每个逻辑判断有"是""否"两种结果。程序必须在逻辑判断处出现两种走向的情况下做出选择，即程序出现了分支，构成了分支程序。

汇编语言程序设计可以通过以下两种情况实现分支结构。

① 使用条件转移指令，当指定的条件满足时，改变程序走向；否则，程序顺序执行。

② 利用影响状态标志位的指令，如算术运算类指令、逻辑运算和移位类指令、位测试类指令提供的标志位测试条件给出逻辑判断，确定是否转移。

1．有/无条件转移指令

有/无条件转移指令的操作数是指示转移的目标地址，寻址方式是地址寻址方式。因为要转移，所以必然涉及 CS 和 IP 的值。如果是段内转移，则仅涉及 IP 的值；如果是段间转移，则涉及 CS 和 IP 的值。

1）无条件转移指令

格式：JMP　dst

操作数寻址方式：dst = lab/reg/mem。

操作：计算或得到转移目标处的地址，转移到目标处。

无条件转移指令的操作数寻址方式有段内/段间直接转移、段内/段间间接转移，共 4 种。

① 段内/段间直接转移：直接给出段内/段间目标地址的标号。

格式：JMP　lab

段内/段间直接转移有以下4种形式。

JMP	lab	;段内直接转移，IP = lab 偏移地址（EA）
JMP	SHORT　lab	;段内短转移，IP= IP + <8 位位移量>
JMP	NEAR PTR　lab	;段内近转移，IP= IP + <16 位位移量>
JMP	FAR PTR　lab	;段间直接转移，CS= lab 段址，IP= lab 偏移地址

例如，

JMP	PP1	;段内直接转移，IP = PP1 偏移地址
JMP	SHORT　PP2	;段内短转移，IP = PP2 偏移地址
JMP	NEAR PTR　PP3	;段内近转移，IP= PP3 偏移地址
JMP	FAR PTR　PP4	;段间直接转移，CS = PP4 段址，IP = PP4 偏移地址

② 段内/段间间接转移：从寄存器或内存（字/双字）单元中得到目标地址。

格式：JMP　reg/mem

例如，

JMP	BX	;段内间接转移，IP =(BX)
JMP	WORD PTR [BX]	;段内间接转移，IP =(DS:BX)
JMP	DWORD PTR [BX]	;段间间接转移，IP =(DS:BX)，CS=(DS:(BX+2))

2）有条件转移指令

格式：Jxx　lab

操作数寻址方式：lab 为段内短转移，即 lab 偏移地址的位移量必须在字节数（8 位）范围内。

操作：IP = IP + <8 位位移量>（补码）。

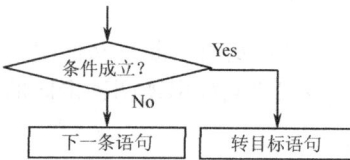

图 3.3　有条件转移指令的功能

有条件转移指令通常在设置或改变了标志位的指令（如算术运算类指令等）之后使用。有条件转移指令的功能如图3.3所示。

有条件转移指令共有 19 条。根据测试标志的情况，有条件转移指令可分为单个标志测试的条件转移指令、多个标志综合测试的条件转移指令。多个标志综合测试又分为有符号数比较测试和无符号数比较测试。有条件转移指令简表如表 3.6 所示。

表 3.6　有条件转移指令简表

分　类	助 记 符	测试标志条件	功　能
（单个标志测试）有条件转移指令	JZ（JE）	ZF=1	为零转移
	JNZ（JNE）	ZF=0	非零转移
	JC	CF=1	有进/借位转移
	JNC	CF=0	无进/借位转移
	JS	SF=1	符号位为 1 转移
	JNS	SF=0	符号位为 0 转移
	JO	OF=1	有溢出转移
	JNO	OF=0	无溢出转移
	JP	PF=1	"1" 偶数个转移
	JNP	PF=0	"1" 奇数个转移
	JCXZ	CX=0	CX=0 转移

分　类	助　记　符	测试标志条件	功　能
（有符号数比较测试）有条件转移指令	JG	(SF⊕OF)∨ZF=0	比较结果为大于转移
	JGE	SF⊕OF=0	比较结果为大于或等于转移
	JL	SF⊕OF=1	比较结果为小于转移
	JLE	(SF⊕OF)∨ZF=1	比较结果为小于或等于转移
（无符号数比较测试）有条件转移指令	JA	CF∨ZF=0	比较结果为高于转移
	JAE	CF=0	比较结果为高于或等于转移
	JB	CF=1	比较结果为低于转移
	JBE	CF∨ZF=1	比较结果为低于或等于转移

2．分支程序的结构

1）二分支结构

汇编语言程序的二分支结构是用有条件转移指令实现的。有条件转移指令相当于高级语言的 if-then 语句，即

$$\text{if} \quad <\text{单条件}> \quad \text{then} \quad <\text{标号}>$$

【例 3.3】把有符号字节变量 X 和 Y 中的较大者送入变量 Z。

```
;字节变量 X 和 Y 比较程序段
    MOV    AL, X           ;AL=X
    CMP    AL, Y           ;对 AL（X）和 Y 进行比较
    JGE    YG              ;X≥Y，转 YG
    MOV    AL, Y           ;X<Y，AL=Y
YG: MOV    Z, AL           ;将较大数存放到 Z 单元
```

2）多分支结构

汇编语言程序的多分支结构相当于高级语言的 if-then-else 语句或 case 语句，即

$$\text{if} \quad <\text{复合条件}> \quad \text{then} \quad <\text{标号 1}> \quad \text{else} \quad <\text{标号 2}>$$
$$\text{case} \quad <\text{多选条件}> \quad \text{do}<\text{标号 1}>,<\text{标号 2}>,\cdots,<\text{标号 n}>$$

汇编语言程序的多分支结构设计，是把 if-then-else 语句的复合条件项或者 case 语句的多选条件项，分解成多个单选条件项，用多个有条件转移指令的有效组合实现多分支结构。

3．分支程序设计

分支程序设计一般由"产生条件""测试""定向""转移标号"四部分组成。特别要处理好分支结构的"入/出口"，即分支程序的转移标号（入口）和分支程序处理完成（出口），避免某个分支程序错误地进入另一个分支程序。在线性语句序列描述中，分支程序的"出口"常用 JMP 指令实现。

当然，二分支结构是最简单、最基本的分支程序结构，但实际应用的分支程序结构大多数是多分支结构。多分支程序一定要结构清晰、易读、易理解。

多（n）分支程序的设计一般采用逻辑分解法和地址跳转表法。

1）逻辑分解法

逻辑分解法是把 n（$n>2$）分支结构逐步分解成 $n-1$ 个单分支结构。这种方法适用于程序分支数不多的应用场合。

【例 3.4】求 X 字节变量数据的符号函数（3 分支）。

$$Y = \begin{cases} 1 & X > 0 \\ 0 & X = 0 \\ -1 & X < 0 \end{cases}$$

;求字节变量符号函数程序段

```
          MOV    AL, X
          CMP    AL, 0            ;对 AL（X）与 0 进行比较
          JZ     ZERO             ;为 0，转 ZERO
          JS     NEGA             ;为负，转 NEGA
          MOV    AL, 1            ;为正，AL＝1
          JMP    OK               ;转公共出口 OK
ZERO:     MOV    AL, 0            ;AL＝0
          JMP    OK               ;转公共出口 OK
NEGA:     MOV    AL, 0FFH         ;AL＝−1
OK:       MOV    Y, AL            ;符号函数值存放到 Y 单元
```

2）地址跳转表法

n 分支程序设计还可以根据分支号进行计算，选择某分支号的"地址跳转表"（连续存放 n 个分支转移的地址数据）地址，从中取得分支入口地址，进而实现转移。这种方法适用于程序分支数比较多的应用场合。

应用地址跳转表法是分支程序设计的一个技巧，主要任务是设计地址跳转表，以及给出由分支号得到分支入口地址的算法。

地址跳转表有多种形式，下面举例介绍最简单的偏移地址跳转表多分支程序设计。

【例 3.5】利用键盘输入一个成绩等级字符 A～D，显示对应的分数段字符串（4 分支）。

;数据变量定义

```
CHAR    DB     ?                              ;存放键盘输入的字符（ASCII 码）
TABL    DW     ENT_A, ENT_B, ENT_C, ENT_D     ;4 个入口标号的 EA 跳转表
;地址跳转表法程序段
P1:     ......                                ;利用键盘输入 A、B、C、D 字符，放入 CHAR 单元
        MOV    AL, CHAR
        SUB    AL, 41H            ;转换成数字 0～3（分支号）
        CMP    AL, 3
        JA     P1                 ;>3（非 A～D），重新输入字符
        CMP    AL, 0
        JS     P1                 ;<0（非 A～D），重新输入字符
        MOV    AH, 0              ;扩展成 AX
        SHL    AX, 1              ;(AX)×2
        MOV    BX, AX
        JMP    TABL[BX]           ;转到对应的分支
        ......
```

ENT_A:	……		;输出"A：100～85！"字符串
	JMP	QUIT	;转公共出口 QUIT
ENT_B:	……		;输出"B：84～70！"字符串
	JMP	QUIT	;转公共出口 QUIT
ENT_C:	……		;输出"C：69～60！"字符串
	JMP	QUIT	;转公共出口 QUIT
ENT_D:	……		;输出"D：59～0！"字符串
QUIT:	MOV	AX, 4C00H	
	INT	21H	;返回 DOS

3.3.3　循环程序

在实际应用中，经常需要连续地重复执行一些相同的操作，这时适宜使用循环程序。

1．循环程序的结构

汇编语言的循环程序的结构一般由循环初始化、循环体（有限次重复执行的操作）、修改循环控制变量和循环结束判断四部分组成，循环程序的基本结构如图 3.4 所示。

① 循环初始化：它是循环程序的准备部分，设置循环程序的初始状态，如循环变量初值、地址指针初值、寄存器或存储单元初值等。循环初始化部分只执行一次。

② 循环体：它是循环程序中需要重复执行的部分，是循环结构的功能程序段。循环体至少执行一次，且必须有限次地执行。

③ 修改循环控制变量：它和循环体协调配合，对参加运算的数据或地址进行恰当的修改，以保证下一次循环操作能正确地取到操作数或存储操作结果。

④ 循环结束判断：它保证循环程序按预定的循环次数或按预定的条件循环，能控制循环程序在有限次执行后正常退出循环结构。如果无限次地执行循环体，就会发生"死"循环，循环控制失败。

图 3.4　循环程序的基本结构

2．循环指令

实现循环结构的指令有循环控制指令和串操作类（串传送、串存储、串装入、串比较、串扫描）指令。这里不介绍串操作类指令。

循环控制指令有 3 条，即 LOOP 指令、LOOPZ 指令、LOOPNZ 指令。

格式：LOOPxx　lab

操作数寻址方式：lab 为段内短转移，即 lab 偏移地址的位移量必须在字节数（8 位）范围内。循环控制指令的寻址方式与有条件转移指令的寻址方式相同，即段内短转移。

操作：IP = IP + <8 位位移量>（补码）。

循环控制指令简表如表 3.7 所示。

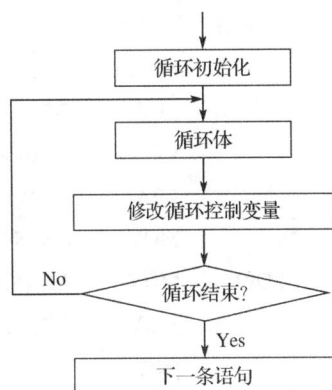

表 3.7　循环控制指令简表

指　令　符	操作和循环测试条件	功　　能
LOOP	CX-1，CX≠0	循环控制
LOOPZ	CX-1，CX≠0 且 ZF=1	零标志循环控制
LOOPNZ	CX-1，CX≠0 且 ZF=0	非零标志循环控制

循环控制指令隐含涉及 CX 的减 1 操作，用于进行循环次数的计数控制。所以，CX 也常被称为循环计数器。

例如，

```
        LOOP    PP3              ;CX-1，CX≠0 转 PP3
```

上例相当于以下两条指令：

```
        DEC     CX
        JNZ     PP3
```

【例 3.6】把 BLKS 数据区的 N 个字节数据"搬家"到 BLKD 数据区。

```
;数据变量定义
BLKS    DB      'THIS IS A PROGRAM FOR STRING MOVING'        ;"搬家"的源数据串
N       EQU     $-BLKS          ;N 为数据个数
BLKD    DB      N  DUP  (?)      ;存放"搬家"的目的数据串
;"搬家"程序段
        MOV     AX, DATA
        MOV     DS, AX          ;设置 DS 数据段址
        LEA     SI, BLKS        ;SI 取源数据串 EA
        LEA     DI, BLKD        ;DI 取目的数据串 EA
        MOV     CX, N           ;CX 取数据个数
LOP1:   MOV     AL, [SI]        ;取一个数
        MOV     [DI], AL        ;"搬"一个数
        INC     SI
        INC     DI              ;SI 和 DI 分别做+1 修改
        LOOP    LOP1            ;CX-1≠0，继续"搬"数
```

3．循环程序设计

汇编语言循环程序设计有两种循环控制方法，即计数控制法和条件控制法。

1）计数控制循环程序设计

用计数实现循环控制是最常用的循环程序设计方法，这种方法适用于已知循环次数的应用场合。计数控制法循环程序一般用 CX 作为计数器，初始化时设置计数初值，与 LOOP 指令配合，采用"倒计数"进行计数控制。

【例 3.7】计算 $N!$。

如果设定 $N! < 65535$，即 $N!$ 不超出一个字（16 位）数据范围，则 N 只能取值 1～8。

```
;数据变量定义
N       EQU     x                ;x 为 1～8 中的数之一
```

ANS	DW	?	;存放 N！单元

;计算 N！程序段

	MOV	AX, 1	
	MOV	CX, N	;循环初始化（AX=1，CX= N）
NEXT:	MUL	CX	;循环体，即 AX= N×(N-1)×···×1
	LOOP	NEXT	;CX-1≠0，转 NEXT
	MOV	ANS, AX	;结果值存放到 ANS 单元

【例 3.8】 计算 $SUM = a_1b_1 + a_2b_2 + \cdots + a_{10}b_{10}$。

;数据变量定义

A	DB	89,5,-56,80,19,-5,76,80,100,12	;A 数组 10 个数据
B	DB	8,-29,102,38,-5,62,30,-10,52,12	;B 数组 10 个数据
SUM	DW	?	

; 计算 SUM 程序段

	MOV	DX, 0	;DX=0（计算结果初值）
	MOV	SI, 0	;SI=0（数组下标初值）
	MOV	CX, 10	;CX=10（计数初值）
LOP1:	MOV	AL, A[SI]	
	IMUL	B[SI]	;AX = a_jb_j
	ADD	DX, AX	
	INC	SI	;下标值+1
	LOOP	LOP1	;CX-1≠0，继续计算
	MOV	SUM, DX	;结果值存放到 SUM 单元

2）条件控制循环程序设计

如果循环程序的循环次数不确定，但能根据设定的某个条件成立与否做有限次的循环控制，则这种循环程序设计方法就是条件控制法。

【例 3.9】 求满足 $\sum i < 8000$ 的最大数 X。

;数据变量定义

X	DW	?	;存放 X

CONS = 8000

;求最大数 X 程序段

	MOV	AX, 0	;AX=0（$\sum i$ 初值）
	MOV	BX, 0	;BX=0（X 初值）
NEXT:	INC	BX	
	ADD	AX, BX	;求 $\sum i$
	CMP	AX, CONS	;$\sum i$ 与 8000 比较
	JB	NEXT	;小于 8000，继续循环
	DEC	BX	
	MOV	X, BX	;结果值存放到 X 单元

3）多重循环程序设计

如果一个循环结构的循环体中包含另一个循环结构，就构成了多重循环结构。下面以二重循环程序设计为例，给出多重循环程序的设计思路。

【例3.10】统计 BUF 数据区 64 个字节数中"1"数位的个数，并将结果存放到 COUNT 单元。

该统计程序采用二重循环结构设计。外循环采用计数控制法，CX=64（初值）；内循环采用条件控制法。内循环的条件控制程序设计要点如下。

① AL 中为统计的字节数，AL 逻辑左移 1 位，最低位补 0，最高位移入 CF 标志位。

② 用"ADC BX, 0"指令加 CF 标志值，即(BX)+1 或(BX)+0，做统计。

③ 判断"AL = 0 ？"，如果 AL = 0，则不再统计该字节数，退出内循环。

```
;统计程序段
          MOV     BX, 0           ;BX=0（统计初值）
          LEA     SI, BUF         ;SI 取 BUF 数据区 EA
          MOV     CX, 64          ;CX=64（外循环初值）
EX1:      MOV     AL, [SI]
IN1:      SHL     AL, 1           ;左移 1 位，最高位移入 CF 标志位
          ADC     BX, 0           ;统计，BX 加 CF 标志（0/1）
          CMP     AL, 0
          JNZ     IN1             ;内循环不结束，继续统计该字节数
          INC     SI              ;SI+1
          LOOP    EXl             ;CX-1≠0，继续统计下一个字节数
          MOV     COUNT, BX       ;统计结果存放到 COUNT 单元
```

【例3.11】ARR 数据区有 N 个有符号字节数（ARR 数组）。求 ARR 数组的最大值、最小值、数组元素之和，以及数据平均值。

```
DATA      SEGMENT
ARR       DB      34, -45, 12, 66, -89, 26, 90, 67, -22, 120, 50, 70, 10, 0, -44, 55
          DB      67, 39, -82, -67, 20, -38, 23, -88, 0, -110, 98, 20, -55, 45
N         EQU     $-ARR           ;N=ARR 数组的数据个数
MAX       DB      -128            ;预先放最小值
MIN       DB      127             ;预先放最大值
SUM       DW      0               ;预先放求和初值 0
PING      DB      ?               ;存放平均值
DATA      ENDS
CODE      SEGMENT
          ASSUME  CS: CODE, DS: DATA
START:    MOV     AX, DATA
          MOV     DS, AX
          LEA     BX, ARR         ;BX 取 ARR 数组的 EA
          MOV     CX, N           ;取数据个数
PP1:      MOV     AL, [BX]
          CBW
          ADD     SUM, AX         ;求和
```

```
          CMP     MAX, AL
          JGE     P1
          MOV     MAX, AL          ;求最大值
P1:       CMP     MIN, AL
          JLE     P2
          MOV     MIN, AL          ;求最小值
P2:       INC     BX
          LOOP    PP1              ;循环结束判断
          MOV     AX, SUM
          MOV     CL, N
          IDIV    CL               ;求平均值
          MOV     PING, AL         ;存放平均值
          MOV     AX, 4C00H
          INT     21H              ;返回 DOS
CODE      ENDS
          END     START
```

3.3.4　子程序设计和系统功能调用

汇编语言子程序设计是实现程序模块化设计的重要手段之一。本节主要介绍子程序（过程）及其结构和设计，以及系统提供的软件中断服务子程序的调用（系统功能调用）。

1. 子程序

子程序（过程）是具有一定功能的、独立的指令序列程序段，可以在需要时被一次或多次调用。被调用的程序段称为子程序，调用子程序的程序段称为主程序。

1）子程序定义

8086/8088 子程序的定义是由 PROC 和 ENDP 这一对伪指令实现的。

① 过程定义伪指令。

格式：<过程名>　　PROC　　　[<过程类型>]

过程类型有 NEAR（段内过程类型）和 FAR（段间过程类型）两种，默认为 NEAR。

② 过程结束伪指令。

格式：<过程名>　　　ENDP

一个子程序的 PROC 语句和 ENDP 语句的过程名必须一致。

2）子程序调用指令和返回指令

子程序的调用是用 CALL 指令实现的。当执行到子程序中的 RET 指令时，返回 CALL 指令调用的下一条指令继续执行（主）程序。

① 子程序调用指令。

格式：CALL　　<过程名>　　　　　　;直接调用（定义的过程类型）

CALL 指令的寻址方式和 JMP 指令的寻址方式相同，有段内直接调用、段间直接调用、段内间接调用、段间间接调用 4 种调用形式。

```
    CALL   NEAR PTR  <过程名>          ;段内（近）直接调用（IP）
    CALL   FAR PTR   <过程名>          ;段间（远）直接调用（CS：IP）
    CALL   WORD PTR  reg/mem          ;段内（近）间接调用（IP）
    CALL   DWORD PTR  mem             ;段间（远）间接调用（CS：IP）
```

操作：

a）把返回地址压入堆栈保存（段内：返回 IP 入栈。段间：返回 CS 和 IP 入栈）。

b）转向被调子程序（段内：设置 IP。段间：设置 CS 和 IP）。

例如，

```
    CALL   SUB1                       ;根据 SUB1 定义的过程类型调用
    CALL   NEAR  PTR  SUB2            ;段内直接调用，IP = SUB2 偏移地址
    CALL   FAR  PTR  SUB3             ;段间直接调用，CS = SUB3 段址，IP = SUB3 偏移地址
    CALL   WORD  PTR  [BX]            ;段内间接调用，IP =(DS:BX)
    CALL   DWORD PTR  [BX]            ;段间间接调用，IP =(DS:BX)，CS=(DS:(BX+2))
```

② 子程序返回指令。

格式：

```
    RET                              ;返回主程序
    RET   n                         ;返回主程序，并清除堆栈顶 n 个字节（n 为偶数）
```

操作：

如果是段内过程类型，从堆栈弹出 IP；如果是段间过程类型，从堆栈弹出 IP 和 CS。如果是"RET   n"指令，除弹出返回地址以外，还要执行(SP)+ n→SP。

在使用 RET 指令时，一定要注意以下两点。

a）当子程序结束时，必须执行到 RET 指令。

b）当执行 RET 指令时，SP 要指向 CALL 指令调用时保存的返回地址，以便能正确返回主程序。

2．子程序结构

子程序结构必须在代码段结构之内。子程序只能通过 CALL 指令进入，也只能通过 RET 指令返回，其他进/出子程序的方式都是错误的。

【例 3.12】8086/8088 汇编语言子程序设计结构示例。

```
CODE    SEGMENT                     ;定义 CODE 代码段
        ASSUME  CS：CODE, DS：DATA
START:
        <调用前程序段>
        CALL    PRO1                ;调用子程序 PRO1
        <调用后程序段>
        MOV     AX，4C00H
        INT     21H                 ;返回 DOS
PRO1    PROC                        ;定义子程序 PRO1
        <保护现场程序段>
        <子程序功能段>
```

```
            <恢复现场程序段>
            RET                              ;子程序返回
PRO1        ENDP                             ;子程序 PRO1 结束
CODE        ENDS                             ;CODE 代码段结束
            END     START                    ;汇编结束，START 为执行入口标号
```

3. 子程序设计

在遵循上述结构形式的基础上，子程序设计一般包括以下处理环节。

```
<过程名>     PROC        [NEAR/FAR]
            保护现场
            处理入口参数
            子程序功能段
            处理出口参数
            恢复现场
            RET 返回
<过程名>     ENDP
```

1）保护/恢复现场

子程序和主程序中都使用到的寄存器和存储单元称为现场。为了使子程序能被正确地一次或多次调用和返回，必须在进入子程序前或者在子程序中设置保护现场环节，并且在子程序返回主程序前或者返回主程序后设置恢复现场环节。

保存/恢复现场最常用的方法是利用堆栈特性，保护现场时将"现场"压入堆栈，恢复现场时将"现场"弹出堆栈。所以，子程序设计的最大特点是要合理、正确地设计堆栈操作。

【例 3.13】子程序保护现场和恢复现场示例。

```
SUB1        PROC
            PUSH    AX                       ;保护现场（AX, BX, CX 入栈）
            PUSH    BX
            PUSH    CX
            ……                              ;子程序功能段
            POP     CX                       ;恢复现场（CX, BX, AX 出栈）
            POP     BX
            POP     AX
            RET
SUB1        ENDP
```

2）子程序的参数传递

汇编语言子程序常需要在主程序和子程序之间传递入/出口参数。除可以利用寄存器、存储单元传送参数以外，还可以利用堆栈传递参数。子程序参数传递的方法有以下 3 种。

① 利用寄存器传递参数：用寄存器传递子程序入/出口参数。这种传递参数的方法最简单、最通用，但由于寄存器数目的限制，传递的参数个数有限。

② 利用存储单元传递参数：用存储单元传递子程序入/出口参数。这种传递参数方法一般适用于传递的参数个数较多且参数是连续存放在一个数据缓冲区的场合。

③ 利用堆栈传递参数：把传递的入口参数依次压入堆栈，然后调用子程序；子程序取出堆栈中的参数；使用"RET n"指令返回主程序，弹出堆栈的入/出口参数。

子程序的参数传递要特别注意入/出口参数在堆栈中的位置，并正确使用堆栈指针，保证参数"先进后出"的堆栈操作。

【例3.14】 求一个无符号数的十进制、二进制、十六进制的各数位值的和。

例如，104（01101000B，68H）十进制、二进制、十六进制的数位和分别是5、3、14。

```
;数据变量定义
NUM      DW       x                  ;x 是一个无符号字数据
SUM      DW       ?                  ;存放数位和
;主程序
         ......
         MOV      AX, NUM            ;AX 取数 NUM
         MOV      CX, 10            ;CX 取数制 10（或 2 或 16）
         CALL     SUBR              ;AX, CX 为入口参数，BX 为出口参数（数位和）
         MOV      SUM, BX           ;数位和存放到 SUM 单元
         ......
         MOV      AX, 4C00H
         INT      21H               ;返回 DOS
;求数位之和子程序 SUBR
SUBR     PROC
         PUSH     DX                ;保护现场 DX
         MOV      BX, 0             ;BX=0（数位和初值）
LOP:     CMP      AX, 0
         JZ       OK                ;AX=0 结束，转 OK（有条件结束循环）
         MOV      DX, 0             ;被除数高 16 位 DX 清 0
         DIV      CX                ;除以 10（或 2 或 16），余数存放在 DX
         ADD      BX, DX            ;求数位和
         JMP      LOP
OK:      POP      DX                ;恢复现场 DX
         RET
SUBR     ENDP
```

【例3.15】 将例3.14中用寄存器传递的参数改为用存储单元传递。

```
;数据变量定义
NUM      DW       x                  ;x 为一个无符号数
DECI     DW       10                ;取数制 10（或 2 或 16）
SUM      DW       0                 ;存放数位和初值 0
;主程序
         ......
         CALL     SUBR              ;求 NUM 的数位和
```

```
                ......
        MOV     AX, 4C00H
        INT     21H                     ;返回 DOS
;求数位之和子程序 SUBR
SUBR    PROC
        PUSH    DX                      ;保护现场 DX
        MOV     AX, NUM                 ;AX 取 NUM 数
        MOV     CX, DECI                ;CX 取数制 10（或 2 或 16）
LOP:    CMP     AX, 0
        JZ      OK                      ;AX＝0 结束，转 OK
        MOV     DX, 0
        DIV     CX                      ;除以 10（或 2 或 16）
        ADD     SUM, DX                 ;数位和在 SUM 单元
        JMP     LOP
OK:     POP     DX                      ;恢复现场 DX
        RET
SUBR    ENDP
```

4．系统功能调用

IBM PC 系统提供了一些对 I/O 设备、文件和内存进行管理的中断服务子程序，供用户用软件中断指令调用，这称为系统功能调用。

1）软件中断指令和中断返回指令

① 软件中断指令。

格式：INT　n

其中，n 为中断类型号，数值范围为一个字节数（0～0FFH）。该指令的功能相当于"CALL　< n 号中断服务子程序 >"指令的功能，即实现 n 号中断服务子程序的段间调用。

② 中断返回指令。

格式：IRET

IRET 指令的功能和 RET 指令的功能相同，即返回 INT 指令调用处。只不过 IRET 是专用的中断服务子程序的返回指令。

2）系统功能调用

系统功能调用分为 BIOS 功能调用和 DOS 功能调用，可以用"INT　n"指令实现系统功能调用。

BIOS 是系统提供的基本 I/O 中断服务子程序，驻留在系统的 ROM 中。BIOS 主要有系统加电自检、引导装入、主要 I/O 设备驱动和接口控制等系统功能，是操作系统与外设之间的"软接口"，处于系统软件的底层。常用的 BIOS 功能调节是中断类型号为 10H～1CH 的功能调用，如 10H 号是显示器 I/O，16H 号是键盘 I/O。

DOS 功能调用是 MS-DOS 提供的、中断类型号为 21H 的功能调用。DOS 功能调用有 90 多个子功能，入口参数 AH 寄存器用于设置子功能号。

DOS 功能调用可以分为 5 类管理：字符 I/O 管理、文件管理、内存管理、作业管理、其他资源管理。

3）常用的 DOS 功能调用方法

① 返回 DOS 功能调用，入口参数 AH=4CH，AL=0（返回码 0）。

```
MOV     AX, 4C00H
INT     21H
```

② 字符 I/O 的 DOS 功能调用。

a）01H 子功能：读一个字符到 AL，并回显，入口参数 AH=01H，出口参数 AL。

```
MOV     AH, 01H
INT     21H
```

b）08H 子功能：读一个字符到 AL，不回显，入口参数 AH=08H，出口参数 AL。

```
MOV     AH, 08H
INT     21H
```

c）02H 子功能：显示 DL 的字符，入口参数 AH=02H，DL。

```
MOV     DL, 'A'
MOV     AH, 02H
INT     21H              ;屏幕上显示 A
```

d）09H 子功能：显示 DS：DX 指向的终止于"$"的字符串，入口参数 AH=09H，DS，DX。

```
STRING  DB      '12345asdfghjkZXCVBNM67890$'
        MOV     AX, SEG STRING
        MOV     DS, AX
        MOV     DX, OFFSET STRING
        MOV     AH, 09H
        INT     21H
```

e）0AH 子功能：读字符串到 DS：DX 指向的数据缓冲区，入口参数 AH=0AH，DS，DX。
存放键盘输入数据的缓冲区格式：

字节 0　　　　　　预设缓冲区的字节个数 n
字节 1　　　　　　键盘实际接收的字符个数
字节 2~n+1　　　　接收输入的字符串（如果多于 n 个字符则丢弃）

例如，

```
STRING  DB      20, ?, 20 DUP (?)
        MOV     AX, SEG STRING
        MOV     DS, AX
        MOV     DX, OFFSET STRING
        MOV     AH, 0AH
        INT     21H
```

【例 3.16】从键盘读取一个字符串，把其中的小写字母转换成大写字母显示。

```
;程序段
AGAIN:  MOV     AH, 8
```

	INT	21H	;AL 读键盘字符（不回显）中断调用
	CMP	AL, 0DH	;回车键的 ASCII 码值是 0DH
	JZ	EXIT	;是回车键转 EXIT，程序结束
	CMP	AL, 'a'	
	JB	OK	;是小于'a'的字符，转换成字符显示
	CMP	AL, 'z'	
	JA	OK	;是大于'z'的字符，转换成字符显示
	SUB	AL, 20H	;是'a'~'z'的字符，转换成大写字母显示
OK:	MOV	DL, AL	
	MOV	AH, 2	
	INT	21H	;DL 字符显示中断调用
	JMP	AGAIN	;继续读一个字符
EXIT:	MOV	AX, 4C00H	
	INT	21H	;返回 DOS

习　题　3

3.1　根据题意填空。

（1）可以做存储器操作数寻址的寄存器是_____、_____、_____、_____。

（2）8086/8088 状态标志位有_____、_____、_____、_____、_____、_____，控制标志位有_____、_____、_____。

（3）一个逻辑地址为 2000H: 12A7H 存储单元的物理地址是_____。

（4）堆栈数据操作的特性是_____；队列数据操作的特性是_____。

（5）在同一段程序中，可以连续重复执行的程序段是_____结构。

3.2　请指出下列语句中寻址方式的错误。

（1）MOV　　CX, [AX]　　　　　　（2）ADD　　BL, 500

（3）POP　　AL　　　　　　　　　（4）MUL　　AL, BL

（5）AND　　100, AX　　　　　　 （6）SUB　　[BX], [DI]

（7）MOV　　DS, 2000H　　　　　 （8）RCL　　BX, 4

（9）XCHG　BX, 4078H　　　　　 （10）INC　　[SI]

3.3　按题意给出合适的 1~2 条指令。

（1）将 AX 和 250 做有符号数乘法。

（2）将 AX 和 SI 寄存器间接寻址的存储器操作数相加，和放在 AX 中。

（3）将 AL 的高 4 位数据保留，低 4 位数据置 1。

（4）将 AX 的高 8 位和低 8 位数据互换。

3.4　设 AX=8B6AH, BX=00FFH, 分别给出以下指令执行后 AX 的值。

（1）ADD　　AX, BX　　　　　;AX= _____H

（2）SUB　　AX, BX　　　　　;AX= _____H

（3）AND   AX, BX   ;AX= _____H

（4）OR   AX, BX   ;AX= _____H

（5）XOR   AX, BX   ;AX= _____H

3.5   给出执行以下计算的指令序列，其中 X、Y、Z、$W1 \sim W3$ 均为 16 位无符号数内存变量。

（1）$W1 \leftarrow 2 \times X - 3 \times Y + Z$

（2）$W2 \leftarrow (X \times Y - 215)/Z + 4 \times X$

（3）$W3 \leftarrow (X \wedge Y) \oplus Z$

3.6   说明下列程序段的功能。程序段执行后，HEX 单元的值是什么？

;数据变量定义

ASC   DB   41H

HEX   DB   ?

;程序段

            MOV   AL, ASC

            CMP   AL, 39H

            JBE   NEXT

            SUB   AL, 7

NEXT: SUB   AL, 30H

            MOV   HEX, AL

            HLT

3.7   编写能完成以下功能的程序段。

（1）利用加法和移位指令将无符号字节数 A 乘以 6，将积送到 B 单元。

（2）求有符号字数 A、B 的绝对值，将较小的绝对值送到 C 单元。

（3）设 A 数组有 50 个字节数，将数组元素之和送到 B 单元。

（4）求 X 字数据的符号函数，将符号函数值送到 Y 单元。

3.8   统计 BUF 数据区 256 个字节数据中零、正数、负数的个数，分别存放到 ZERO、POSI、NEGA 单元。

第 4 章　微机存储器

存储器是计算机中用于实现记忆功能的部件，用来存放数据和程序（统称为信息）。存储器的存储容量越大，表明其能存储的信息越多，计算机的处理能力也就越强。由于计算机的大部分操作要频繁地和存储器交换信息，所以存储器的存取速度往往限制了计算机的处理速度。因此，人们希望计算机存储器的存储容量大、存取速度快。

微机系统一般用半导体存储器作为主存储器（简称主存或内存），存放需要与微处理器频繁交换的信息；用软盘、硬盘、光盘等外部存储器作为辅助存储器（简称辅存或外存），存放相对来说不经常使用的、可永久保存的大量信息。

微机的存储器系统为了满足微处理器对存储容量和存取速度的要求，通常分级存储信息。典型的存储系统采用高速缓冲存储器（Cache）—并行主存储器—辅存储器的三级存储层次结构。其中，Cache 存储容量最小但存取速度最快，辅存储器存储容量最大。

本章主要讨论构成微机主存储器的半导体存储器的性能指标、分类、特点，以及存储器与微机系统的连接，还介绍了现代存储器的体系结构。

4.1　半导体存储器

半导体存储器由于具有集成度高、功耗低、可靠性好、存取速度快、成本低等优点，所以成为构成微机主存储器的最主要的存储器件。

4.1.1　半导体存储器的性能指标

半导体存储器的主要性能指标有以下 5 个。

1）存储容量

半导体存储器的存储容量，即存储空间的大小，是存储能力的指标。半导体存储器以字节为单位编址，所以用字节数表示存储容量。存储容量的大小受到微机系统地址位数的限制。例如，8086 的总线为 20 位，半导体存储器的最大存储容量为 1M 字节，即 1MB。

2）存取速度

半导体存储器的存取速度可用最大存取时间或存取周期来描述。半导体存储器的存取时间定义为从接收到存储单元的地址码开始，到它取出或存入数据为止所需的时间，单位为纳秒（ns）。半导体存储器的最大存取时间范围为十几纳秒到几百纳秒。存取周期是指一次完整的读/写操作所需要的全部时间。

3）功耗

功耗是指每个存储单元消耗的功率，单位为微瓦/单元（μW/单元），或每块芯片消耗的总功率，单位为毫瓦/芯片（mW/芯片）。它不仅涉及消耗的功率的大小，也关系到芯片的集成度，还与微机的电源容量和由此产生的热量及机器的组装和散热有关。

4）可靠性

可靠性是指半导体存储器对电磁场、温度等外界变化因素的抗干扰能力。半导体存储器由于采用大规模集成电路结构，所以可靠性高。可靠性一般用平均无故障时间来描述。半导体存储器的平均无故障时间通常在几千小时以上。

5）体积和价格

微机的主要特点是体积小、重量轻、价格便宜、使用方便。因此，半导体存储器的体积大小、价格高低，也成为人们关心的指标。

4.1.2 半导体存储器的分类及其特点

半导体存储器的种类很多，按存取方式可分为两大类：随机存储器（Random Access Memory，RAM）和只读存储器（Read Only Memory，ROM）。

1．随机存储器

RAM 中的信息可以读出，也可以写入，因此又称为可读可写存储器；RAM 中存放的信息会因断电而丢失，因此还称为易失性存储器。RAM 常用于暂时性地存放 I/O 数据、中间计算结果和用户程序，以及用作堆栈和用作与外存储器或 I/O 设备交换信息的缓冲区。

2．只读存储器

ROM 是一种一旦写入（称为固化）信息，就只能读出的固定存储器。ROM 中存放的信息不会因断电而丢失，因此又称为非易失性存储器。ROM 通常用来存放固定的程序和数据，如监控程序、操作系统的核心部分、BASIC 语言解释程序，还可用来存放各种固定表格和常数等。

RAM 按制造工艺原理不同可分为双极型（Bipolar）RAM 和 MOS（Metal Oxide Semiconductor）型 RAM，其中 MOS 型 RAM 根据存储信息的机理不同可分为静态 RAM（SRAM）和动态 RAM（DRAM）。ROM 根据固化信息的方式不同可分为掩膜 ROM、一次性可编程 ROM（PROM）、紫外线擦除可编程 ROM（EPROM）、电擦除可编程 ROM（E^{2}PROM）和快擦写存储器（Flash Memory）等。

半导体存储器的分类如图 4.1 所示。

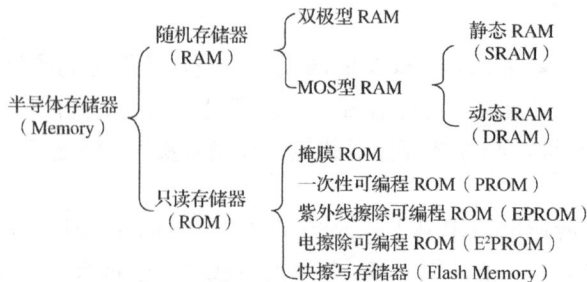

图 4.1 半导体存储器的分类

3．常用半导体存储器的特点

微机中常用的半导体存储器的特点如下。

① 双极型 RAM 以晶体管触发器作为基本存储电路，晶体管数较多。它的存取速度快，但和 MOS 型 RAM 相比，集成度低、功耗大、成本高，主要用于对存取速度要求较高的微机和大中型机。

② MOS 型 RAM 的存取速度虽不及双极型 RAM 的存取速度，但其制造工艺简单、集成度高、功耗小、价格便宜，在半导体存储器中占有重要地位。

SRAM 以双稳态触发器作为基本存储电路，由于采用 NMOS 电路，集成度较高。DRAM 利用电容电荷原理存储信息（有电荷为 1，无电荷为 0），由于采用的元件比静态 RAM 采用的元件少，所以集成度高、功耗小，但由于分布电容有电荷泄漏，所以要求在 2～4ms 内周期性地给电容充电（刷新），以保证"1"不丢失，这就需要附加刷新电路。除此之外，从总的性能上来看，DRAM 优于 SRAM。一般小容量的存储器系统采用 SRAM，大容量的存储器系统采用 DRAM。

③ EPROM 是一种可用紫外线进行多次擦除并能重写的 ROM。在擦除时，把器件从应用系统上拆卸下来（称为脱线），放在紫外线下照射约 20 min，然后用专门的编程器固化信息。EPROM 的编程写入速度较慢，但由于它可以多次改写，所以特别适合用于进行科研工作。

④ E²PROM 是一种可用特定电信号进行擦除和写入的 ROM。在固化信息时，不将器件从应用系统上拆卸下来（称为在线），通过外加极性不同的电压进行擦除和写入。擦除和写入所用的电流极小，可用普通的电源供电。E²PROM 由于具有在线擦除和写入的特点，比 EPROM 使用起来方便，但目前其存取速度较慢，价格也较高。

⑤ Flash Memory 是在 E²PROM 基础上发展起来的，但比 E²PROM 擦除和写入的速度快得多。Flash Memory 是一种非挥发性存储器，断电后仍能长期保存信息，不需要配置后备电源。它正逐渐取代传统的 EPROM 和 E²PROM。

4.1.3 存储器芯片概述

存储器的最小记忆单位是基本存储电路。先利用大规模集成电路技术把许多基本存储电路集成为存储器芯片，再用若干个存储器芯片有机地组合成存储器。

1. 基本存储电路

基本存储电路是存储一位二进制信息的电路，由一个具有两个稳定状态（"0"和"1"）的电子元件组成。六管 SRAM 的基本存储电路如图 4.2 所示，单管 DRAM 的基本存储电路如图 4.3 所示。

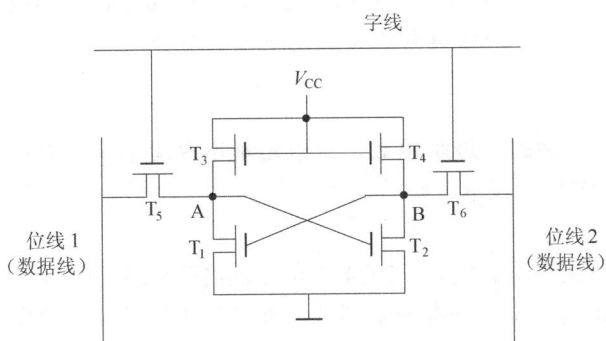

图 4.2 六管 SRAM 的基本存储电路　　图 4.3 单管 DRAM 的基本存储电路

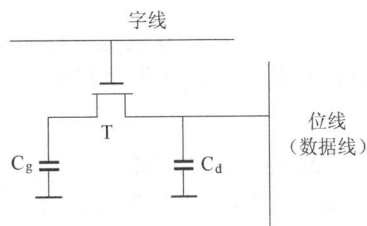

2．存储器芯片的基本组成

存储器芯片是一个在数平方厘米面积上，集成了成千上万个基本存储电路的大规模集成电路，通常由存储矩阵（体）、地址译码器、数据缓冲器和读/写控制逻辑 4 部分组成。存储器芯片的基本组成示例如图 4.4 所示。

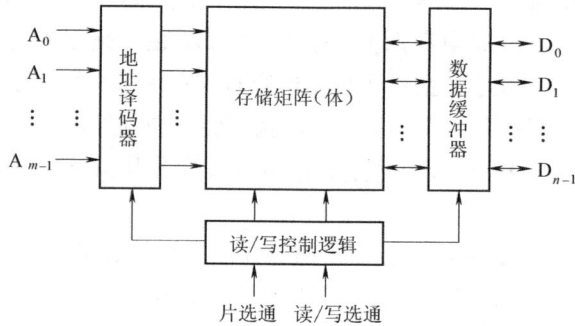

图 4.4　存储器芯片的基本组成示例

① 存储矩阵是存储器芯片的核心部分，是基本存储电路的集合。将一定数目的基本存储电路按矩阵阵列组织起来，即可构成存储矩阵（或称为存储体）。例如，4096 个基本存储电路排列成 64×64 的矩阵阵列。

② 存储矩阵的每个存储单元都有自己的编号，即存储单元地址。要对一个存储单元进行读/写，必须先给出它的地址，这就是微机存储器按地址访问的原理。存储器芯片的地址译码器接收来自微处理器的地址信号，产生片内单元地址选择信号，以便选中存储矩阵中某个存储单元，使其在读/写控制逻辑的控制下进行读/写操作。

③ 存储器芯片的数据输入和输出大多数依靠双向、三态的数据缓冲器结构实现。只有芯片被选中时才真正挂接到数据总线上，否则呈现高阻态。

④ 存储器芯片控制逻辑最基本的作用：接收来自微处理器或外部电路的控制信号，经过组合变换后，对存储矩阵、地址译码器和数据缓冲器进行控制。存储器芯片的控制信号包括存储器芯片选通信号 $\overline{CS}$（或 $\overline{CE}$，简称片选信号），若 $\overline{CS}$ 有效，则存储器芯片从备用状态切换到工作状态，否则，存储芯片呈高阻态，不工作；输出允许信号 $\overline{OE}$，若 $\overline{OE}$ 有效，则打通输出缓冲器到数据总线的通道；读/写控制信号 $R/\overline{W}$ 或写允许信号 $\overline{WE}$，用来指明是进行读操作还是进行写操作。

对于一些特殊的存储器芯片，除具备以上 4 个基本组成部分之外，还有自己特有的组成部分，如 DRAM 具有读出放大和刷新电路、EPROM 具有信息固化编程电路等。

3．存储器芯片的容量

存储器芯片的容量是指存储器芯片能存储的二进制位数，也就是基本存储电路的数目，通常用存储单元数和每个存储单元位数的乘积来表示，即

$$M×N$$

其中，M 为存储单元数；N 为每个存储单元的位数。例如，1024×1 的存储器芯片的容量为 1024位，其有 1024 个存储单元，每个存储单元为 1 位，该存储器芯片只能作为 1 位存储器使用。又如，256×4 的存储器芯片的容量同样为 1024 位，但是它有 256 个存储单元，每个存储单元为 4 位，该存储器芯片只能作为 4 位存储器使用。所以，$M×N$ 的存储器芯片容量表示，也能

大致反映其逻辑构成。

具有代表性的 4 种存储器芯片的组成特性如表 4.1 所示。

表 4.1　具有代表性的 4 种存储器芯片的组成特性

芯片型号	$M \times N$	地 址 线	数 据 线	控 制 线	特殊电源
SRAM 6116	2K×8	$A_{10} \sim A_0$	$D_7 \sim D_0$	$\overline{CS}$，$\overline{OE}$，$\overline{WE}$	
DRAM 2164	64K×1	$A_7 \sim A_0$（行、列地址复用）	D_{in}，D_{out}	$\overline{RAS}$，$\overline{CAS}$，$\overline{WE}$	V_{DD}（+21V）V_{BB}（−5V）
EPROM 2764	8K×8	$A_{12} \sim A_0$	$O_7 \sim O_0$	$\overline{CE}$，$\overline{OE}/V_{PP}$，$\overline{PGM}$	V_{PP}（+21V）
E²PROM 2817	2K×8	$A_{10} \sim A_0$	$I/O_7 \sim I/O_0$	$\overline{CE}$，$\overline{OE}$，$\overline{WE}$，RDY/$\overline{BUSY}$	±5V

4.2　存储器与微机系统的连接

将存储器芯片以一定的形式与微机系统相连就可组成存储器。

微机的存储器通常采用字节组织的结构。用存储器芯片组成存储器时，应在选定存储器芯片的类型后，根据要组成的存储器的容量，计算所需的存储器芯片的数目。设存储器芯片的容量为 $M \times N$，要组成的存储器的容量为 G 字节，存储器所需芯片的数目为 T 个，则

$$T = \frac{G}{M} \times \frac{8}{N}$$

例如，组成一个 64KB 的 RAM，若用 SRAM 6116（2K×8）组成，则 T=64/2×1=32（个）；若用 DRAM 2116（16K×1）组成，则 T=64/16×8=32（个），32 片分成 4 组，每组 8 个。

4.2.1　数据线、地址线和读/写线的连接

确定了存储器芯片的类型和数目之后，将存储器芯片以一定的组织形式与系统总线（AB、DB、CB），以及相关外围电路连接组成存储器。下面以 SRAM 为例，说明存储芯片与数据线、地址线和读/写控制线的连接要点。

1．数据线的连接

存储器芯片的数据线一般都是双向的，存储器芯片内有数据缓冲器。存储器芯片数据线的各位可以直接和数据总线（$D_7 \sim D_0$）上相应的数据位挂接。

2．地址线的连接

地址总线（$A_{19} \sim A_0$）提供的存储地址一般分成两部分：从 A_0 开始的低位地址部分，用于对每个存储器芯片的存储单元进行寻址，称为片内地址；除片内地址以外的高位地址部分，用于对各个存储器芯片进行选择，称为片选地址。片内地址直接和存储器芯片的地址线相连。片选地址经过存储译码电路生成芯片选择信号，和各个存储器芯片的片选端（$\overline{CS}$ 端）相连。

3．读/写控制线的连接

存储器的读/写控制信号主要有 $\overline{RD}$、$\overline{WR}$ 和 M/$\overline{IO}$。M/$\overline{IO}$=1 且 $\overline{RD}$=0 表示存储器读有效；M/$\overline{IO}$=1 且 $\overline{WR}$=0 表示存储器写有效。通过如图 4.5 所示的门电路将这三个信号进行逻辑组合，

产生存储器读信号$\overline{\text{MEMR}}$和存储器写信号$\overline{\text{MEMW}}$，分别接存储器芯片上的输出允许信号$\overline{\text{OE}}$和写允许信号$\overline{\text{WE}}$。

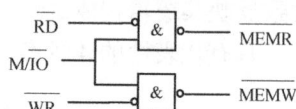

图 4.5　存储器的读/写控制信号

4.2.2　存储器容量的扩充

当单个存储器芯片的容量不能满足系统要求时，需要组合多个存储器芯片，以扩充存储器的容量。扩充存储单元（以字节为单位）的位数，称为位扩充；扩充存储器的字节数，称为字节扩充。下面举例介绍存储器位扩充方和字节扩充方法。

1. 位扩充方法

例如，将 SRAM 2114（1K×4）位扩充成 1KB 的存储器，需要 2 个存储器芯片。将 2 个存储器芯片的地址线 $A_9{\sim}A_0$、片选线$\overline{\text{CS}}$、读/写控制线$\overline{\text{WE}}$ 分别并接，并与系统总线做相应的连接，数据线 $D_3{\sim}D_0$ 各自独立，一个接 $D_7{\sim}D_4$，另一个接 $D_3{\sim}D_0$。存储器位扩充连接示意图如图 4.6 所示。

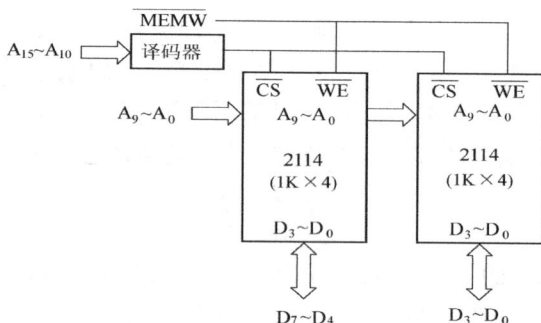

图 4.6　存储器位扩充连接示意图

2. 字节扩充方法

例如，用 2 个 EPROM 27512（64K×8）和 2 个 SRAM 6116（2K×8）扩充成 128KB 的 ROM 和 4KB 的 RAM，其连接示意图如图 4.7 所示。

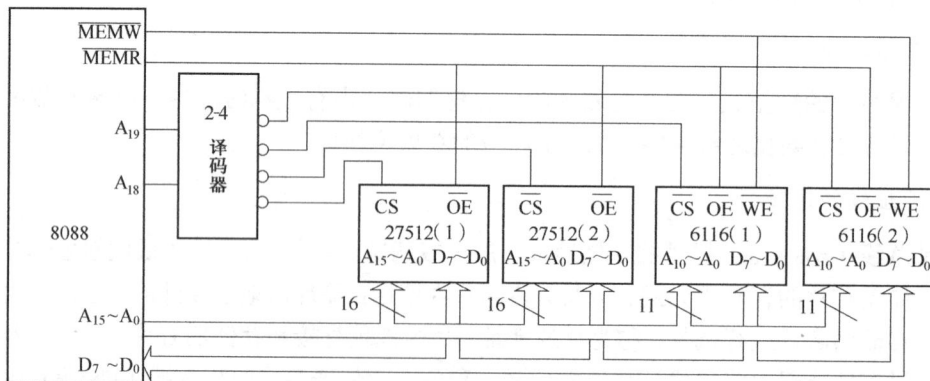

图 4.7　存储器字节扩充连接示意图

4 个存储器芯片的数据线、读/写控制线的连接基本一样。地址线的连接：27512 的片内地址为 $A_{15}{\sim}A_0$，6116 的片内地址为 $A_{10}{\sim}A_0$，分别接地址总线的 $A_{15}{\sim}A_0$ 和 $A_{10}{\sim}A_0$。2-4 译码器产生的 4 个片选信号分别取自 A_{19} 和 A_{18} 组合状态 00, 01, 10, 11 的译码。根据以上的连接，表 4.2 给出了该例各存储器芯片的地址范围。

表 4.2　EPROM 27512 和 SRAM 6116 的基本地址范围

芯　　片	$A_{19}A_{18}$	$A_{17}A_{16}$	$A_{15}\sim A_{11}$	$A_{10}\sim A_0$	地 址 范 围
27512（1）	1　1	0　0	×	…… ×	0C0000H～0CFFFFH
27512（2）	1　0	0　0	×	…… ×	80000H～8FFFFH
6116（1）	0　1	0　0	0…0	×…×	40000H～407FFH
6116（2）	0　0	0　0	0…0	×…×	00000H～007FFH

4.2.3　片选信号的产生

对存储单元的寻址必须保证唯一性，即一个存储地址只能寻址到一个对应的存储单元。

对于由多个存储器芯片组成的存储器，对存储单元的寻址分两级进行：首先选择存储器芯片，产生片选信号；然后在片选信号有效的前提下，从该存储器芯片中选择某个存储单元，即片内寻址。片内寻址是根据片内地址码，由存储器芯片内部地址译码电路寻址实现的；片选信号则是根据提供的片选地址码，通过存储器外部的译码电路产生的。

存储器片选信号的产生方法有以下 3 种。

1．线选译码法

把片选地址码中的某些地址线的信号直接（不经过译码电路）作为各个存储器芯片的片选信号的方法称为线选译码法。这些地址线在寻址时应只有一位有效，其余位均无效。因为片选信号低电平有效，所以这些地址线在同一时刻只能有一位为低电平，其余位为高电平，以保证每次唯一选中为低电平的那个存储器芯片，以免造成寻址冲突。

线选译码法的优点是无须译码，片选电路简单；缺点是各存储器芯片间的地址不连续。

2．局部（部分）译码法

把片选地址码的一部分地址线通过译码电路产生片选信号的方法称为局部（部分）译码法。局部译码法的优点是可以简化译码电路，但是存在地址重叠现象。地址重叠的区域不可再分配给其他存储器芯片，否则会导致寻址不唯一、存储器无法正常工作。

例如，上述存储器字节扩充例子（见图 4.7）采用的是局部译码法。对于 27512 来说，A_{17} 和 A_{16} 未用，无论它们取什么值（有 4 种组合），只要 $A_{19}A_{18}$=11 或 $A_{19}A_{18}$=10，译码器就选中 27512（1）或 27512（2）。27512 的容量只有 64KB，却占用了 1MB 地址空间中的 256KB 空间。对于 6116 来说，$A_{17}\sim A_{11}$ 未用，其容量为 2KB，却仍占用了 1MB 地址空间中的 256KB 空间。这样，4 个存储器芯片（132KB）存在着大量的地址重叠，使实际可用存储空间变小了。在采用局部译码法的存储器中，存储地址通常取未用的高位地址值为全 0，这样确定的地址为基本地址（表 4.2 给出的就是基本地址范围）。

3．全局（完全）译码法

把全部片选地址码作为译码电路的输入进行译码而产生各个片选信号的方法称为全局（完全）译码法。全局译码法的优点是存储空间连续，每个存储器芯片的地址范围是唯一确定的，而且可以保留暂时不用的片选信号，便于存储系统的扩充。

例如，上述存储器位扩充例子（见图 4.6）中的译码电路，除片内地址线 $A_9 \sim A_0$ 之外的 6 根地址线 $A_{15} \sim A_{10}$ 作为译码电路输入，进行 6-64 全局译码。

微机系统中广泛采用全局译码法分别设计存储器和 I/O 接口的片选信号译码电路。译码电路一般都用 8205 译码器（74LS138）实现。

4.2.4 微机内存组织

微机内存容量一般可达到 KB、MB，甚至 GB（$1G=2^{30}$）数量级。那么，在物理上微机内存组织是怎样的呢？

1. 微机内存空间结构

具有较大内存空间的微机通常是以多模块（插件板）的结构形式来组织内存储器的。微机系统板（主机板）上有一个基本的存储模块，作为微机的基本内存，而其他的存储模块则做成插件板形式。当需要扩展内存容量时，只需要把内存插件板插到系统板的插槽里，就能方便地实现内存容量的扩充。

典型的微机内存空间结构示意图如图 4.8 所示。内存储器分成若干个存储器模块，每个模块由存储器接口和存储器芯片矩阵组成。例如，总容量为 256KB 的存储器模块由 4 个存储器芯片组构成，每组有 8 个 64K×1 的存储器芯片，这样存储器模块就组成一个 4×8 的存储器芯片矩阵。同一组 8 个芯片的片选信号线连在一起，它们总是同时被选中或同时未被选中，表示这一组 8 个存储器芯片组成了 64KB 的存储器。存储器模块的容量为 64KB×4=256KB。

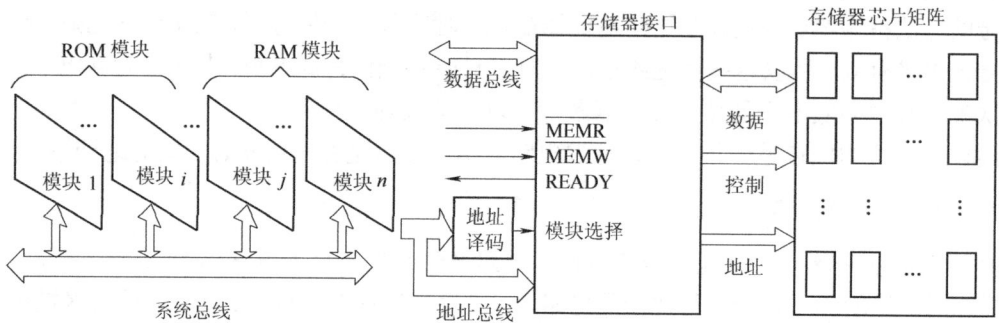

(a) 多个模块构成的内存空间 　　　　　　　(b) 存储器模块结构示意图

图 4.8　典型的微机内存空间结构示意图

存储器用最高若干位地址译码产生对存储器模块的选择（块寻址），用接下来的若干位地址译码产生片选信号对选定存储器模块中某一组存储器芯片的选择（片寻址），用最后剩下的若干位地址产生对存储器芯片的存储单元选择（片内寻址）。例如，20 位存储器地址为 $A_{19} \sim A_0$，用 $A_{19} \sim A_{16}$ 进行块寻址（有 16 个存储器模块），用 $A_{15} \sim A_{13}$ 进行片寻址（模块内有 8 组存储器芯片），用 $A_{12} \sim A_0$ 进行片内寻址（存储器芯片容量为 8KB）。

这种分存储器模块和存储器芯片矩阵的结构形式，利于实现存储器块寻址、片寻址和片内寻址的分级译码，节省地址译码电路，提高了存储器寻址效率，并能保证存储器寻址的唯一性。

2．IBM PC/XT 内存组织

微机存储器的模块化结构还可以体现在按不同的功能区域（系统程序区、用户程序区、数据区、堆栈区等）来组织存储器上。下面以 IBM PC/XT 的内存空间安排为例进行说明。

IBM PC/XT 采用 8088 微处理器，地址线 20 位，有 1MB 内存空间，地址范围为 00000H～0FFFFFH。1MB 内存空间分为两大区域（RAM 区和 ROM 区），并统一编址，IBM PC/XT 的内存空间安排如图 4.9 所示。

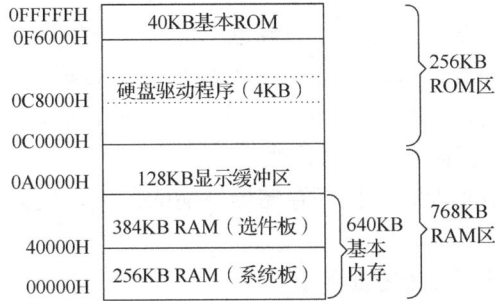

图 4.9 IBM PC/XT 的内存空间安排

内存空间从最低位地址 00000H 开始的存储器区域是 RAM 区（768KB）。系统板有 256KB RAM，可以选用 RAM 选件板扩充 384KB RAM，使基本内存空间达到 640KB。00000H～9FFFFH RAM 区用于存放部分系统程序和用户程序，其中最低 1KB（00000H～003FFH）空间用于存放中断向量表。0A0000H～0BFFFFH（128KB）RAM 区为显示缓冲区，作为显示器适配卡的存储器空间。

内存空间地址高位部分的存储器区域是 ROM 区。微机在 ROM 区的最高位地址区（0F6000H～0FFFFFH）存放 40KB（8KB 为基本输入/输出系统 BIOS，32KB 为 BASIC 解释程序）系统基本配置。可以选用 ROM 选件板，把 ROM 区扩充到 256KB（0C0000H～0FFFFFH）。ROM 扩充板可以存放汉字字库、外设驱动程序，应用软件等，其中 0C8000H～0C8FFFH（4KB）已分配给硬盘驱动程序。

3．存储器设计要点

在设计存储器时，除要考虑其组织结构之外，还应综合考虑以下 4 点。

1）存储器芯片的选择

根据存储器的实际要求、用途，以及容量、结构和价格等因素来选择存储器芯片。在满足存储器总容量的条件下，尽可能选用集成度高、存储容量大、存取速度快的存储器芯片。

2）总线的负载

总线的负载是指输出线的直流负载能力。对于小型微机系统，数据总线可以直接和存储器芯片相连；对于较大型微机系统，必须考虑数据总线能否带得动存储器负载。通常采用数据驱动器（8286/8287）来增加数据总线负载能力。

3）存取速度的匹配

在选用存储器芯片时必须考虑它的存取速度和微处理器速度的时序配合。为简化外围电路，应尽可能选择与微处理器速度时序相匹配的存储器芯片。否则，要设计"REDAY"电路以实现两者的时序配合。

4）地址的分配

存储器系统的每个模块、每个存储器芯片都有各自的地址范围。在构成和扩充存储器时，通过各级地址译码电路产生各个块/片选信号，要保证对存储器寻址的唯一性。

4.3　现代存储器的体系结构

在高性能微机系统中，存取速度、存储容量、价格是评价存储器性能的三大指标，提高存取速度、增大存储容量、降低价格是存储体系设计的主要目标。如果仅用一种技术组成单一的存储器，则不可能同时满足上述要求，只有采用层次结构，把几种存储技术结合起来，才能实现存储器高存取速度、大存储容量和低价格。

现代存储器系统的发展主要是从提高存储器性能的角度，建立存储器系统分层次的体系结构。

提高存储器性能可从以下三个方面入手。

① 设计可提高信息吞吐量的并行主存储器。

② 设计可提高微处理器访问主存储器速度的 Cache。

③ 设计可扩大用户编程逻辑空间的虚拟（辅助）存储器。

现代存储器的体系结构是由 Cache、并行主存储器和辅助存储器组成的典型的"Cache－并行主存储器－辅助存储器"三级存储体系结构，如图 4.10 所示。

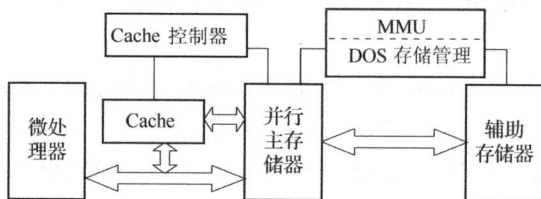

图 4.10　"Cache－并行主存储器－辅助存储器"三级存储体系结构

4.3.1　并行主存储器

结构最简单的存储器是单体单字存储器，即一次只能访问一个存储字的存储器。在一般情况下，存储器的存取速度是跟不上微处理器对它的要求的，尤其是在高速流水线处理的微机系统中这一点更加突出，这成为限制微机系统速度的一个瓶颈。多体存储器结构，即并行主存储器结构，可以加速微处理器访问主存储器的平均速度，有益于解决微处理器和存储器的速度差别问题。

并行主存储器的基本原理：采用字长 w 位的 n 个容量相同的存储器并行连接成一个更大的存储器。这种存储器在一个存取周期内并行存取 n 个字，虽然存储元件仍保持原有速度，但单位时间内存储器提供的信息量扩大了 n 倍，有效地提高了信息吞吐量。并行主存储器按结构可分为单体多字并行主存储器和多体交叉存取并行主存储器。

1. 单体多字并行主存储器

单体多字并行主存储器的多个并行主存储器共用一套地址寄存器和地址译码器，多字使用同一个地址编码并行访问各自的对应单元，这样微处理器每访问一个地址就可以同时读/写多个存储字。

单体多字并行主存储器如图 4.11 所示，n 个容量相同（如 m 个字）的存储器 M_i 中 m 个字都是顺序编址的，每个字 w 位。若给出的地址码为 A，则 n 个存储器同时访问各自对应的 A 单元，读/写 n 字×w 位。也可以将这 n 个存储器作为一个存储器（单体），每个存储地址对应于 n 个字（多字）。

单体多字并行主存储器非常适用于向量运算类的特定环境。一个向量型操作数包含 n 个标量操作数，如矩阵运算中的 $a_ib_j=a_0b_0,a_0b_1,\cdots$，可按同一地址分别存放于 n 个并行主存储器之中，在执行向量运算指令时，可以一次并行存取，这样访问主存储器的速率就提高了 n 倍。

2. 多体交叉存取并行主存储器

多体交叉存取并行主存储器是把大容量存储器分成 n 个容量相同，有各自的地址寄存器、数据线、时序控制，进行独立编址的存储体（所以称为多体）。各存储体地址采用交叉编址方式，即将一套地址码按顺序交叉地横向分配给各个并行存储

图 4.11　单体多字并行主存储器

体。以 4 个存储体组成的多体交叉存取并行主存储器为例：M_0 存储体的地址序列是 0, 4, 8, $\cdots$；M_1 存储体的是 1, 5, 9, $\cdots$；M_2 存储体的是 2, 6, 10, $\cdots$；M_3 存储体的是 3, 7, 11, $\cdots$。

多体并行存取是指以 n 为模的交叉存取。把一段连续的程序或数据按照交叉编址方式类似地交叉存放在 n 个存储体中，对并行存储体采取分时访问的时序。仍以 4 个存储体为例，模为 4，4 个存储体分时启动读/写操作，时序均错开 1/4 个存取周期，即启动 M_0 后，在 1/4 个存取周期时启动 M_1，同时存取 M_0，在 1/2 个存取周期时启动 M_2，同时存取 M_1，在 3/4 个存取周期时启动 M_3，同时存取 M_2，以此类推。对于每个存储体来说，其存取周期没有变化，而对于整个存储器来说，其在一个存取周期内访问了 4 次存储器。

多体交叉存取方式，需要一套多体存储器控制逻辑（简称存控部件），比较复杂。采用多体交叉存取方式，以流水式方式寻址，可使各存储体并行工作，减少等待时间，甚至达到零等待态。显然，多体交叉存取方式提高了微处理器访问存储器的速度，但控制逻辑也相应复杂得多。所以，多体交叉存取很适用于流水线处理，是高速流水线型微机典型的主存储器结构。

结合单体多字并行主存储器，多体交叉存取并行主存储器又可分成多体单字交叉存取并行主存储器和多体多字交叉存取并行主存储器。

4.3.2　高速缓冲存储器

在存储器系统中，通常用较高速的 SRAM 组成小容量（8～32 KB）的存储器，称为高速缓冲存储器（Cache），而用速度稍慢、价格便宜的 DRAM 组成大容量的主存储器，这样就构成了 Cache—主存储器的存储结构。在高档微处理器芯片内，又集成了 1～2 个 Cache，形成了两级 Cache 结构。

Cache 用来存放当前最活跃的程序和数据，作为主存储器局部区域的副本。例如，存放现行指令地址附近的程序及当前要访问的数据区内容等。能够这样做是基于编程时指令和数据存

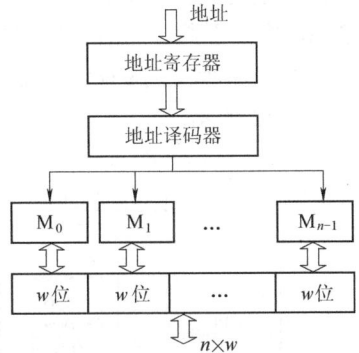

放的地址基本上是连续的，对程序段的执行和对数据的存取往往需要连续操作，所以对存储器的访问大多集中在一个局部的连续区域中，这种现象被称为程序的局部性。根据对主存储器的操作往往是"局部"的这一实际状况，可以动态地将一个局部区域的内容从主存储器复制到 Cache，使对主存储器的存取"映射"为对 Cache 的操作。Cache 的高速提高了程序/数据的存取速度。

Cache 的存储控制机理：当微处理器访问主存储器时，先访问 Cache，若找到所要的内容，称为"命中"（根据程序局部性原理，命中概率总是较高的），就完成了访问；若在 Cache 中找不到所需访问的内容，称为"不命中"，才去访问主存储器，并把本次访问找到的内容置换到 Cache 中。因此，随着程序的执行，Cache 中的内容相应地被动态替换。

微机主板上的 Cache 存储系统主要由 Cache 控制器（虚框）和 Cache 存储体两部分组成，如图 4.12 所示。

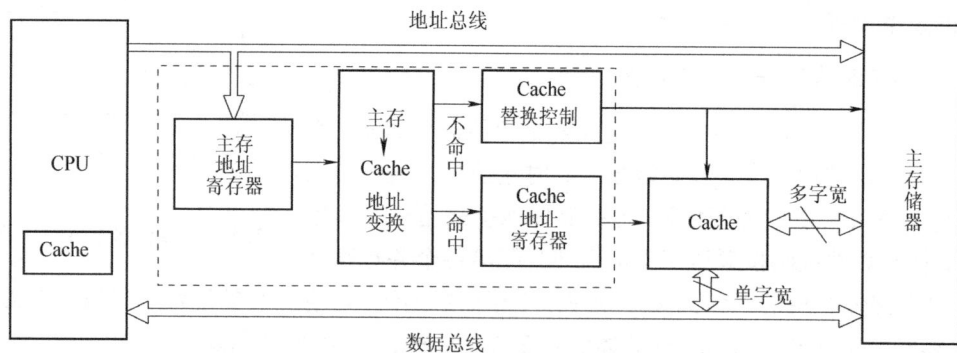

图 4.12　Cache 存储系统基本结构

为了实现 Cache 存储系统的动态调度，Cache 控制器须具备以下主要功能。

① 建立 Cache 和主存储器之间的"地址映像"关系。采用某个方法把访问主存储器的地址转换（或称为"定位"）成 Cache 的地址，称为地址映像。地址映像方法有直接映像、全相联映像和组相联映像三种。

② 当 Cache 访问"不命中"时，就需要做"替换"操作。常用的替换策略（算法）有先进先出（FIFO）策略和近期最少使用（LRU）策略。

③ 当 Cache 访问"命中"时，完成相应的 Cache 读/写操作。特别是"写"操作，要让主存储器和 Cache 中的内容始终保持一致。

4.3.3　虚拟存储器

虚拟存储器（Virtual Memory，VM）是建立在主存储器－辅助存储器物理结构基础之上，由负责主存储器－辅助存储器之间信息调度的硬件装置（存储管理部件）和操作系统的存储管理软件所组成的一种存储体系层次。

主存储器－辅助存储器存储系统对于应用者来说，像一个比实际主存储器大得多的、编程空间不受限制的虚拟存储空间，并可用接近主存储器的速度在这个虚拟存储器上运行。

虚拟存储器采用软件和硬件的综合技术，将主存储器、辅助存储器的地址空间统一编址。用户采用逻辑地址（虚地址）分模块进行编程。程序/数据模块在操作系统管理下先送入辅助存储器，当需要运行某个模块时，会自动地将需要的模块调入主存储器，供运行操作。

在执行程序时，按照虚地址访问主存储器。首先，虚拟存储管理部件 MMU（已集成在微处理器芯片内）判断该地址内容是否在主存储器。若已调入主存储器，则通过地址变换机制将虚地址转换为主存储器的物理地址（实地址），访问主存储器实际单元。若未调入主存储器，则以页为单位进行"调入"，实现主存储器内容的更换。

虚拟存储器与主存储器的关系，类似于主存储器与 Cache 的关系。虚拟存储器的软件、硬件管理，主要是解决主存储器与辅助存储器的空间分区，虚、实地址之间的映像，虚、实地址的转换，以及主存储器与辅助存储器的内容调换等，采用的策略与 Cache 采用的策略非常相似。虚拟存储器对主存储器和辅助存储器有页式、段式、段页式三种管理方式。

习　题　4

4.1　半导体存储器芯片主要有哪几种类型？各有什么特点？试举例说明。

4.2　8086/8088 系统为最小模式，当从存储器 20000H 地址单元读取一个字节数据时，给出对存储器的控制信号和它们的有效逻辑电平。

4.3　若用 1K×1 位 RAM 芯片组成 16KB 的存储器，需要多少片芯片？在地址线中有多少位参与芯片内单元寻址？用多少位做芯片组选择信号？（设地址总线为 16 位）

4.4　某存储器子系统由 2 片 8K×8 位的 6264 静态 RAM 芯片和 2 片 4K×8 位的 2732 EPROM 芯片组成，采用完全译码方式，地址 16 位，译码电路如图 4.13 所示。请确定每一片芯片的地址范围。

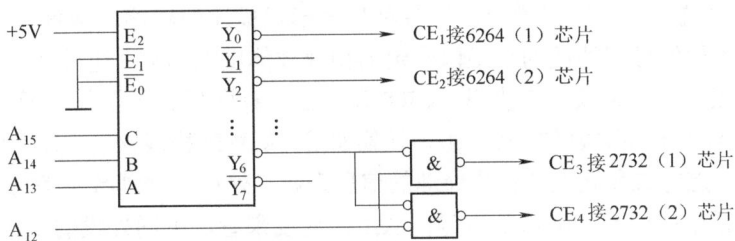

图 4.13　习题 4.4 的译码电路

4.5　试用 SRAM 芯片 6232（8K×4 位）和 EPROM 芯片 2764（8K×8 位）组成一个存储器模块。要求 RAM 的容量为 8KB，地址范围为 0000H~1FFFH；EPROM 的容量为 16KB，地址范围为 0C000H~0FFFFH。请设计译码电路，并给出该存储器模块与地址总线（A_{15}~A_0）、数据总线（D_7~D_0）、译码电路（74LS138）和读/写控制线（$\overline{\text{MEMR}}$、$\overline{\text{MEMW}}$）的连线图。

4.6　说明微机 Cache、主存储器和辅助存储器的层次结构特征。

4.7　为什么要使用 Cache？对于 Cache、主存储器和辅助存储器，微处理器能直接访问的是哪几个？

4.8　什么是虚拟存储器？虚拟存储器的存储管理有什么特点？

第 5 章　微机接口概述

除微处理器、存储器以外，各种外设也是一个微机系统不可缺少的组成部分。系统总线是符合特定总线标准的、通用的信息通路，各种外设通过系统总线与微处理器进行信息交换。由于键盘、显示器、打印机等外设各具特殊性，往往不能直接与系统总线相连，这需要一个中间环节进行数据缓冲、数据格式转换、通信控制、时序和电平匹配等工作。这个中间环节就是接口（Interface）。接口位于系统总线与外设之间，是微处理器与外设进行信息交换的中转站。

本章主要介绍微机接口的分类、功能、基本结构、基本组成，以及接口数据传送的控制方式等接口的基本知识。后续章节将分述微机系统通用的各类接口及其应用技术。

5.1　微机接口

5.1.1　微机接口与接口技术

外设是微机系统的重要组成部分。以各种外部形式描述的程序、数据等信息通过外设输入微机，微机把各种信息和处理的结果以一定的物理载体反映出来，通过外设输出。微机常用的外设有键盘、鼠标、扫描仪、麦克风、CRT 显示器、打印机、绘图仪、调制解调器、软/硬盘驱动器、光盘驱动器、模/数转换器、数/模转换器等。从物理构成来看，外设可分为机械式、电子式、机电式、磁电式和光电式；从处理的信息来看，外设可处理数字信号、模拟信号，其中模拟信号又包括电压信号、电流信号等；从工作速度来看，不同外设的工作速度差别很大。另外，微机与不同的外设之间所传送的信息的格式和电平的高低也不同。

在微机系统中，微处理器对外设的控制，以及微处理器与各种复杂外设交换信息往往是通过挂接在系统总线上的各种接口来实现的。因此，微机接口是一个特定的管理/协调、信息交换/缓冲部件，其硬件与软件应能完成微机和外设之间具有其特定要求和方法的数据传送。

接口技术是一门专门研究微处理器和外设之间的数据传送方式、接口电路工作原理和使用方法的软件及硬件综合应用技术。

5.1.2　接口的分类

微机接口的种类繁多、作用各异，有各种分类方法。按照接口的特征，通常有以下几种分类方法。

1. 按接口通用性分类

1）通用接口

通用接口是可供若干类外设使用的标准接口，如 Intel 系列的并行 I/O 接口 8255、串行 I/O

接口 8251 和 8250 等。通用接口最大的特点就是具有可编程性，即可用编程方法设定接口的工作方式、功能和工作状态，以适应各种外设的不同要求。因此，通用接口可连接多种不同的外设而不必增加特殊的附加电路，使用最为普遍。

2）专用接口

专用接口是为某种用途或某类外设而专门设计的接口，如 CRT 显示控制器接口、软盘控制器接口、DMA 控制器接口等。

2．按接口功能分类

1）辅助/控制接口

辅助/控制接口是与主机配套的，使微机系统实现某特定系统功能的接口，包括总线仲裁接口、存储管理接口、中断控制器接口和 DMA 控制器接口等。例如，定时/计数器接口能接收到各种时钟信号，中断控制器接口能管理多个中断请求，DMA 控制器接口能实现 DMA 传送等。

2）通用 I/O 接口

通用 I/O 接口不是针对某种特定用途或某种特定 I/O 设备设计的，而是以服务于多种用途和多种设备为目标的接口，如并行通信接口、串行通信接口、模/数转换接口、数/模转换接口等。

3）专用 I/O 接口

专用 I/O 接口是专门为某种特定用途或某种特定 I/O 设备而设计的接口，如 CRT 显示器接口、打印机接口、键盘接口、硬盘/光盘驱动器接口等。

3．按数据传送的格式分类

1）并行接口

并行接口与系统总线之间、并行接口与外设之间都以总线结构采用并行方式传送信息，即每次传送一个字节（8 位）或一个字（16 位）。

2）串行接口

串行接口与外设之间采用串行方式传送信息，即每个字节或字是逐位依次传送的，而串行接口与系统总线之间总以并行方式传送数据。因此，在串行接口中要设置实现"串—并"转换和"并—串"转换的移位寄存器和相应的时序控制逻辑。

4．按接口硬件复杂程度分类

1）接口芯片

接口芯片大多是可编程的大规模集成电路。它们可以通过微处理器输出不同的命令和参数，灵活地控制相连的外设进行相应的操作。例如，定时/计数器芯片、中断控制器芯片、DMA 控制器芯片、并行接口芯片和串行接口芯片等都属于接口芯片。

2）接口卡

接口卡是由若干个集成电路按一定的逻辑结构组装成的一个部件。它可以直接集成在系统板上，也可以制成一个插卡插在系统总线槽中。按照对所连接外设进行控制的难易程度，接口卡的核心器件或为一般的接口芯片或为微处理器。带微处理器的接口卡称为智能接口卡，智能接口卡上必有 EPROM 芯片，用于固化其控制程序，智能接口卡包括硬盘驱动器控制卡、高速图形显示卡等。

5.1.3　接口的功能

接口的基本功能是根据系统要求对外设进行管理与控制，实现信号逻辑和工作时序的转换，保证微处理器与外设之间进行可靠而有效的信息传送。从广义的角度来看，微机接口一般具有以下 7 项功能。对于一个具体的接口，虽然未必具备所有功能，但必定具有其中若干项功能。

1．I/O 数据缓冲/锁存功能

设置接口的目的往往是在微处理器和外设之间提供 I/O 数据传送通路，但是微处理器、存储器和外设之间在速度上存在很大差异，为了解决这个问题，接口必须能对数据进行缓冲或者锁存，以避免数据丢失，实现数据缓冲和速度匹配。

2．寻址功能

微机系统通过接口可以连接多台外设，而微处理器在同一时间里只能与一台外设进行信息交换，这就要求有译码电路，通过译码电路对接口寻址，即间接地对外设寻址。接口的寻址功能就是根据微处理器送出的地址信号和相应的控制信号选中接口和接口内部的 I/O 端口。通常，地址总线上的高位地址用于选择接口，低位地址用于选择接口内部寄存器，只有相应接口被选中的外设才能与微处理器进行数据通信。

3．数据格式转换功能

若外设和微处理器之间采用不同数据格式进行数据传送，则其接口必须具备数据格式转换功能。接口与系统总线之间采用并行方式传送数据，而接口与外设之间可能采用并行方式传送数据，也可能采用串行方式传送数据。若接口与外设之间采用串行方式传送数据，则接口需要具备"串—并"转换和"并—串"转换功能；若接口与外设之间采用并行方式传送数据，则系统数据总线的宽度可能是 16 位、32 位或 64 位，而外设的数据宽度通常是一个字节，因而需要将数据宽度拼接成指定宽度的字。

4．电平信号转换功能

系统总线与外设的电源标准可能是不同的，所以它们的电平信号也可能是不同的。例如，主机使用+5V 电源，而某个外设使用+12V 电源，这就需要利用接口实现电平信号的转换，使采用不同电源的设备之间能够进行信息传送。

5．控制功能

微处理器是通过接口控制外设的，接口应能接收来自微处理器的命令并能解释该命令，从而根据命令的含义产生相应的控制信号，然后将该控制信号送往外设。如果接口采用中断方式控制信息的传送，则接口中要有相应的发送中断请求信号，包括发送中断类型号和接收中断响应信号的中断逻辑；如果接口采用 DMA 方式控制信息的传送，则接口中要有相应的 DMA 控制逻辑。

6．可编程功能

为了具有较强的通用性和灵活性，接口应该有多种工作方式，并且可以在程序中用软件来设置接口的工作方式，以适应不同的用途。

7. 错误检测功能

作为数据通信中转站，接口应能对数据传送过程中出现的错误进行检测。

5.2　接口的基本结构

接口有两种组成方式：一种是用寄存器、缓冲器等通用集成电路组成，这样组成的接口一旦组装完成功能就确定了而不能改变；另一种是用可编程的集成电路组成，接口的功能、工作参数等可以通过指令设定或选择，这样组成的接口有较大的灵活性。微机接口的组成多采用后一种方式。

接口的组成结构取决于接口与外设之间传送的信息的类型和传送控制方式。

5.2.1　接口与外设之间的信息

微处理器与外设之间可以进行各种信息的传送，这些信息可概括为数据信息、控制信息和状态信息三大类。这三类信息分别存放在接口不同的寄存器中，数据信息存放在 I/O 数据寄存器中；状态信息存放在状态寄存器中；控制信息存放在控制寄存器中。

1. 数据信息

数据信息有数字量信息、模拟量信息和开关量信息 3 种形式，根据数据信息的字长可分为 8 位数据信息、16 位数据信息、32 位数据信息和 64 位数据信息等。

① 数字量信息是以若干二进制位组合形式表达的数值或字符，如键盘或光电读入机输入的信息、微处理器输出到显示器或打印机的信息等。数字量信息可以直接进行传送。

② 模拟量信息是指时间上连续变化的量，如温度、压力、流量等各种工程物理量，这些信号一般要先转换成模拟的电压信号或电流信号，再经过 A/D 转换变成数字量信息，才能被微机系统接收并进行处理。同样，微机系统处理完的信号如果要送到执行机构，就必须经过 D/A 转化，即由数字量信息转换为模拟量信息。

③ 开关量信息是只有两个状态的量，如开关的合与断、继电器线圈的通电与断电、电动机的运转与停止等，可以用 1 位二进制数的两个取值"0"和"1"来表示这两种状态。例如，16 位字长的微机一次可以输入或输出 16 个开关量。

2. 控制信息

控制信息是微处理器通过接口向外设发布的各种控制命令信息。这些控制命令主要用于外设的工作方式设置等。

3. 状态信息

状态信息是外设向微处理器提供的自己当前工作状态的信息，微处理器接收到这些状态就可以了解外设的情况，以适时、准确地进行有效的数据传送。

常见的外设状态信息有输入设备"准备好"（READY）信号、输出设备"忙"（BUSY）信号等。如果 READY 为 1，则说明输入设备已经准备好输入数据，微处理器可以读取外设的数据信息；否则，说明输入设备没有准备好，微处理器不能读取外设的数据信息。如果 BUSY

为 1，则说明输出设备正在工作，微处理器不能向它传送数据，直到 BUSY 为 0，即输出设备不忙时，微处理器才能向输出设备输出数据。

5.2.2　接口的基本组成

虽然使微机接口实现不同功能的电路各不相同，但其基本结构都是由 I/O 数据寄存器、控制寄存器、状态寄存器、数据总线缓冲器、接口控制逻辑和接口/端口地址译码电路等组成的。典型的 I/O 接口电路的基本组成及其与系统总线和 I/O 设备的连接如图 5.1 所示。

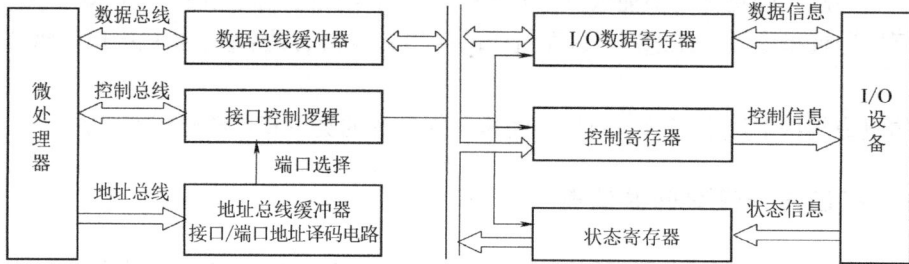

图 5.1　典型的 I/O 接口电路的基本组成及其与系统总线和 I/O 设备的连接

1．端口

I/O 接口通常设置有若干个寄存器，用来暂存在微处理器和外设之间传送的数据信息、状态信息和控制信息。一般有 3 类寄存器，分别是数据寄存器、状态寄存器、控制寄存器。I/O 接口内的寄存器通常也被称为端口。每个端口有一个独立的地址，微处理器用不同的端口地址来区别不同的寄存器，从而对它们分别进行读/写操作。

1）I/O 数据寄存器

输入数据寄存器用来暂时存放外设送往微处理器的数据，而输出数据寄存器用来暂时存放微处理器送往外设的数据。I/O 数据寄存器，可以在高速微处理器与慢速外设之间实现数据的同步传送。

2）控制寄存器

控制寄存器用来存放由微处理器发来的、设定接口电路或外设的工作方式和功能的控制命令等信息。大多数接口具有可编程的特点，可以通过对控制寄存器编程，给出不同工作方式和功能的选择参数。控制寄存器中的内容只能由微处理器写入，不能读出。

3）状态寄存器

状态寄存器用来保存接口和外设的各种状态信息，供微处理器查询。例如，向微处理器提供外设的忙/闲、就绪/不就绪、正确/错误等状态信息。微处理器可以读取状态寄存器中的内容，了解接口和外设的工作状态，以及数据传送情况等，从而进行决策，使接口的数据传送任务顺利完成。

由此可见，微处理器与外设之间的数据信息、状态信息和控制信息都以"数据"形式，分别存放在不同的寄存器中，它们是通过系统数据总线进行传送的。所以，微处理器对外设的数据输入、输出、联络、控制等操作，都是通过对相应端口的读/写操作来完成的。

2．数据总线缓冲器和地址总线缓冲器

数据总线缓冲器用于实现接口内部数据总线与系统数据总线的连接；地址总线缓冲器用

于实现接口的地址选择线与系统地址总线相应端的连接。

3．接口/端口地址译码电路

接口/端口地址译码电路用于选择接口，以及接口内各寄存器（端口）的核心部件，保证端口微处理器与端口地址之间的一一对应关系，以使微处理器与外设之间能够准确无误地选择相应接口/端口进行信息的传送。所以，通过端口地址译码选通端口是接口的基本功能之一。

微处理器在执行输入指令或输出指令时，向地址总线发送（16 位）端口地址。一般来说，端口地址分为两部分：一是高位地址，用于对接口进行选择，译码产生接口选通（片选）信号；二是低位地址，用于对接口中的端口进行选择，译码产生端口选通信号。所以，一个接口的若干个（一般是 2^i 个）端口地址通常是连续地址。

【例 5.1】实现对某接口输入数据、输出数据、状态数据、命令数据的读/写操作。

某接口有数据输入、数据输出、状态、命令 4 个端口，端口地址分别为 38H、39H、3AH、3BH。当 $A_{15} \sim A_2$ 14 位地址码为 0000 0000 0011 10 时，译码得到该接口片选（$\overline{CS}$）信号有效，表明接口被选中；A_1, A_0 两位地址码的 4 种组合 00、01、10、11 分别表示选中本接口的数据输入端口、数据输出端口、状态端口、控制端口。可以用以下指令实现对输入数据、输出数据、状态数据、命令数据的读/写操作。

```
IN      AL, 38H      ;从 AL 中读取了该接口的数据
OUT     39H, AL      ;把 AL 中的数据从该接口输出
IN      AL, 3AH      ;从 AL 中读取了该接口的状态数据
OUT     3BH, AL      ;把 AL 中的命令数据从该接口输出
```

4．接口控制逻辑

接口控制逻辑可实现系统控制总线信号（主要有 RESET、M/$\overline{IO}$、$\overline{RD}$、$\overline{WR}$ 等信号）与内部控制总线信号之间的变换。接口控制逻辑主要产生对接口内部操作的控制信号。例如，接口复位信号、读/写控制信号、端口选择信号，以及接收微处理器与外设之间数据传送过程的定时协调或联络应答信号等。又如，微处理器端的中断请求和中断响应、总线请求和总线响应，以及外设端的准备就绪和选通等控制与应答信号。

5.3　接口数据传送的控制方式

接口最基本的作用是实现微处理器和外设之间的数据传送。微处理器与外设的工作速度有着很大的差别，不同外设的工作速度差别也很大。为了保证微处理器和外设之间能正确而有效地进行数据传送，针对不同的外设，应该采用不同的数据传送方式。数据传送方式不同，微处理器对外设的控制方式也不同，从而接口的结构和功能也不同。通常，微处理器与外设之间数据传送的控制方式有程序方式、中断方式、直接存储器存取（DMA）方式三种。

5.3.1　程序方式

程序方式是指在程序控制下进行数据传送，程序方式分为无条件传送方式和条件传送方式。

1．无条件传送方式

微处理器与外设之间的数据传送方式中最简单的是直接输入/输出方式，也称为无条件传

送方式，即每次传送时外设都被认为处于就绪状态。也就是说，采用这种传送方式的外设必须随时能提供数据或接收数据。例如，输入时，输入端口的数据一直"准备好"了，无论何时读入的都是有效数据；输出时，输出端口必须随时能接收微处理器发送来的数据。

无条件传送方式的接口电路最为简单。

当简单外设作为输入设备时，由于输入数据的时间相对于微处理器的处理时间要长得多，所以可以直接使用数据总线缓冲器和数据总线相连。当微处理器执行输入指令时，读信号 $\overline{IOR}$，输入端口选通信号 $\overline{CS}$ 有效。于是数据总线缓冲器被选中，使其早已准备好的输入数据进入数据总线，再到达微处理器。这要求当微处理器在执行输入指令时，外设的数据是准备好的，即已经存放在数据总线缓冲器中，否则会出错。

当简单外设作为输出设备时，一般需要通过输出锁存器使微处理器送出的数据在输出端口保持住，从而使微处理器能保持和外设动作相匹配。当微处理器执行输出指令时，写信号 $\overline{IOW}$，输出端口选通信号 $\overline{CS}$ 有效。于是接口中的输出锁存器被选中，微处理器的输出数据经过数据总线送到输出锁存器，输出锁存器保持这个数据，直到外设取走。显然，这要求当微处理器在执行输出数据指令时，确保所选中的输出锁存器是空的，否则会出现数据覆盖错误。

无条件传送方式要求外设能随时提供数据或接收数据，这在大多数情况下是很难保证的。

【例5.2】某 I/O 接口接 8 个二值开关电路和 8 个发光二极管电路，要求采用无条件传送方式读取开关值，并实时控制对应发光二极管的亮/灭。

设定该 I/O 接口的输入端口地址为 80H，输出端口地址为 81H。实时控制程序段如下。

```
PA1:    IN      AL,80H          ;读开关值（输入）
        OUT     81H,AL          ;发光二极管亮/灭（输出）
        JMP     PA1
```

2. 条件传送（查询）方式

条件传送方式也称为查询方式。查询方式的 I/O 接口电路除了要有 I/O 数据寄存器，还必须有状态寄存器，用其中某一位的 0 或 1 来反映外设的某个状态，状态位接到数据线的某一位上。查询方式的 I/O 接口电路如图 5.2 所示。

查询外设状态要先通过输入（IN）指令读取状态寄存器的值，再通过测试（TEST）指令获得对应的外设状态位信息。如果外设处于准备好状态或空闲状态，则微处理器执行输入指令或输出指令与外设交换信息，否则微处理器一直处于查询状态，直到外设准备就绪为止。查询方式 I/O 程序的控制流程如图 5.3 所示。

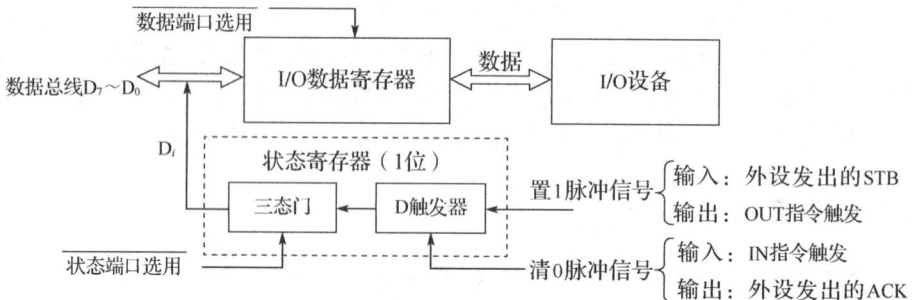

图 5.2　查询方式的 I/O 接口电路

【例 5.3】对 3 个外设接口采用循环查询方式进行数据的 I/O。

设定 3 个外设接口的状态端口地址分别为 32H、34H、36H，并且 3 个状态端口均使用 $D_5=1$ 作为数据 I/O 的就绪状态标识。PROC1、PROC2、PROC3 分别为 3 个外设接口的 I/O 处理子程序。

为了控制在 3 个外设的 I/O 过程完成时程序结束，设置了一个内存单元 FLAG，作为判别 3 个 I/O 过程是否完成的标志单元。设 FLAG 的初值为 3，每当一个接口的 I/O 过程结束时，就在各自的处理子程序（PROC1 或 PROC2 或 PROC3）中将 FLAG 的值减 1，当 FLAG 的值减为 0 时，表明 3 个外设均已完成了数据传送，结束该循环查询过程。此设计方案仅适用于 3 个外设接口的 I/O 处理速度相当的情况。

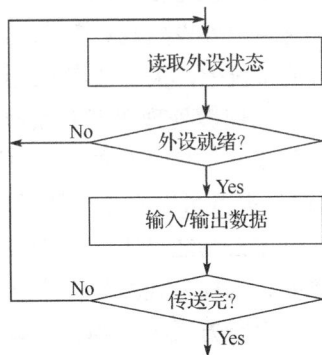

图 5.3　查询方式 I/O 程序的控制流程

采用循环查询方式对 3 个外设接口进行数据 I/O 的程序段如下。

```
        MOV     FLAG,3          ;设置 FLAG 单元初值为 3
DEV1:   IN      AL, 32H         ;读 32H 状态端口
        TEST    AL, 20H         ;测试 D5=1?
        JZ      DEV2
        CALL    PROC1           ;调用该接口的 I/O 处理子程序
DEV2:   IN      AL, 34H         ;读 34H 状态端口
        TEST    AL, 20H         ;测试 D5=1?
        JZ      DEV3
        CALL    PROC2           ;调用该接口的 I/O 处理子程序
DEV3:   IN      AL, 36H         ;读 36H 状态端口
        TEST    AL, 20H         ;测试 D5=1?
        JZ      NOIN
        CALL    PROC3           ;调用该接口的 I/O 处理子程序
NOIN:   CMP     FLAG, 0         ;测试（FLAG）=0?
        JNZ     DEV1            ;不为 0，转循环查询；为 0，结束处理
        ……
```

5.3.2　中断方式

若微处理器与外设之间的数据传送采用程序方式，则在进行数据传送时会一直占用微处理器资源。例如，采用查询方式进行数据传送，微处理器需要不断读取状态和检测状态，等待外设准备好。由于大多数外设（如键盘、打印机等）的工作速度比微处理器的工作速度低得多，所以采用查询方式进行数据传送无疑是让微处理器降低有效的工作速度去适应外设的工作速度。另外，在采用查询方式进行数据传送时，如果一个系统有多个外设，那么微处理器只能轮

流对每个外设进行查询，而这些外设的工作速度往往并不相同。这时，微处理器显然不能很好地满足各个外设随机对微处理器提出的 I/O 要求，不具备实时性。因此，在实时系统及有多个外设的系统中，采用查询方式进行数据传送往往是不适宜的。

为了使微处理器能有效地管理多个外设，提高微处理器的工作效率，并使系统具有实时性，可以赋予外设某种主动申请、要求微处理器配合的"权利"。赋予外设这种"主动权"之后，微处理器可以不必反复查询该外设的状态，而是正常地处理其他系统任务，仅当外设有"请求"时才去为之"服务"。微处理器与外设处于这种并行工作状态，无疑提高了微处理器的工作效率。这种方式就是中断方式。

在中断方式下，当输入设备将数据准备好，或者输出设备可以接收数据时，便可以向微处理器发出中断请求，使微处理器暂停执行当前程序，而去执行该外设的数据 I/O 的中断服务子程序，与外设进行相应的数据传送。当中断服务子程序执行完，微处理器又返回继续执行原来（暂停执行）的程序。采用中断方式进行数据传送仍然是在程序控制下完成的，所以也称为程序中断方式，该方式适用于中速、慢速外设数据的实时传送。

I/O 接口若采用中断方式进行数据传送，接口要有能向微处理器发出中断请求（有的还包括中断请求是否允许）信号的电路，如图 5.4 所示。

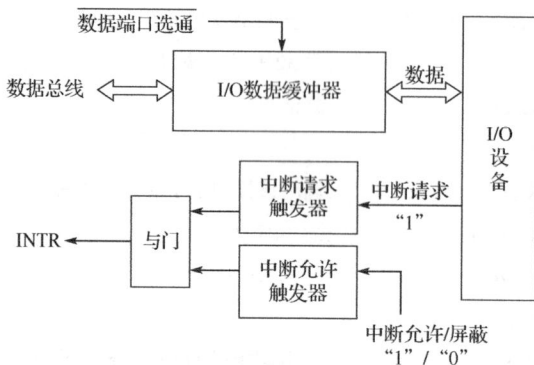

图 5.4　中断方式 I/O 接口电路

当 I/O 接口申请中断时，微处理器如果接受此中断请求，则向接口发出中断响应信号。该接口的中断类型号（8 位）经数据总线（$D_7 \sim D_0$）传送到微处理器，微处理器可根据此中断类型号找到相应的中断向量（中断服务子程序入口地址），转而执行相应的中断服务子程序，完成数据传送，同时将中断请求信号复位，以清除本次中断请求。

实际上，微机系统采用中断方式的接口，大多数仅需要向一个集中的中断管理部件（如中断控制器 8259A）提出中断请求，至于中断请求是否允许、中断的优先级判别、中断类型号的提供等均由中断管理部件统一管理。

5.3.3　直接存储器存取（DMA）方式

采用中断方式进行数据传送可以大大提高微处理器的工作效率，但仍需要微处理器通过程序进行传送。每次中断处理需要进行保护断点、保护现场、恢复现场、恢复断点等操作，这些操作都要占用微处理器的时间。当高速的外设在成批交换数据时，采用中断方式就不能满足高速传送数据的要求。

直接存储器存取（Direct Memory Access，DMA）方式是指外设在专用的接口电路 DMA 控制器（DMAC）的控制下直接和存储器进行数据传送的方式。采用 DMA 方式传送数据，无须微处理器的干涉，而是在存储器和高速外设之间直接进行数据传送。而且，若采用 DMA 方式，则数据的传送、数据源或目的地址的修改、结束信号的传送和控制信号的发送等都由 DMA 控制器完成，大大提高了数据传送效率。DMA 方式主要适用于需要大批量、高速度传送数据的场合。

DMA 方式数据传送控制示意图如图 5.5 所示，其中虚线表示数据在系统总线中的传送路径。

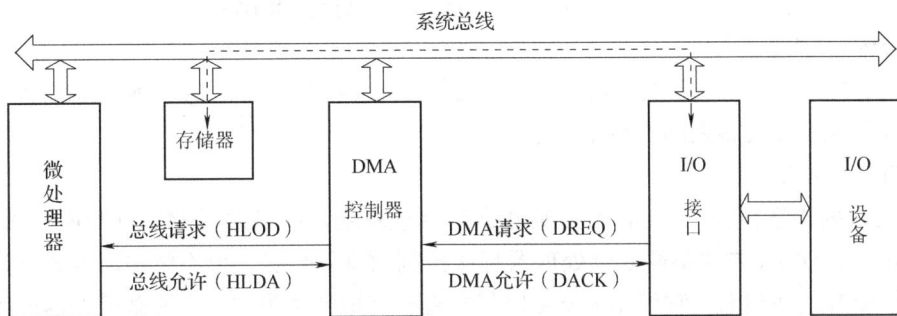

图 5.5　DMA 方式数据传送控制示意图

1．DMA 方式的特点

（1）DMA 方式可以响应随机 DMA 请求。

对于采用 DMA 方式的 I/O 接口来说，何时具备数据传送的条件是随机的。只要 DMA 传送数据条件满足，I/O 接口向 DMA 控制器发出 DMA 请求，继而 DMA 控制器向微处理器发出总线请求，获得批准后，占用系统总线实现存储器与 I/O 设备之间的数据传送。

（2）DMA 传送的插入在不影响微处理器程序执行状态的前提下，满足了数据传送的高速度要求，从而提高了微机系统的工作效率。

与中断方式相比，DMA 方式仅需要占用系统总线，由硬件控制数据传送，而不需要切换程序，不存在保存断点、保护现场、恢复现场、恢复断点等中断操作。因此，微处理器在接收到 DMA 请求后，可以快速插入 DMA 传送，在传送结束后可以快速恢复原程序的执行。从原理上来讲，只要不发生访问存储的冲突，微处理器可以与 DMA 传送并行工作。

（3）DMA 方式本身只能处理简单的数据传送，无法识别和处理较复杂的事件。例如，对于 DMA 传送是否正确、出错后如何处理等，DMA 控制器不能独立识别和处理。因此，在某些场合往往需要综合应用 DMA 方式与中断方式，二者互为补充。

2．DMA 传送过程

当外设需要进行 DMA 方式的数据传送时，首先通过接口向 DMA 控制器发出 DMA 请求，继而 DMA 控制器向微处理器发出总线请求，微处理器响应后把总线控制权交给 DMA 控制器，DMA 控制器接管总线后进行数据传送，数据传送结束后，DMA 控制器将总线控制权归还给微处理器。因此，一个完整的 DMA 传送过程必须经过如下 5 个步骤。

（1）DMA 方式的初始化设置。

微处理器对 DMA 控制器设置传送的字节数、所访问内存单元的首地址及 DMA 方式等初始化信息，并向 I/O 接口发送操作控制命令，让 I/O 设备做好 DMA 传送准备工作。

（2）DMA 请求。

当 I/O 设备的 DMA 传送准备好时，I/O 接口向 DMA 控制器提出 DMA 请求（DACK）。

（3）DMA 响应。

I/O 设备的 DMA 请求要经过 DMA 控制器的判优逻辑，由 DMA 控制器向总线裁决逻辑电路提出总线请求（HLOD）。微处理器在执行完当前总线周期后，即发出总线请求的响应信号（HLDA），并将总线控制权交给 DMA 控制器。DMA 控制器取得总线控制权后，向 I/O 接口输出 DMA 的应答信号（DREQ），通知 I/O 接口开始进行 DMA 传送。

（4）DMA 传送。

DMA 控制器获得总线控制权后，发出相应的读/写控制命令和对主存储器的寻址操作，直接控制存储器和 I/O 设备之间的数据传送。

（5）DMA 结束。

在完成数据传送任务后，DMA 控制器立即释放总线，即将总线控制权归还给微处理器。

由此可见，DMA 方式不需要微处理器直接控制数据的传送，也不像中断方式一样要有保护现场和恢复现场等过程，它仅由 DMA 控制器直接完成了数据传送，使微处理器的工作效率大大提高。

3．DMA 传送控制总线的方式

DMA 传送控制总线的方式通常有如下 3 种。

（1）周期挪用方式。

周期挪用方式是指 DMA 控制器一次只传送一个字节，传送完就将总线控制权归还给微处理器，即由 DMA 控制器和微处理器轮流掌管总线控制权，直到一批数据传送完毕。这种方式的 DMA 传送是通过挪用微处理器的一个总线周期完成的，如果此时微处理器不访问存储器，则微处理器可以正常工作；否则，微处理器延缓一个总线周期后继续工作。这样既实现了数据传送，又保证了微处理器执行程序，因而应用范围较广。

（2）交替访问方式。

如果微机采用 Cache，则微处理器的工作周期比主存储器的工作周期长得多，此时可采用微处理器与 DMA 控制器交替访问方式。采用这种方式，微处理器与 DMA 各有自己的主存地址寄存器、数据缓冲器和读/写控制器，因此 DMA 传送对微处理器的工作没有任何影响，这种方式是最高效的方式。

（3）微处理器停机方式。

微处理器停机方式是最常用、最简单的一种 DMA 传送控制总线的方式。在这种方式下，当 DMA 控制器要进行 DMA 传送时，向微处理器发出 DMA 请求信号，迫使微处理器在当前总线周期结束后，让出总线控制权，并给出一个 DMA 响应信号，使 DMA 控制器可以控制总线进行数据传送。直到 DMA 控制器完成传送数据的操作，并使 DMA 请求信号无效后，微处理器再恢复对系统总线的控制，继续进行原来的操作。

在这种方式下，微处理器让出总线控制权的时间取决于 DMA 控制器保持 DMA 请求信号的时间。所以，可以进行单字节传送，也可以进行数据块传送。但是，在以这种方式进行 DMA 传送的期间，微处理器处于空闲状态，这降低了微处理器的利用率。

习　题　5

5.1　接口的作用是什么？简述接口的功能和基本组成。

5.2　接口和外设之间的信息有哪几类？说明每类信息的特点。

5.3　接口数据传送的控制方式有哪几种？各有什么特点？

5.4　无条件数据传送的接口电路有哪些部件？数据传送通道一般采用什么器件？

5.5　当多个外设都采用程序查询方式时，试简述工作过程，并画出程序流程图。

5.6　在 DS 段以 Buffer 为首址的缓冲区中已存放了 100 字节数据。请采用查询方式将这批数据从设备 A 输出。设备 A 的数据输出端口地址为 60H，状态端口地址为 62H。状态位 D_3=1，表示设备"忙"；状态位 D_4=0，表示设备"未联机"，要求查询等待。

5.7　自行设计一个中断方式的输入（或输出）接口电路，并说明该接口电路至少应该包括哪几个部分？

5.8　采用 DMA 方式是如何实现高速数据传送的？DMA 方式可使用在哪些场合？

第6章 微机中断系统

中断是微机中的一个重要概念,中断系统是微机的一个重要组成部分。为了提高微机系统的工作效率,并使微机系统具有实时性,所有微机中都设计了性能强大、功能丰富的中断系统。

本章主要介绍微机中断系统的功能、中断处理过程和中断判优(排队)逻辑,以及8086/8088的中断结构,并给出了现代微机的中断技术。

6.1 中断和中断系统

微机的中断是一个过程。当微机内部或者外部发生某个事件需要系统做中断处理时(引发中断的事件称为中断源),会向系统提出中断请求,系统就暂停正在执行的程序(暂停处称为中断断点),转去执行中断服务子程序(称为中断响应),待中断服务子程序执行完成后,返回断点处继续执行原程序(称为中断返回)。中断过程示意图如图6.1所示。

微机响应中断的过程与执行 CALL 指令的过程相似,其区别在于 CALL 指令是事先编写在程序中的,只有执行到该指令时,才会转去执行子程序;中断请求是随机性的,当内/外部或者硬/软件有事件发生时,随时向系统提出中断请求,微处理器接收到中断请求后自动进行中断处理。所以,中断过程是随机性的,微机处理中断过程远比处理 CALL 指令要复杂得多。

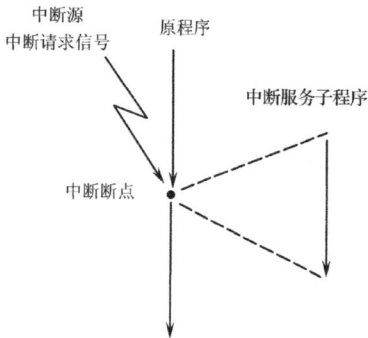

图 6.1 中断过程示意图

6.1.1 中断系统的功能

中断系统是实现和管理整个中断过程的软件、硬件的统称。微机中断系统的功能主要包括以下 4 个方面。

1. 并行处理能力

微机系统有了中断功能,就可以实现微处理器和多个外设同时工作。只有在微处理器和外设需要相互交换信息时,微处理器才会暂时"中断"当前的工作。这样,微处理器可以有效地控制多个外设并行工作,大大提高了整个微机系统的工作效率。

2. 实时处理能力

当微机需要进行实时控制时,现场的许多信息需要微处理器迅速响应并及时处理,而现场提出请求的时间往往又是随机的。在这种情况下，只有通过微机中断系统，才能进行实时处理。

3．故障处理能力

在微处理器运行过程中微机各个部件往往会出现一些故障，如电源掉电（指电源电压下降幅度过大，如从 220V 降至 160V）、存储器读/写检测出错、除法运算出错等。对于这些随机发生的故障，可以利用中断系统的故障处理功能使微处理器自动转去执行故障处理程序，从而不影响微机系统的正常运行。

4．多机处理能力

在操作系统的调度之下，中断系统可以"分时"地使微处理器实现多个任务或多道程序的运行，或者使多机系统之间实现连接和通信等。

6.1.2 中断处理过程

微机的中断处理过程包括中断请求、中断（优先级）判优、中断响应、中断处理和中断返回 5 个环节。

1．中断请求

中断请求是引发中断过程的"引子"。只有中断源发出中断请求信号，并且该中断请求信号被中断系统接收后才能进入中断过程。

产生中断请求的条件因中断源而异。例如，I/O 设备在需要与微处理器进行数据传送时，由接口电路产生中断请求信号；若某个软件发生了事件，则会产生一个软件中断请求信号。

2．中断判优

由于中断产生具有随机性，所以可能出现两个或两个以上的中断源同时提出中断请求的情况。为了能合理地处理多个中断源的中断请求，必须事先根据中断源事件的轻重缓急，给每个中断源确定一个中断优先级。

中断系统能根据随机发出中断请求的多个中断源的中断优先级，识别出当前中断优先级最高的中断源，并响应它的中断请求。在该中断处理完成后，再响应中断优先级较低的中断源的中断请求。

3．中断响应

中断系统根据响应的中断源标识，以某种方式获得中断服务子程序的入口地址，并自动完成相关保护现场和返回信息的处理，然后转去执行中断服务子程序。

8086/8088 有两个接收外部中断请求信号的引脚：一个是非屏蔽中断引脚（NMI）；另一个是可屏蔽中断引脚（INTR）。NMI 用来接收紧急的、"有求必应"的中断请求信号，即一旦有请求，立即响应；INTR 接收到中断请求后，还要根据状态标志位 IF 来确定是否响应该中断（IF=0，中断屏蔽或关中断；IF=1，中断允许或开中断）。

当微处理器响应中断后，微机系统将自动完成以下 3 件事。

① 关中断（IF=0）：微处理器响应中断后要进行必要的中断处理，此时不允许其他中断请求来打断此时的处理，所以自动实现关中断。

② 保存中断断点地址：在响应中断时，原程序的中断断点地址（CS:IP）必须保存好，以确保中断结束后能恢复中断断点地址，正确返回原程序。保存中断断点地址和恢复中断断点地

址是自动使用压入堆栈操作和弹出堆栈操作实现的。

③ 得到中断服务子程序的入口地址：响应中断后，根据中断判优逻辑提供的中断源的标识，以某种方式获得中断服务子程序的入口地址（CS:IP），转去执行该中断源的中断服务子程序。

4．中断处理

中断处理是指由预先编制的中断服务子程序（在 80x86 系列微机中称为段间过程）完成该中断源的特定任务。中断服务子程序一般按如下模式设计。

① 保护现场：使用入栈（PUSH）指令，把中断服务子程序中将要用到的寄存器内容压入堆栈，以便返回原程序时能正确使用寄存器。

② 中断服务子程序段：完成中断源要求完成的中断任务，这是中断处理的核心部分。

③ 恢复现场：中断处理结束后，使用出栈（POP）指令，把保护现场的有关寄存器内容恢复，并保证堆栈指针恢复到进入中断服务子程序时的指向。

④ 中断返回：中断服务子程序的最后一条执行指令是中断返回（IRET）指令。通常在执行中断返回（IRET）指令前，要求开中断（IF=1），以便让中断系统能再次响应中断。

5．中断返回

执行中断返回（IRET）指令是指自动做"出栈"操作，从堆栈中获得中断断点地址（CS:IP），从而能返回到中断断点处继续执行原来的程序。

6.1.3　中断判优（排队）逻辑

中断系统能根据随机发出中断请求的多个中断源的中断优先级做出相应的中断响应，这是靠中断判优逻辑来实现的。中断判优逻辑是一个硬件电路和软件编程相结合的过程，即有些环节通过硬件电路完成，而有些环节由编程实现。

中断判优逻辑有多种选择方案，常用的有软件判优（查询）法、通用硬件判优法和可编程中断控制器（8259A）法。可编程中断控制器（8259A）法将在 7.1 节介绍，本节仅介绍软件判优法和通用硬件判优法。

1．软件判优法

软件判优法的硬件接口电路如图 6.2 所示。8 位数据缓冲器，即中断请求数据端口的输入为多个（一般是 8 个）中断源的中断请求信号 INT_i，其输出 D_i 为中断请求数据。把 INT_i 经或门作为一个公共的中断请求信号 INTR 端，向微处理器发出中断请求。

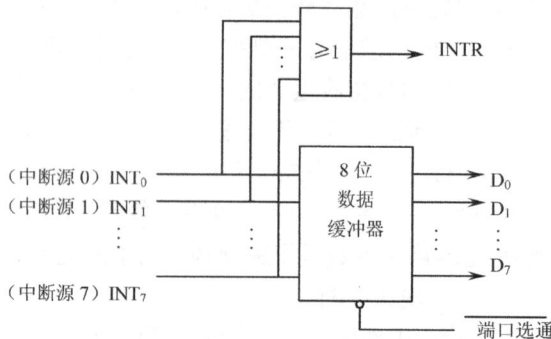

图 6.2　软件判优法的硬件接口电路

软件判优法在该硬件接口电路的支持下实现的要点是，在响应中断后，执行一个公共的判优查询程序。软件判优查询程序流程如图 6.3 所示。

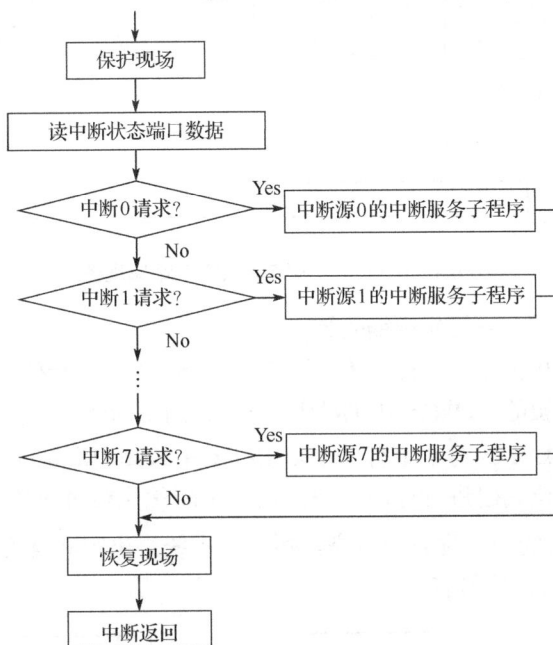

图 6.3　软件判优查询程序流程

判优查询程序按照预先确定的优先级顺序，逐个查询中断请求数据端口的数据位。若某个中断源有中断请求，对应的数据位为 1，则转去执行该中断源的中断服务子程序。毫无疑问，先查询检测的中断源的中断优先级高，后查询检测的中断源的中断优先级低。

软件判优法的优点是硬件接口电路简单，中断源的中断优先级次序可以很方便地根据编程的查询顺序改变；其缺点是中断响应的实时性较差。

2．通用硬件判优法

通用硬件判优法采用通用的硬件逻辑芯片，按中断管理的要求组成判优电路。就其实现原理而言，可以分为串行优先级排队法和并行优先级排队法。

1）串行优先级排队法——串行链式结构

串行优先级排队法的电路原理图如图 6.4 所示。每个中断源接口中都设置了一个称为"菊花链"的逻辑电路（图 6.4 中虚线框部分），作为控制中断响应信号 $\overline{INTA_i}$ 的传递通道。将所有中断源的中断请求信号通过或门连接，与系统的 INTR 相接，再将所有中断源的"菊花链"逻辑电路根据中断优先级串接起来，接系统的 $\overline{INTA}$ 。

显然，串接的顺序决定了它们的中断优先级，"链头"中断优先级最高，向后中断优先级依次降低。串行优先级排队法中所有中断源的中断请求都能被接收。当多个中断请求同时发生时，最靠近"链头"且有中断请求的中断源接口能"截获"中断响应信号。

串行优先级排队法的优点是电路较为简单，连接方便，由于各级逻辑电路一致，便于扩充；其缺点是当链级较多且前级中断频繁时，后级中断响应的实时性会受到影响。

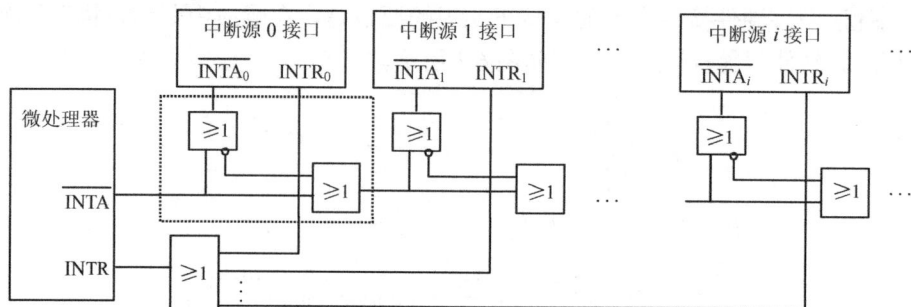

图 6.4　串行优先级排队法的电路原理图

2）并行优先级排队法——优先级编码器

并行优先级排队法的电路由优先级编码器（74LS148）和 3-8 译码器（74LS138）组成，如图 6.5 所示。在 8 个中断源的 $INTR_0 \sim INTR_7$ 中，$INTR_0$ 的中断优先级最高，从 $INTR_0$ 到 $INTR_7$ 中断优先级依次降低。74LS148 对 8 个有效请求 $INTR_i$ 中最高中断优先级编码（3 位）。74LS138 根据 74LS148 提供的 3 位编码进行译码，得到最高中断优先级对应的中断响应信号 $\overline{INTA_i}$ 有效。例如，某时刻 $INTR_3$ 的中断优先级最高，那么在系统给出中断响应信号 $\overline{INTA}$ 时，并行优先级排队电路能得到 $\overline{INTA_3}$ 信号有效。

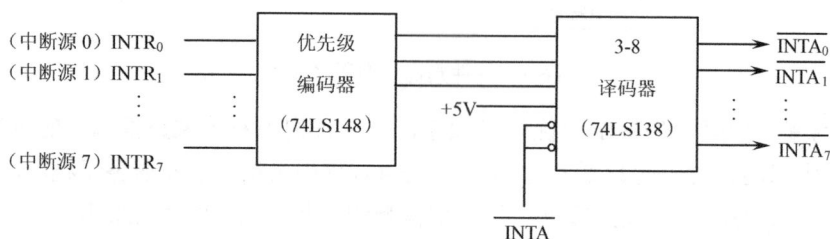

图 6.5　并行优先级排队法的电路原理图

并行优先级排队法的最大优点是中断响应快，其不足之处是扩展性能不如串行优先级排队法的好。

6.2　8086/8088 的中断结构

80x86 系列微机的中断系统是典型的向量中断系统。

6.2.1　向量中断

向量中断是一种中断管理方式，是指中断系统在响应中断后，能自动根据中断判优逻辑获得中断优先级最高的中断源的中断类型号，并根据该中断类型号得到中断服务子程序的入口地址（中断向量），然后转去执行中断服务子程序。

1. 中断类型号

微机系统可以管理多个中断源的中断。8086/8088 最多能管理 256 个中断，把它们统一编号为 0～255（00H～0FFH），称为中断类型号。中断类型号是中断源的唯一标识。

2．中断向量

中断向量是指中断服务子程序的入口地址。8086/8088 的中断向量用 16 位段地址 CS 和 16 位偏移地址 IP 表示（CS:IP），地址数据长度为 4 字节，依序存放在内存中，其中低地址的两字节存放偏移地址 IP，高地址的两字节存放段址 CS。

3．中断向量表

向量中断方式的实现得益于系统设置的中断向量表（Interrupt Vector Table，IVT）。8086/8088 每个中断类型号的中断向量占用 4 字节，256 个中断类型号的中断向量共占用 4×256=1K 字节。8086/8088 在内存的最低 1KB（0 段的 0000H～03FFH）建立了中断向量表，按中断类型号的顺序存放对应的中断向量。

中断向量在中断向量表中存放的位置称为中断向量表地址。中断向量表地址与中断类型号的关系为

$$中断向量表地址 = 中断类型号×4$$

所以根据中断类型号可以计算中断向量表地址，然后从该中断向量表地址连续的 4 个字节单元中取出中断向量，从而能转向中断服务子程序，实现中断处理。

例如，把中断类型号为 84H 的中断服务子程序存放在以 1234H:5670H 为起始地址的内存区域，该中断向量在中断向量表中的地址是 84H×4 = 210H，那么应该在 0 段的 0210H～0213H 这 4 个字节单元中依次存放 70H、56H、34H 和 12H。

4．设置中断向量表的方法

在使用中断功能之前，必须将中断向量设置到与中断类型号相应的中断向量表中。下面介绍两种把中断向量设置到中断向量表中的方法。例如，N 为中断类型号常数，NSEG 为 N 号中断向量的段地址常数，NOFFSET 为 N 号中断向量的偏移地址常数。

（1）利用 DOS 功能调用 INT　21H 指令的 25H 号子功能，可以设置 N 号中断向量。

```
MOV     AX, NSEG
MOV     DS, AX          ;DS =NSEG（段址）
MOV     DX, NOFFSET     ;DX=NOFFSET（偏移地址）
MOV     AH, 25H         ;AH= 25H（子功能号）
MOV     AL, N           ;AL=N（中断类型号）
INT     21H
```

（2）使用 MOV 指令设置 N 号中断向量。

```
MOV     AX, 0
MOV     DS, AX          ;DS=0（取中断向量表段址）
MOV     BX, N*4         ;BX 取 N 号中断向量表地址
MOV     AX, NOFFSET
MOV     [BX], AX        ;偏移地址存入中断向量表
MOV     AX, NSEG
MOV     [BX+2], AX      ;段地址存入中断向量表
```

6.2.2 8086/8088 中断分类

中断源的中断请求可以来自微机内部，也可以来自外部电路；可以用软件启动中断，也可以用硬件启动中断。8086/8088 的中断可以分成硬件（外部）中断和软件（内部）中断两大类，如图 6.6 所示。

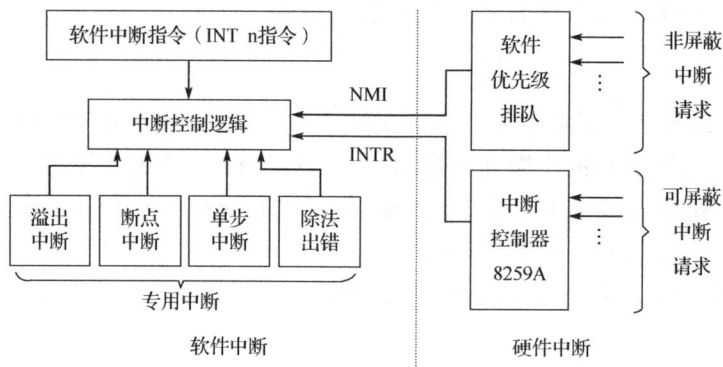

图 6.6 8086/8088 的中断分类

1．硬件（外部）中断

硬件中断是由外部硬件（主要是外设接口）产生的，所以又称为外部中断。硬件中断是通过微处理器的 NMI（非屏蔽中断）和 INTR（可屏蔽中断）的中断请求信号线申请中断的，因此硬件中断可以分为非屏蔽中断和可屏蔽中断两种。

1）非屏蔽中断

非屏蔽中断请求信号采用边沿触发方式，中断类型号为 2。它的中断向量 CS:IP 存放在中断向量表（0 段）的 0008H～000BH 单元中。

非屏蔽中断不受微处理器中断标志位 IF 的影响，常用于处理系统出现的重大故障或紧急情况。例如，IBM PC/XT 系统的 NMI 主要用于解决系统掉电、紧急停机、主板 RAM 的奇偶错、I/O 通道扩展选件板上的奇偶错，以及 8087 协处理器异常等问题。

微机的多个非屏蔽 NMI 中断源的中断请求，采用软件判优法进行查询程序的中断处理。

2）可屏蔽中断

可屏蔽中断请求信号为高电平有效，并受微处理器中断标志位 IF 的影响。当 IF=1 时，微处理器响应可屏蔽中断请求；当 IF=0 时，可屏蔽中断请求信号被屏蔽。

8086/8088 采用中断控制器 8259A 管理多个可屏蔽中断源。8259A 能判别出具有最高中断优先级的中断请求，并在中断响应时提供该中断源的中断类型号。

2．软件（内部）中断

软件中断是根据某条中断指令或某个标志位的设置而产生的。由于它与外部硬件电路完全无关，所以也称为内部中断。软件中断又分为专用中断和 INT n 指令中断。

软件中断的中断类型号由微机系统规定，或者由中断指令自身提供，所以是确定的。软件中断与非屏蔽中断一样，能自动获得中断类型号，转而进入中断服务子程序。软件中断与非屏蔽屏中断一样不受中断标志位 IF 的影响。

1）专用中断

在 8086/8088 的中断类型号 0~4 中，除中断类型号 2 为非屏蔽中断以外，其余的为专用中断，分别为除法出错中断（中断类型号 0）、单步中断（中断类型号 1）、断点中断（中断类型号 3）、溢出中断（中断类型号 4）。

① 0 型中断——除法出错中断：在执行除法指令时，当发现除数为 0，或商超出了寄存器所能表示的范围时，立即产生 0 型中断，转入相应的除法出错处理子程序。

② 1 型中断——单步中断：当单步标志位 TF=1 时，微处理器把程序的正常执行方式变为单步执行方式。单步中断能够跟踪程序的执行过程，并能调试程序。

③ 3 型中断——断点中断（INT 3 指令）：断点中断和单步中断一样，也是一种调试程序的手段。当执行到 INT 3 指令时，进入断点中断服务子程序，显示当前寄存器等信息。

④ 4 型中断——溢出中断（INTO 指令）：当执行到 INTO 指令时，如果溢出标志位 OF=1，则立即产生溢出中断。溢出处理子程序一般会提供算术运算溢出的处理方法。

2）INT n 指令中断

INT n 指令也称为软件中断指令，指令中的"n"是中断类型号。当执行 INT n 指令时，自动得到中断类型号 n，转而进入对应的 n 号中断服务子程序。

INT n 指令中断主要用于微机系统中断（如 BIOS 中断、DOS 调用中断），或者用户自定义的软件中断。

INT n 指令中断没有中断过程的随机性。这是因为 n 号中断服务子程序何时执行在安排INT n 指令时就是确定的。从这一点上讲，INT n 指令中断的工作过程，更类似于用 CALL指令实现的段间过程（子程序）调用。

IBM PC/XT 的 256 个中断向量，分成 8088 中断、8259 中断、BIOS 中断、数据表指针中断、DOS 中断、用户中断、BASIC 中断、系统保留中断等类别。它们的中断类型号、中断向量表地址（0 段）、中断功能等，如表 6.1 所示。

表 6.1 IBM PC/XT 中断向量表

类 别	中断类型号	中断向量表地址	中断功能	类 别	中断类型号	中断向量表地址	中断功能
8088 中断	0H	0H~3H	除法出错中断	BIOS 中断	1AH	68H~6BH	日时钟
	1H	4H~7H	单步中断		1BH	6CH~6FH	Ctrl-Break 控制
	2H	8H~0BH	非屏蔽中断		1CH	70H~73H	定时器控制
	3H	0CH~0FH	断点中断	数据表指针中断	1DH	74H~77H	显示器参量表
	4H	10H~13H	溢出中断		1EH	78H~7BH	软盘参量表
	5H	14H~17H	打印屏幕中断		1FH	7CH~7FH	图形表
	6H, 7H	18H~1FH	保留	DOS 中断	20H	80H~83H	程序结束
8259 中断	8H	20H~23H	定时中断		21H	84H~87H	系统功能调用
	9H	24H~27H	键盘中断		22H	88H~8BH	结束退出
	0AH	28H~2BH	彩色/图形		23H	8CH~8FH	Ctrl-Break 退出
	0BH, 0CH	2CH~33H	异步通信		24H	90H~93H	严重错误处理
	0DH	34H~37H	硬磁盘		27H	94H~97H	绝对磁盘读
	0EH	38H~3BH	软盘		26H	98H~9BH	绝对磁盘写
	0FH	3CH~3FH	并行打印机		27H	9CH~9FH	驻留退出

类　别	中断类型号	中断向量表地址	中断功能	类　别	中断类型号	中断向量表地址	中断功能
BIOS中断	10H	40H～43H	屏幕显示	DOS中断	28H～2EH	0A0H～0BBH	DOS 保留
	11H	44H～47H	设备检验		2FH	0BCH～0BFH	打印机
	12H	48H～4BH	测存储器容量		30H～3FH	0C0H～0FFH	DOS 保留
	13H	4CH～4FH	磁盘 I/O	用户中断	40H～5FH	100H～17FH	保留
	14H	50H～53H	串行通信口 I/O		60H～67H	180H～19FH	用户软件中断
	15H	54H～57H	盒式磁带 I/O		68H～7FH	1A0H～1FFH	保留
	16H	58H～5BH	键盘输入	BASIC中断	80H～85H	200H～217H	BASIC 保留
	17H	5CH～5FH	打印机输出		86H～F0H	218H～3C3H	BASIC 保留
	18H	60H～63H	BASIC 入口码	系统保留中断	0F1H～0FFH	3C4H～3FFH	
	19H	64H～67H	引导装入程序				

6.2.3　8086/8088 的中断管理过程

8086/8088 的中断响应和中断处理流程如图 6.7 所示。

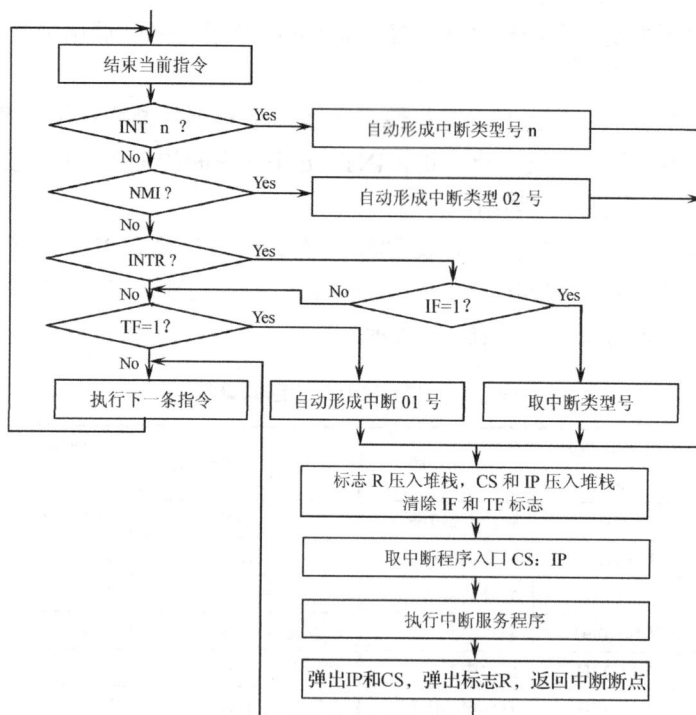

图 6.7　8086/8088 的中断响应和中断处理流程

　　图 6.7 左边部分为中断类型的判别次序，反映了各类中断的中断优先级关系。由此可见，这几类中断按中断优先级由高到低排序依次为 INT　n 指令中断、非屏蔽中断、可屏蔽中断、单步中断。

　　图 6.7 右边的上半部分为中断类型号的获取。软件中断和非屏蔽中断的中断类型号是自动获得的。可屏蔽中断与它们不一样，不仅要在 IF=1 时才响应中断，而且要从外部（一般是通过中断控制器 8259A）获取中断类型号。

图 6.7 右边的下半部分，从"标志寄存器和中断断点地址入栈"到"返回中断断点"的一系列操作，是各类中断相同的操作部分，而中断服务子程序则根据各个中断源的处理要求分别编程。

中断系统自动实现的一系列相同操作过程按以下顺序进行。

① 将自动获得，或者中断控制器 8259A 提供的中断类型号乘以 4，得到该类型号的中断向量表地址。

② 把微处理器的标志寄存器内容压入堆栈，保护各标志位状态。

③ 清除 IF 和 TF 标志位，即关闭（屏蔽）可屏蔽中断和单步中断。

④ 保存断点地址，即把中断断点处的 IP 和 CS 内容压入堆栈（先压入 CS，再压入 IP）。

⑤ 根据①得到中断向量表地址，从中断向量表中取中断服务子程序的中断向量，分别送给 CS 和 IP。

⑥ 转到 CS:IP 处，执行中断服务子程序。

⑦ 当执行到中断返回（IRET）指令时，从堆栈中弹出中断断点的 IP 和 CS 的值，于是返回到中断断点处，继续执行原来的程序。

6.3　现代微机的中断技术

32 位 80x86 系列微处理器及微机系统结构的变化，为中断管理技术带来了变革。

在实地址方式下，32 位 80x86 系列微处理器采用了与 8086/8088 相同的中断管理机制，即系统用内存 0 段 1KB 大小的中断向量表，按中断类型号的顺序，存放 256 个中断向量。

6.3.1　保护方式的中断

32 位 80x86 系列微机系统的保护方式，采用了一些新的中断管理技术。

1．中断描述符表

80386、80486 微机系统由于采用了分段、分页的内存管理方式，保护方式用一个中断描述符表（Interrupt Descriptor Table，IDT）描述各个中断类型的中断向量。IDT 采用对 3 种中断类型"门"（中断门、陷阱门、任务门）的描述给出对应中断向量的相关信息。

中断门描述符——每个中断类型对应的 64 位中断信息，包括段选择字（16 位）、偏移地址（32 位）、类型码（5 位，01110）、段存在（1 位，1 段在内存，0 段不在内存）和特权级（2 位，0~3 四级）信息。

陷阱门描述符——系统出现异常（如除法出错、页面故障等）中断对应的 64 位中断信息。它和中断门描述符的区别仅是类型码（陷阱门的为 01111）不同。

任务门描述符——每个中断对应的中断任务信息。它和中断门描述符的区别：一是类型码为 00101；二是没有偏移地址（32 位）信息。

与实地址方式的中断向量表（IVT，固定存放）不同，保护方式的 IDT 可以存放在内存的任何位置上，其首地址存放在中断描述符表地址寄存器（IDTR）中。

2．中断响应过程

以中断门为例，其保护方式的中断响应过程要点如下。

① 微处理器将状态寄存器 EFLAGS CS:EIP 先后压入堆栈，清除 IF 和 TF 标志位。

② 将中断门的段选择字装入 CS 寄存器，并根据其内容，从 LDT 或 GDT 中找到中断服务子程序的段描述符，装入 CS 对应的段描述符寄存器，将中断门的 32 位偏移地址装入 EIP。

③ 根据 CS:EIP 进入对应的中断服务子程序。

如果中断类型是陷阱门，则除不清除 IF 标志以外，其他过程与上述过程相同。

如果中断类型是任务门，则中断响应过程使用任务寄存器 TR，从 GDT 中取出 TTS 描述符。还需要把当前任务的所有信息存入该任务的 TTS，并将新任务的所有信息作为副本保存。所以，对应任务门执行的一个新任务，就类似于由 CALL 指令调用一个新任务。

由于保护的需要，具有不同中断优先级的中断程序和被中断程序不能使用同一个堆栈。因此，需要做不同堆栈的切换和保护。

6.3.2　ICH 中断

在具有两个"中心"结构的微机系统中，除由微处理器控制的中断之外的中断管理由 I/O 控制中心（ICH）完成。

1．串行中断

不同于中断控制器 8259A 的中断请求信号的管理方式，ICH 中断采用了一种新的中断请求信号格式——串行中断，如图 6.8 所示。

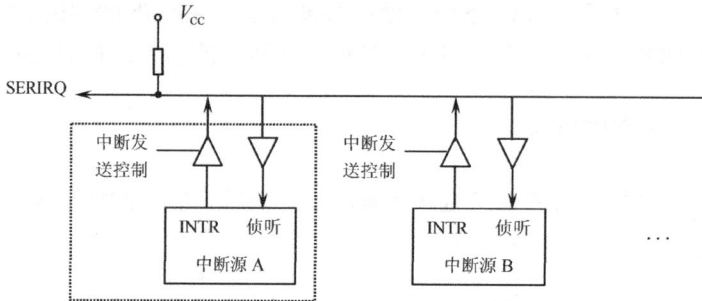

图 6.8　ICH 的串行中断信号的连接

串行中断用一根公共的 SERIRQ 信号线传递中断请求信号。所有支持串行中断的中断源设备的中断请求信号 INTR，都用一个三态门连接到 SERIRQ 信号线上。SERIRQ 信号线上的信息组成"包"，在时钟信号 PCICLK 的同步控制下传输。信息包括开始帧、若干个数据帧和停止帧。

开始帧是由 4/6/8 个 PCI 周期组成的低电平信号，由 ICH 或外设发出。每个中断源设备以中断类型号为序，占用一个数据帧发送自己的中断请求信号。每个数据帧由 3 个 PCI 周期组成。数据帧的个数根据 ICH 所支持的串行中断个数决定。停止帧由 2～3 个 PCI 周期组成，由 ICH 发出。

使用串行中断虽然减少了总的中断请求信号线数，但每个中断源设备的中断请求逻辑变得复杂了。每个设备都要"侦听" SERIRQ 信号线上的信号，以便正确地在开始帧之后的属于自己的数据帧中发送中断请求信号。

ICH 内的控制逻辑在接收到来自 SERIRQ 信号线的串行中断请求信号后，将它们转换成独立的中断请求信号送给内部的中断控制器 8259A。

2. ICH 中 8259A 的连接

ICH 内集成了 2 片 8259A，通过级联方式实现了 15 个中断的管理逻辑。主片 8259A 使用 20H 和 21H 端口地址，从片 8259A 使用 0A0H 和 0A1H 端口地址。主片 8259A 提供 IRQ_0、IRQ_1 及 $IRQ_3 \sim IRQ_7$ 的 7 个中断请求连接线；从片 8259A 的中断请求输出 INTR 端连接主片的 IRQ_2，提供 $IRQ_8 \sim IRQ_{15}$ 的 8 个中断请求连接线。

6.3.3　APIC 中断

现代微机大都支持多处理器系统。多机系统为了解决多处理器环境下处理器之间的联络、任务分配和中断处理等问题，采用了高级可编程中断控制系统（Advanced Programmable Interrupt Controller，APIC）。APIC 由以下 3 个部分组成。

① Local APIC：集成在微处理器中，包括 8259A 和 8254（定时/计数器）的功能。它可以接受并响应 APIC 的外部中断请求及经 APIC 传来的其他处理器的中断请求。

② I/O APIC：集成在 ICH 或"南桥"芯片内。它支持 24 个 APIC 中断。

③ APIC 总线：是由数据线 APIC D_0、APIC D_1，时钟线 APIC CLK 组成的一组同步总线。它用于连接所有的 Local APIC 和 I/O APIC。

APIC 对中断的处理与 8259A 对中断的处理的区别主要表现在以下几点。

① 中断信号在 APIC 总线上串行传送。

② 无须中断响应周期。

③ 中断类型号与中断优先级相对独立。

④ APIC 通过裁决允许连接多个中断控制器。

⑤ 支持更多的中断（最多 24 个）。

习　题　6

6.1　微机在什么情况下才响应中断？中断处理过程一般包括哪些步骤？

6.2　实现中断源的中断判优的方法有哪几种？各有什么特点？

6.3　解释微机向量中断系统的中断类型号、中断向量和中断向量表。

6.4　8086/8088 的中断系统如何分类？说明可屏蔽中断的全过程。

6.5　某一中断源的中断类型号为 60H，其中断服务子程序的符号地址为 INTR60。请用两种不同的方法设置它的中断向量表。

6.6　已知中断向量表的 0020H～0023H 单元中依次存放着 40H、00H、00H 和 01H，在 9000H:00A0H 处有一条 INT 8 软件中断指令。如果在 SS=0300H、SP=0100H、标志寄存器=0240H 时执行 INT 8 指令，指出刚进入 8 号中断服务子程序时，SS、SP、CS、IP 寄存器和堆栈栈顶 3 个字的内容分别是多少。

6.7　简要说明保护方式和实地址方式的中断管理有什么不同。

6.8　什么是串行中断？什么是 APIC 中断？

第 7 章　控制器接口

在微机及微机应用系统中，利用各种具有特定功能的控制器实现对被控对象或被控过程的实时、高速控制处理是最常用的方法。

本章主要介绍 80x86 系列微机系统中的中断控制器 8259A、DMA 控制器 8237A、定时/计数器 8253 的内部结构、工作原理和应用技术。

7.1　中断控制器 8259A

8259A 是集中断源识别、中断优先级排队、中断屏蔽、中断允许、中断类型号提供等中断功能于一身的、可屏蔽中断类中断管理大规模集成电路。

7.1.1　8259A 简介

1．8259A 的功能

① 每片 8259A 可以管理 8 个中断优先级不同的中断，在不增加其他电路的情况下，通过多片（一般为 2～9 片）8259A 的级联，可以组成两级主从式中断控制系统，最多可管理 64 个中断。

② 每个中断都可以设定为中断屏蔽或中断允许。

③ 有多种中断优先级排队管理模式。

④ 当某个中断请求被响应时，8259A 可提供由用户设定的中断类型号。

⑤ 可以通过编程设定 8259A 的各种工作方式，包括中断请求触发方式、中断查询方式、中断结束方式等。

⑥ 8259A 可以使用在不同的微机系统中。

2．8259A 的内部结构

8259A 由中断请求寄存器（IRR）、中断屏蔽寄存器（IMR）、中断服务寄存器（ISR）、优先级分析器（PR）、控制逻辑、数据总线缓冲器、读/写控制逻辑和级联缓冲/比较器 8 个功能部件组成，8259A 的内部结构与引脚如图 7.1 所示。

1）IRR（8 位）

外部中断源的中断请求线 IR_0～IR_7 连接 IRR 的对应位。中断请求信号使 IRR 的相应位置 1，并锁存。

2）IMR（8 位）

IMR 用来设置 IRR 中的中断请求信号的允许或屏蔽。当 IMR 的 D_i=1 时，屏蔽 IRR_i 中的中断请求信号；当 IMR 的 $D_i=0$ 时，允许 IRR_i 中的中断请求信号。

3）ISR（8 位）

ISR 用来存放当前正在被处理的中断请求。ISR 对应于 IRR 的 8 位中断请求。当某个中断请求被响应后，ISR 的相应位置 1，标志着该中断服务子程序未结束，以便确定当又有新的中断请求提出时能否进行中断嵌套。当中断处理结束时，ISR 的相应位清 0。

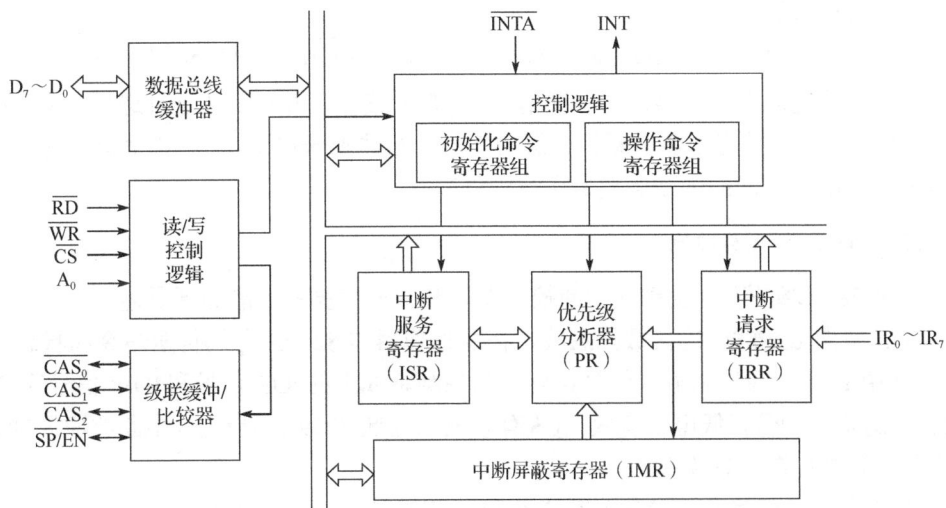

图 7.1 8259A 的内部结构与引脚

4）PR

PR 用于识别和管理 IRR 中各个中断请求信号的中断优先级。各个中断请求信号的中断优先级可以通过编程设定和修改。当 IRR 中有中断请求时，PR 检查 IMR 的状态，把 IRR 中被允许的、中断优先级最高的中断请求送入 ISR，并发出中断请求（INT）信号。

当允许进行中断嵌套时，还要将选出的中断优先级最高的中断请求和 ISR 中的内容进行比较，判别有无中断优先级更高的中断在接受服务。如果从 IRR 中选出的中断请求比 ISR 中正在服务的中断请求的中断优先级高，则发出中断请求（INT）信号，中止当前的中断处理，执行该高中断优先级的中断请求，并在中断响应时把 ISR 中的相应位置 1；如果从 IRR 中选出的中断请求比 ISR 中正在服务的中断请求的中断优先级低，则不发出中断请求（INT）信号。

5）控制逻辑

根据 PR 判别的结果，控制逻辑接受具有最高中断优先级的中断请求，向微处理器的 INTR 端发出中断请求（INT）信号。如果此时微处理器的中断允许标志位 IF 为 1，则微处理器在执行完当前指令之后，给 8259A 回送中断响应（$\overline{\text{INTA}}$）信号，进入两个连续的 $\overline{\text{INTA}}$ 中断响应周期。在第一个 $\overline{\text{INTA}}$ 中断响应周期，通知 8259A 做中断响应准备；在第二个 $\overline{\text{INTA}}$ 中断响应周期，8259A 将响应的中断类型号输出到数据总线上。

控制逻辑中还有一个初始化命令寄存器组和一个操作命令寄存器组，分别用来接收微处理器对 8259A 的初始化及其他操作的编程设置信息。

6）数据总线缓冲器

8 位、双向的数据总线缓冲器可使 8259A 通过 $D_7 \sim D_0$ 和数据总线连接，从而实现 8259A 的命令和状态信息的传送。中断类型号也是经数据总线缓冲器送到数据总线上的。

7）读/写控制逻辑

读/写控制逻辑用于接收来自微处理器的读/写命令，完成规定的操作。操作过程由 $\overline{CS}$、A_0、$\overline{WR}$、$\overline{RD}$ 输入信号共同控制。在对 8259A 进行写操作时，读/写控制逻辑把写入的命令字（包括初始化命令字和操作命令字）送至相应的命令寄存器。在对 8259A 进行读操作时，读/写控制逻辑把相应的寄存器内容输出到数据总线。

8）级联缓冲/比较器

当用多片 8259A 组成两级中断控制系统时，级联信号 $\overline{CAS_0} \sim \overline{CAS_2}$ 可实现主片对从片的选择。主片的功能是向微处理器发送中断请求（INT）信号，并对从片进行选择。从片接受外部中断源的中断请求，并将当前中断优先级最高的中断请求送往主片，在微处理器进行中断响应后，再将响应的中断源的中断类型号送给微处理器。

3．8259A 的引脚及其功能

8259A 是 28 引脚的双列直插式中断控制器，其主要引脚的功能如下所述。

$D_7 \sim D_0$：双向数据线，连接数据总线，在微处理器与 8259A 之间传送命令和状态信息。

$\overline{RD}$、$\overline{WR}$：读、写控制输入信号，分别与控制总线上的 $\overline{IOR}$ 信号和 $\overline{IOW}$ 信号连接。

$\overline{CS}$：片选输入信号，低电平有效。$\overline{CS}$ 有效表示选通 8259A。当进入中断响应周期时，该引脚状态与进行的中断处理无关。

A_0：端口地址选择信号。8259A 有 2 个可编程端口：偶地址端口（A_0=0）；奇地址端口（A_0=1）。

$IR_0 \sim IR_7$：中断请求输入信号，是由外部中断源（8 个）发来的。

INT：8259A 向微处理器发出的中断请求信号。

$\overline{INTA}$：由微处理器送来的中断响应输入信号。

$\overline{CAS_0} \sim \overline{CAS_2}$：8259A 构成主从式级联时的组合控制信号。在 8259A 主从结构中，主片和从片的 $\overline{CAS_0} \sim \overline{CAS_2}$ 全部要对应相连。

$\overline{SP}/\overline{EN}$：从片编程/允许缓冲器信号，双向传输，低电平有效。该信号有两种功能：当 8259A 为缓冲方式时，它是输出信号，是允许缓冲器接收和发送的控制信号（$\overline{EN}$）；当 8259A 为非缓冲方式时，它是输入信号，用于指明该 8259A 是主片（$\overline{SP}$ 为 1）还是从片（$\overline{SP}$ 为 0）。

7.1.2　8259A 的中断管理方式

8259A 有多种工作方式，下面分 5 个方面介绍 8259A 的中断管理方式。

1．中断优先级设置方式

对多个外部中断源的中断请求进行中断优先级管理是 8259A 最主要的功能。8259A 有多种中断优先级设置方式，能满足不同用户对中断管理的各种要求。

1）普通全嵌套方式

普通全嵌套方式是 8259A 最常用也是默认的工作方式。这种方式的 $IR_0 \sim IR_7$ 的中断优先级固定，即由 IR_0 至 IR_7 依次降低。

当某个 IR_i 被响应时，中断类型号被送到数据总线上，ISR 中的对应位 ISR_i 置 1，然后进入中断服务子程序。一般情况下（除自动中断结束方式外），在微处理器发出中断结束命令（EOI）

前，ISR_i 一直保持为"1"，在此期间，只允许微处理器响应中断优先级更高的中断请求，禁止其响应中断优先级相同或较低的中断请求。

2）特殊全嵌套方式

特殊全嵌套方式和普通全嵌套方式基本相同。唯一不同的是特殊全嵌套方式可以响应中断优先级相同的中断请求，从而实现对中断优先级相同的中断请求的特殊嵌套。

特殊全嵌套方式一般用在 8259A 级联的系统中。主片必须采用特殊全嵌套方式，而从片可采用普通全嵌套方式。

3）中断优先级自动循环方式

中断优先级自动循环方式的中断优先级队列是变化的，当一个中断请求被处理后，它的中断优先级自动降为最低，而原来中断优先级仅次于它的中断请求的中断优先级则升为最高。这种方式一般用在系统中多个中断请求的中断优先级相等的场合。例如，初始中断优先级队列为 $IR_0,IR_1,\cdots,IR_7$，若有 IR_2 请求并获得响应，那么在 IR_2 被服务之后，IR_3 的中断优先级自动升为最高，中断优先级队列变为 $IR_3,IR_4,\cdots,IR_2$。

4）中断优先级特殊循环方式

中断优先级特殊循环方式与中断优先级自动循环方式相比，只有一点不同，即在中断优先级特殊循环方式中，初始的最低中断优先级是由编程来确定的，从而中断优先级队列及最高中断优先级也由此而定。例如，在循环开始之前，通过命令字（OCW_2）指定 IR_3 的中断优先级最低，那么 IR_4 的中断优先级就是最高的。

2．中断屏蔽方式

8259A 的 8 个中断请求输入信号 $IR_0 \sim IR_7$ 中的每一个都对应一个屏蔽位，可以设定每一个中断请求被屏蔽或被允许。中断屏蔽方式有以下两种。

1）普通屏蔽方式

普通屏蔽方式是通过编程将中断屏蔽字写入 IMR 从而实现屏蔽。设置中断屏蔽字，可允许或屏蔽任意一个中断请求，包括中断优先级较高和较低的中断请求，以及正被服务的中断请求（不清除 ISR 中的相应位）。中断屏蔽字（8 位）的 D_i 位为 1，表示 IR_i 中断请求被屏蔽；D_i 位为 0，表示 IR_i 中断请求被允许。

2）特殊屏蔽方式

特殊屏蔽方式主要用于在中断服务中要动态地改变系统的中断优先级，即在执行中断优先级较高的中断服务子程序时希望开放中断优先级较低的中断请求的场合。若采用特殊屏蔽方式，则当中断屏蔽字对 IMR 中某一位置 1 时会使 ISR 中对应位清 0，这样不但屏蔽了当前被服务的中断请求，同时真正开放了其他中断优先级较低的中断请求。所以，先设置特殊屏蔽方式，然后建立屏蔽信息，这样可以开放所有未被屏蔽的中断请求，包括中断优先级较低的中断请求。

3．中断结束方式

当一个中断请求被响应时，ISR 中的相应位置 1，相当于将当前中断服务子程序的中断优先级保存下来，并参与其他中断请求的判优，以裁定是否实行中断嵌套。当某个中断服务完成时，必须给 8259A 一个中断结束命令，使该中断请求在 ISR 中的相应位清 0，即结束该中断。8259A 有 3 种中断结束方式。

1）自动中断结束方式

自动中断结束方式是最简单的中断结束方式。在自动中断结束方式下，系统一进入中断过程，在第二个中断响应脉冲 $\overline{\text{INTA}}$ 送到后，8259A 就自动将当前 ISR 中的对应位清 0。这样，即使系统正在为该中断服务，8259A 的 ISR 中也没有该中断的对应位了。

2）普通中断结束方式

在普通全嵌套或特殊全嵌套系统中，正在处理的中断总是与 ISR 中所有为"1"的位中中断优先级最高的相对应。当采用普通中断结束方式时，微处理器在中断服务子程序的结束处向 8259A 发送一条中断结束（EOI）命令，8259A 便将 ISR 中当前优先级最高的那一位清 0，表示结束当前正在处理的中断。

3）特殊中断结束方式

8259A 若采用特殊全嵌套方式，就要用特殊中断结束命令。因为此时 8259A 不能确定刚才服务的中断请求的中断优先级，必须通过设定特殊中断结束命令，指出到底要将 ISR 中哪个中断位清 0。

4．与数据总线的连接方式

8259A 与数据总线的连接方式分为缓冲方式和非缓冲方式。

1）缓冲方式

在多片 8259A 级联系统中，8259A 通过数据总线缓冲器和数据总线相连，这就是缓冲方式。在缓冲方式下，8259A 的 $\overline{\text{SP}}/\overline{\text{EN}}$ 端和数据总线缓冲器的允许端相连，$\overline{\text{SP}}/\overline{\text{EN}}$ 端输出的低电平可作为数据总线缓冲器的启动信号。

2）非缓冲方式

在单片 8259A 系统或多片 8259A 级联系统中，将 8259A 直接连接到数据总线上。此时，8259A 的 $\overline{\text{SP}}/\overline{\text{EN}}$ 端作为输入端，接高电平或低电平。单片系统的 $\overline{\text{SP}}/\overline{\text{EN}}$ 端接高电平；级联系统的主片 $\overline{\text{SP}}/\overline{\text{EN}}$ 端接高电平，从片 $\overline{\text{SP}}/\overline{\text{EN}}$ 端接低电平。

5．中断请求的引入方式

8259A 在进行初始化设置时，必须指明中断请求输入信号 IR_i 端中断请求的引入方式是电平触发方式，还是边沿触发方式。

1）电平触发方式

8259A 将中断请求输入信号 IR_i 端出现的高电平作为中断请求信号，因此在 IR_i 端的高电平持续期间，中断请求信号总是有效的。但是，IR_i 端的中断请求被响应后，必须及时将它清除，否则该输入端仍然为高电平，可能引起同一个中断请求被响应多次的情况，这是应该避免的。

2）边沿触发方式

在边沿触发方式下，8259A 将中断请求输入信号 IR_i 端出现的上升沿作为中断请求信号。该中断请求的触发信号被 IRR 锁存，可以一直保持高电平。

7.1.3　8259A 的编程设置

8259A 的工作方式可以在初始化编程或操作编程中设置。8259A 有两类命令字，即 4 个初始化命令字 $ICW_1 \sim ICW_4$ 和 3 个操作命令字 $OCW_1 \sim OCW_3$。相应地，8259A 内部有两个命令字寄存器组，分别用来接收这 7 个命令字。

当系统开机时，8259A 必须首先进行初始化编程，即把 $ICW_1 \sim ICW_4$ 分别写入 4 个初始化命令字寄存器，8259A 按照设定进行中断工作。如果希望选择或者改变初始化设定的 8259A

工作方式，则可在应用程序中将 $OCW_1 \sim OCW_3$ 分别写入 3 个操作命令字寄存器。操作命令字可以多次设置，以便对中断处理方式进行动态控制。

1．初始化命令字

在 8259A 正常工作之前，必须用初始化命令字预置系统中所有 8259A 的工作方式。初始化命令字必须按严格的顺序写入指定的端口。

① ICW_1：芯片控制命令字。它必须写入 8259A 的偶地址端口（A_0 为 0）。其格式为

A_0		D_7	D_6	D_5	D_4	D_3	D_2	D_1	D_0
0		A_7	A_6	A_5	1	LTIM	ADI	SNGL	IC_4

$D_7 \sim D_5$（$A_7 \sim A_5$）：用于在 8080/8085 系统中设定中断程序入口地址 $A_7 \sim A_5$ 位。在 8086/8088 系统中此 3 位无意义。

D_4：为 1，是 ICW_1 的特征位。

D_3（LTIM）：设定中断请求信号的触发方式。D_3 为 1，电平触发；D_3 为 0，边沿触发。

D_2（ADI）：用于 8080/8085 系统调用地址间隔设定。在 8086/8088 系统中该位无意义。

D_1（SNGL）：D_1 为 1，单片 8259A 方式；D_1 为 0，多片 8259A 级联方式。

D_0（IC_4）：D_0 为 1，要 ICW_4；D_0 为 0，不要 ICW_4。

② ICW_2：中断类型号命令字。它用来设定 8259A 管理的 8 个中断类型号的高 5 位，必须写入 8259A 的奇地址端口（A_0 为 1）。其格式为

A_0		D_7	D_6	D_5	D_4	D_3	D_2	D_1	D_0
1		T_7	T_6	T_5	T_4	T_3	0	0	0

$T_7 \sim T_3$：在 8086/8088 系统中，$T_7 \sim T_3$ 用于设定中断类型号 8 位代码中的高 5 位，进行初始化时低 3 位自动添入 000，与高 5 位组成 8 位的起始中断类型号，写入 ICW_2 寄存器。中断响应时，$D_2 \sim D_0$ 装入当前最高中断优先级的 ISR_i 的序号编码，形成获得响应的中断源的中断类型号。

例如，如果 ICW_2 为 00H，则 $IR_0 \sim IR_7$ 的类型号依次为 00H,01H,02H,…,07H；如果 ICW_2 为 08H，则 $IR_0 \sim IR_7$ 的类型号依次为 08H,09H,0AH,…,0FH。

在 8080/8085 系统中，ICW_3 的作用是设定中断入口地址的高 8 位。

③ ICW_3：级联方式命令字。它必须写入 8259A 的奇地址端口（A_0 为 1），主片和从片的格式不同。

主片格式为

A_0		D_7	D_6	D_5	D_4	D_3	D_2	D_1	D_0
1		S_7	S_6	S_5	S_4	S_3	S_2	S_1	S_0

$S_7 \sim S_0$：分别对应主片输入端上所级联的各个从片。S_i 为 1，表示主片的 IR_i 端连接从片；S_i 为 0，表示主片的 IR_i 端未连接从片。

从片格式（$D_7 \sim D_3$ 不用）为

A_0		D_7	D_6	D_5	D_4	D_3	D_2	D_1	D_0
1		0	0	0	0	0	ID_2	ID_1	ID_0

$ID_2 \sim ID_0$：3 位标识位编码表示本从片接至主片的哪一个 IR_i 端，其值等于主片 IR_i 端的序号。例如，接至主片的 IR_2 端标识位为 010。当从片接收到中断响应信号后，将它的级联输入 $CAS_2 \sim CAS_0$ 与 3 位标识位比较，如果相等，则向数据总线发出从片所选中的中断类型号。

④ ICW_4：方式控制命令字。它必须写入 8259A 的奇地址端口（A_0 为 1）。其格式（$D_7 \sim D_5$ 不用）为

A_0	D_7	D_6	D_5	D_4	D_3	D_2	D_1	D_0
1	0	0	0	SFNM	BUF	M/S	AEOI	μPM

D_4（SFNM）：D_4 为 1，特殊全嵌套方式；D_4 为 0，普通全嵌套方式。

D_3（BUF）：设定选用缓冲方式。D_3 为 1，选用缓冲方式；D_3 为 0，选用非缓冲方式。

D_2（M/S）：表示缓冲方式下本片为主片还是从片。当 BUF 为 1 时，若 M/S 为 1，则本片为主片；若 M/S 为 0，则本片为从片。当 BUF 为 0 时，M/S 不起作用。

D_1（AEOI）：设定中断结束方式。D_1 为 1，设定为自动中断结束方式；D_1 为 0，设定为非自动中断结束方式。

D_0（μPM）：设定 8259A 是用于 16 位机系统，还是用于 8 位机系统。D_0 为 0，表示 8259A 用于 8080/8085 系统；D_0 为 1，表示 8259A 用于 8086/8088 系统。

2. 8259A 初始化设置流程

8259A 在进行初始化设置时，根据端口地址和写入的顺序，送入 2～4 个初始化命令字。

8259A 只有 A_0 地址输入端，一片 8259A 有 2 个端口地址。为了实现将多个命令字仅通过 2 个端口地址写入各自对应的寄存器，8259A 做了以下 2 个规定：

① 每个命令字必须写入指定的奇地址端口或偶地址端口。

② 初始化命令字（ICW），必须严格地按照如图 7.2 所示的流程写入。

【例 7.1】IBM PC/XT 系统是单片 8259A 系统，端口地址为 20H 和 21H，中断优先级采用普通全嵌套方式设置，中断请求的引入方式是边沿触发方式，采用普通中断结束方式结束中断。该 8259A 的 $IR_0 \sim IR_7$ 端的中断类型号为 08H～0FH。

单片 8259A 不需要 ICW_3，按 ICW_1、ICW_2、ICW_4 的顺序写入初始化命令字。其中，ICW_1 写入 20H 端口地址，ICW_2 和 ICW_4 写入 21H 端口地址。

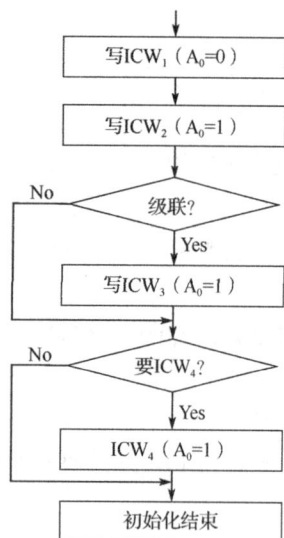

图 7.2　8259A 初始化设置流程

8259A 初始化设置程序段如下：

```
        MOV     AL,13H
        OUT     20H,AL          ;设置 ICW1（边沿触发方式、单片、需要 ICW4）
        MOV     AL,08H
        OUT     21H,AL          ;设置 ICW2（中断类型号为 08H～0FH）
        MOV     AL,01H
        OUT     21H,AL          ;设置 ICW4(普通全嵌套方式、非缓冲方式、普通中断结束方式)
```

3．操作命令字

8259A 进行完初始化编程之后，就进入了设定的工作状态，随时准备接受 IR_0～IR_7 端的中断请求。在 8259A 工作期间的任何时候都可以通过设置操作命令字，使 8259A 选定某一个工作方式。

操作命令字选择的方式包括中断优先级自动循环、中断优先级特殊循环、普通屏蔽、特殊屏蔽、普通中断结束、特殊中断结束、中断查询、读取内部寄存器状态等。

8259A 有 3 个可独立使用的操作命令字 OCW_1～OCW_3，其在应用程序中可以多次设置，而且没有严格的设置顺序，但对写入的奇、偶地址端口有严格的规定。

① OCW_1：设置中断屏蔽命令字。它直接对 8259A 的 IMR 的相应屏蔽位进行设置，必须写入 8259A 的奇地址端口（A_0 为 1）。其格式为

A_0	D_7	D_6	D_5	D_4	D_3	D_2	D_1	D_0
1	M_7	M_6	M_5	M_4	M_3	M_2	M_1	M_0

M_7～M_0：分别对应 IR_7～IR_0 是否屏蔽。M_i 为 1，对应的 IR_i 屏蔽；M_i 为 0，对应的 IR_i 允许。

【例 7.2】 OCW_1 的使用，即设置 IMR 中的内容，有两种方法。

a）直接设置 IMR 中的内容。例如，

```
MOV     AL,10000011B        ;允许 IR2～IR6，屏蔽 IR0、IR1、IR7
OUT     21H,AL              ;写 IMR
```

b）读取 IMR 中的内容，通过 AND 指令或 OR 指令操作，屏蔽或允许指定位的中断，并保持其他位的中断状态不变，然后将新的中断屏蔽字写入 IMR。例如，

```
IN      AL,21H              ;读取 IMR
AND     AL,11011011B        ;允许 IR2 和 IR5，保持其他 IRi 的状态
（OR    AL,00100100B）      ;或者屏蔽 IR2 和 IR5，保持其他 IRi 的状态
OUT     21H,AL              ;设置新的 IMR
```

② OCW_2：设置中断优先级循环方式和中断结束方式命令字。它必须写入 8259A 的偶地址端口（A_0 为 0）。其格式为

A_0	D_7	D_6	D_5	D_4	D_3	D_2	D_1	D_0
0	R	SL	EOI	0	0	L_2	L_1	L_0

D_7（R）：中断优先级方式控制。R 为 1，采用循环中断优先级方式；R 为 0，采用固定中断优先级方式。

D_6（SL）：设定 L_2～L_0 位是否有效。SL 为 1，L_2～L_0 位有效；SL 为 0，L_2～L_0 位无效。

D_5（EOI）：中断结束命令。在非自动中断结束命令情况下，EOI 为 1，表示发出中断结束命令，将 ISR 中中断优先级最高的位清 0；EOI 为 0，表示不发出中断结束命令。

D_4、D_3：均为 0，是 OCW_2 的标识位。

D_2～D_0（L_2～L_0）：3 位编码是 ISR 中某一位的序号编码。它有两个用处：一是在发出特殊中断结束命令时指出 ISR 中应清 0 的位；二是在中断优先级特殊循环方式中指出循环开始时中断优先级最低的位。以上两种情况都必须使 SL 为 1。

通过 R、SL、EOI 的状态组合可以设置 7 种不同的工作方式，如表 7.1 所示。

表 7.1　OCW$_2$ 可设置的工作方式

R	SL	EOI	功　能	说　明
0	0	1	采用普通中断结束方式结束中断	中断结束
0	1	1	采用特殊中断结束方式结束中断（L$_2$～L$_0$ 有效）	
1	0	1	采用普通中断结束方式结束中断后中断优先级自动循环	中断优先级自动循环
0	0	0	清除自动结束中断后中断优先级自动循环	
1	0	0	采用自动中断结束方式结束中断后中断优先级自动循环	
1	1	1	采用特殊中断结束方式结束中断后中断优先级自动循环	中断优先级特殊循环
1	1	0	中断优先级特殊循环	L$_2$～L$_0$ 有效

【例 7.3】 OCW$_2$ 的 EOI 中断结束命令（EOI 为 1）的使用。

EOI 中断结束命令必须使用在中断服务子程序返回指令 IRET 之前。

```
MOV     AL,20H              ;EOI 命令字为 20H
OUT     20H,AL              ;设置 EOI 中断结束命令
IRET
```

③ OCW$_3$：具有设置中断屏蔽方式、中断查询方式和读 8259A 内部寄存器的功能。它必须写入 8259A 的偶地址端口（A$_0$ 为 0）。其格式（D$_7$ 不用）为

A$_0$
0

D$_7$	D$_6$	D$_5$	D$_4$	D$_3$	D$_2$	D$_1$	D$_0$
0	ESMM	SMM	0	1	P	RR	RIS

D$_6$（ESMM）：特殊屏蔽方式允许位。当 ESMM 为 1 时，特殊屏蔽方式允许。

D$_5$（SMM）：设置特殊屏蔽方式。当 ESMM 为 1 时，SMM 才起作用。当 D$_6$D$_5$ 为 11 时，设置特殊屏蔽方式；当 D$_6$D$_5$ 为 10 时，系统恢复原来的优先级方式。

D$_4$、D$_3$：分别为 0、1，是 OCW$_3$ 的标识位。

D$_2$（P）：设置查询方式。P 为 1，8259A 为中断查询方式，发送查询命令获得外部中断源的中断请求信息；P 为 0，8259A 为非查询方式，读内部寄存器状态。

D$_1$（RR）：读寄存器命令。RR 为 1，允许读 IRR 或 ISR；RR 为 0，禁止读 IRR 或 ISR。

D$_0$（RIS）：读 IRR 或 ISR 的选择。RIS 为 1，读 ISR；RIS 为 0，读 IRR。

8259A 可以不用通常的中断管理方式，而改用中断查询方式。在 8259A 的中断查询方式中，外部中断源正常向 8259A 发出中断请求，此时，8259A 内部的中断允许触发器复位，即关闭中断，8259A 不能向微处理器发出 INTR 中断请求。如果此时要处理 8259A 的中断，就需要读取 8259A 的中断查询字，查询 8259A 有无中断请求，如果有中断请求，则获得当前中断优先级最高的中断请求，转去进行相应的中断处理。

8259A 查询字（8 位）的格式为

D$_7$	D$_6$	D$_5$	D$_4$	D$_3$	D$_2$	D$_1$	D$_0$
I	—	—	—	—	W$_2$	W$_1$	W$_0$

D$_7$（I）：有无中断标志位。I 为 1，表示有中断；I 为 0，表示无中断。

D$_2$～D$_0$（W$_2$～W$_0$）：请求中断的最高中断优先级的二进制编码。

【例 7.4】 OCW$_3$ 的中断查询命令（P 为 1）的使用。

```
MOV     AL,04H              ;中断查询命令字为 04H
```

	OUT	20H,AL	;设置查询命令，关闭 8259 正常中断管理
	……		
A1:	IN	AL,20H	;读取中断查询字
	TEST	AL,80H	;测试有无中断请求
	JZ	A1	;无中断请求，继续查询
	AND	AL,07H	;有中断请求，AL 最低 3 位为中断请求标识码
	……		;判别标识码，转去进行相应的中断处理

8259A 的 ICW 和 OCW 的操作功能和设置如表 7.2 所示。

表 7.2　8259A 的 ICW 和 OCW 操作功能和设置

操作类型	$\overline{CS}$	$\overline{WR}$	$\overline{RD}$	A_0	功　　能	特征标志或写入顺序
写命令	0	0	1	0	数据总线→ICW$_1$	ICW$_1$ 的 D$_4$ 为 1
	0	0	1	0	数据总线→OCW$_2$	OCW$_2$ 的 D$_4$ D$_3$ 为 00
	0	0	1	0	数据总线→OCW$_3$	OCW$_3$ 的 D$_4$ D$_3$ 为 01
	0	0	1	1	数据总线→OCW$_1$（IMR）	无
	0	0	1	1	数据总线→ICW$_2$～ICW$_4$	按图 7.2 中 ICW 设置流程设置
读状态	0	1	0	0	IRR→数据总线	OCW$_3$ 的 D$_2$ D$_1$ D$_0$ 为 010
	0	1	0	0	ISR→数据总线	OCW$_3$ 的 D$_2$ D$_1$ D$_0$ 为 011
	0	1	0	0	中断查询字→数据总线	OCW$_3$ 的 D$_2$ D$_1$ D$_0$ 为 100
	0	1	0	1	IMR→数据总线	无

7.2　DMA 控制器 8237A

直接存储器存取（DMA）方式是 I/O 设备与存储器之间高速传输数据的一种控制方式，主要由专用控制器（DMA 控制器）实现。在微机系统中，DMA 控制器和 I/O 设备一般是相分离的，即 I/O 设备通过 I/O 接口与 DMA 控制器连接（见图 5.5）。DMA 控制器负责申请、接管总线的控制权，发出传送命令与存储器地址，控制 DMA 传送过程的开始与结束；I/O 接口负则实现 DMA 控制器与 I/O 设备的连接及数据缓冲，反映 I/O 设备的特定要求等。

8237A 是一个 4 通道、高性能的 DMA 控制器。

7.2.1　8237A 简介

1. 8237A 的主要特性

8237A 是高性能的可编程 DMA 控制器，除能使 I/O 接口直接与存储器传送数据以外，还提供了存储器之间的数据传送能力。8237A 的主要特性如下。

① 8237A 有 4 个独立的 DMA 通道，并可以采用级联方式扩充通道数（最多为 16 个）。

② 每个通道都有 16 位的地址寄存器和 16 位的字节计数器，可以在存储器和 I/O 接口之间传送多达 64KB 的数据块。8237A 允许 DMA 传输速度高达 1.6MB/s。

③ 每个通道都具有独立的允许/禁止 DMA 请求的控制能力，以及自动恢复原始状态和参数的能力。

④ 每个通道可以有单字节传送、数据块传送、请求传送和级联传送 4 种 DMA 工作方式，4 个通道有固定中断优先级和循环中断优先级两种中断优先级管理方式。

⑤ 8237A 有终止 DMA 传送的信号 I/O 端（$\overline{EOP}$）。通过 $\overline{EOP}$，外部可以输入有效低电平终止正在执行的 DMA 操作，或重新初始化；或者每个通道在结束 DMA 传送时产生 DMA 终止信号，从 $\overline{EOP}$ 输出，$\overline{EOP}$ 的输出也可以用作中断请求信号。

⑥ 8237A 只有与一片 8 位锁存器一起使用，才能完成 DMA 传输。

2. 8237A 控制的 DMA 传送过程

8237A 作为存储器和 I/O 接口之间采用 DMA 方式传送数据的专用控制器，能使用地址总线发送地址信号，使用数据总线传送数据，利用控制总线发出读/写命令。8237A 控制的 DMA 传送过程如下。

① I/O 设备准备好传送数据后，通过 I/O 接口向 DMA 控制器发出 DMA 传送请求信号。

② DMA 控制器经过内部的判优和屏蔽处理后，向微机系统发出总线请求信号，请求占用总线。

③ DMA 控制器接收到微机系统的总线响应信号后，接管总线控制权。

④ DMA 控制器向 I/O 接口发出应答信号，向存储器和 I/O 接口发出读/写命令，开始 DMA 传送。

⑤ DMA 传送结束，向微机系统归还总线控制权。

3. 8237A 的内部结构

8237A 主要由独立的 DMA 通道（4 个）、控制逻辑（3 个）、缓冲器（2 个）和内部寄存器组成，其内部结构与引脚如图 7.3 所示。

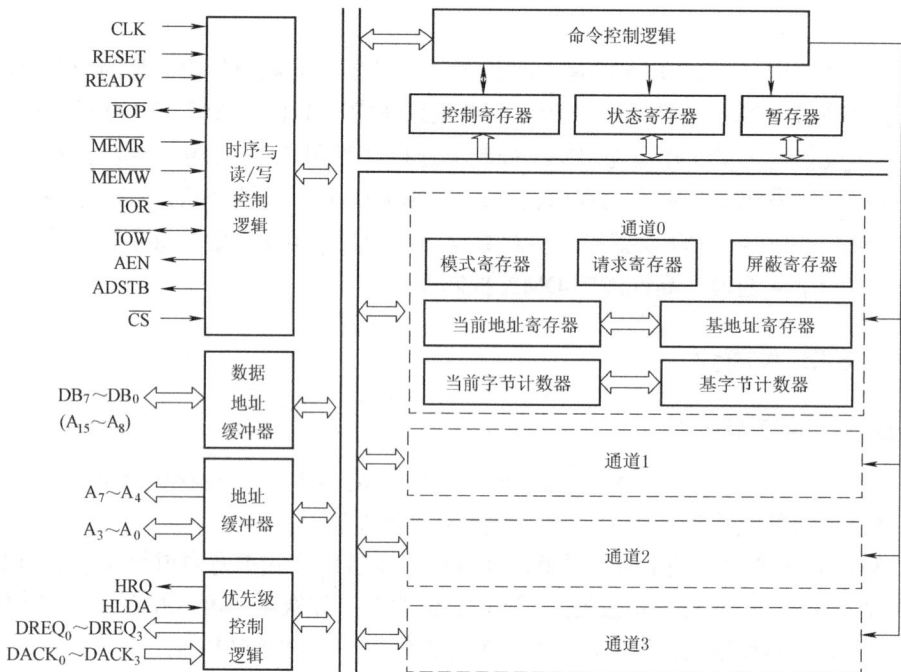

图 7.3　8237A 的内部结构与引脚

1）控制逻辑单元

时序与读/写控制逻辑根据初始化编程时所设定的工作方式寄存器的内容和命令，在输入时钟信号的定时控制下，产生 8237A 内部的定时信号和外部的控制信号。

命令控制逻辑的主要作用是在微处理器控制总线时，将微处理器在初始化编程时送来的命令字进行译码；在 8237A 进入 DMA 服务时，对设定 DMA 操作类型的工作方式字进行译码。

优先级控制逻辑用来裁决各通道的优先级次序，解决多个通道同时请求 DMA 服务时可能出现的优先级竞争问题。

2）缓冲器

缓冲器有两个，一个是数据/地址缓冲器（输入/输出）；另一个是地址缓冲器（输入）。8237A 的数据线（8 位）、地址线（16 位）通过这两个缓冲器与系统总线相连。

3）内部寄存器

8237A 的内部寄存器分成两大类：一类是 4 个通道独立的寄存器，包括模式寄存器、基地址寄存器和当前地址寄存器、基字节计数器和当前字节计数器等；另一类是 4 个通道公用的寄存器，包括控制寄存器、状态寄存器、请求寄存器、屏蔽寄存器、暂存器等。

4．8237A 的引脚及其功能

8237A 是 40 引脚的双列直插式 DMA 控制器芯片，其主要引脚的功能如下所述。

CLK：时钟输入信号，控制 8237A 内部操作定时和 DMA 传送时的数据传输速率。

RESET：复位输入信号。RESET 有效时，会清除（清 0）控制寄存器、状态寄存器、请求寄存器和暂存寄存器，以及 4 个 DMA 通道的 2 个字节计数器，并置位（置 1）屏蔽寄存器。

READY：准备好输入信号。当选用的存储器或 I/O 设备存取速度较慢时，可用该信号使 DMA 传送周期插入等待状态，以延长 8237A 产生的读/写控制信号。

$\overline{CS}$：片选输入信号，低电平有效。8237A 作为从模块时，$\overline{CS}$ 低电平表明选中 8237A，接收微处理器对 8237A 的设置。在 DMA 传送期间，8237A 禁止 $\overline{CS}$ 输入，避免选中自己。

$DB_7 \sim DB_0$：三态双向传输、8 位数据/地址复用线。当 8237A 作为从模块时，$DB_7 \sim DB_0$ 是双向数据线，可以对 8237A 进行读/写操作，进行编程设置；当 8237A 作为主模块时，$DB_7 \sim DB_0$ 是地址线，提供当前访问存储器的 $A_{15} \sim A_8$ 地址。

$A_7 \sim A_4$：三态输出、4 位地址线。当 8237A 作为从模块时，$A_7 \sim A_4$ 呈高阻/浮空态；当 8237A 作为主模块时，$A_7 \sim A_4$ 输出，提供当前访问存储器的 $A_7 \sim A_4$ 地址。

$A_3 \sim A_0$：三态双向传输、4 位地址线。当 8237A 作为从模块时，$A_3 \sim A_0$ 输入，对 8237A 内部寄存器寻址；当 8237A 作为主模块时，$A_3 \sim A_0$ 输出，提供当前访问存储器的 $A_3 \sim A_0$ 地址。

ADSTB：地址选通输出信号，高电平有效。在 DMA 传送期间，将从 $DB_7 \sim DB_0$ 输出的高 8 位 $A_{15} \sim A_8$ 地址锁存到 8237A 外部地址锁存器。

AEN：地址允许输出信号，高电平有效。在 DMA 传送期间，把外部锁存器的 $A_{15} \sim A_8$ 地址和 8237A 直接输出的 $A_7 \sim A_0$ 地址同时送到地址总线，共同组成存储器的 16 位偏移地址 $A_{15} \sim A_0$。

$\overline{MEMR}$：存储器读信号，三态输出。在 DMA 传送期间，由 8237A 发出，作为从选定的存储单元读出数据的控制信号。

$\overline{MEMW}$：存储器写信号，三态输出。在 DMA 传送期间，由 8237A 发出，作为把数据写入选定的存储单元的控制信号。

$\overline{IOR}$：I/O 读信号，三态双向传输。在微处理器控制总线时，该信号由微处理器发来，若该信号有效，则微处理器将数据写入 8237A；在进行 DMA 传送时，该信号由 8237A 发出，作为 I/O 接口读取的控制信号。

$\overline{IOW}$：I/O 写信号，三态双向传输。在微处理器控制总线时，该信号由微处理器发来，若该信号有效，则微处理器读取 8237A 内部寄存器的数据；在进行 DMA 传送时，该信号由 8237A 发出，作为 I/O 接口写入的控制信号。

$\overline{EOP}$：过程结束信号，双向传输，低电平有效。当任何一个通道的计数值从 0 减为 0FFFFH（全 1）时，输出低电平，表示一个通道的 DMA 传送结束。如果外部输入一个低电平，表示将结束 8237A 所有启动的 DMA 通道的服务。

$DREQ_0 \sim DREQ_3$：DMA 请求输入信号，有效电平可通过编程确定，复位后自动设置为高电平有效。在固定优先级时，$DREQ_0$ 的优先级最高。在 DMA 请求时，$DREQ_i$ 必须保持有效到对应的 $DACK_i$ 有效为止。

$DACK_0 \sim DACK_3$：对 DMA 请求的应答信号，有效电平可通过编程确定，复位后自动设置为低电平有效。该信号有效，表示已经启动一个 DMA 传送周期。

HRQ：总线请求输出信号，高电平有效，表示向微处理器请求控制系统总线。8237A 只要接收到任何未被屏蔽的 DMA 请求信号，就会发出该信号。

HLDA：总线应答输入信号，高电平有效，表示微处理器已经让出对系统总线的控制权。

7.2.2　8237A 的工作方式

1. 8237A 的工作组态

8237A 与一般接口相比，既有相似之处，也有显著不同之处。从 DMA 传送的控制过程来看，8237A 有两种工作组态（模式）。

1）从控模块

8237A 和接口一样要接受微处理器对它进行的 DMA 传送设置，所以 8237A 也是一个接口电路，有 I/O 端口地址，微处理器可以通过端口地址对 8237A 进行初始化设置或读取状态，初始化设置包括预置读/写操作，以及写入内存传输区的首地址、传输字节数和控制字等，此时 8237A 是系统总线的从控模块。

2）主控模块

8237A 在得到总线控制权以后，进入 DMA 周期，控制整个系统总线完成 DMA 传送。所以 8237A 可以提供一系列 DMA 传送的控制信息，像微处理器一样控制 I/O 接口和存储器之间的数据传送，此时 8237A 又不同于一般的接口电路，而是系统总线的主控模块。

2. DMA 传送方式

8237A 可以对每个通道的模式寄存器分别设置，选择以下 4 种 DMA 传送方式之一。

1）单字节传送方式

DMA 每次仅传送一个字节。传送一个字节之后，当前字节计数器减 1，当前地址寄存器加 1 或减 1，即清除总线请求 HRQ，将总线控制权交还给微处理器，从而使得微处理器至少可以占用一个总线周期，直到 I/O 接口又发出 DREQ 请求，再开始下一次单字节传送。整个过程循环到字节计数器从 0 减到 0FFFFH，DMA 控制器发出过程结束信号（$\overline{EOP}$）为止。

2）成组传送方式

在每次 DREQ 有效后，若微处理器响应其请求将总线控制权让给 8237A，则 8237A 进行 DMA 传送时就会连续传送数据，直到当前字节计数器减到 0FFFFH 或者由外部送来 $\overline{EOP}$ 时才将总线控制权交还给微处理器，从而结束 DMA 传送。在这种方式下，DREQ 有效电平只要保持到 DACK 有效，就能传送完一组（批）数据。

3）请求传送方式

当 DREQ 有效时，若微处理器让出总线控制权，则 8237A 进行 DMA 传送，每传送一个字节后，都测试 DREQ，以确定是否继续传送。若 DREQ 一直有效，则连续传送数据，直至字节计数器减到 0FFFFH 或由外部送来 $\overline{EOP}$ 或 DREQ 变为无效时为止。这种方式通过控制 DREQ 的有效或无效，可以把一组数据分成几次传送。

4）级联传送方式

该方式允许连接 2～5 片 8237A，组成主从式级联系统，实现 DMA 通道数的扩充。其连接方法是把从片的 HRQ 端和 HLDA 端，分别接到主片某个通道的 DREQ 端和 DACK 端。当主片接收到从片的 DREQ 后向微处理器发送 HRQ，在得到响应后，主片的 DACK 仅作为对从片的 DACK 的应答，其他地址和控制信号一律禁止，由从片控制相应通道实现 I/O 接口与存储器之间的数据传输。

3．DMA 传送类型

在单片或多片级联的 DMA 系统中，每个通道除可选择上述 4 种基本传送方式以外，还可以选择以下 3 种传送类型之一。

① DMA 读：输出 $\overline{MEMR}$ 和 $\overline{IOW}$ 有效信号，I/O 接口读取存储器的数据。

② DMA 写：输出 $\overline{MEMW}$ 和 $\overline{IOR}$ 有效信号，将 I/O 接口的数据写到存储器。

③ DMA 校验：这是一种伪 DMA 传送，目的是对内部读/写功能进行校验。DMA 校验与上述两种传送类型一样产生地址信号、字节计数值，以及对 $\overline{EOP}$ 的响应，但禁止了存储器和 I/O 接口的读/写控制信号，即不传送数据。

7.2.3　8237A 的编程设置

8237A 要实现 DMA 传送控制，必须对有关寄存器进行编程，或对有关控制命令进行设置。

1．4 个独立通道的寄存器及其设置

1）模式寄存器（8 位）

每个通道的模式寄存器可以用于设置本通道的 DMA 传送方式、传送类型等信息的模式字。其格式为

$D_7 D_6$	D_5	D_4	$D_3 D_2$	$D_1 D_0$
传送方式	地址增/减	自动预置	传送类型	通道选择

$D_7 D_6$：选择 DMA 传送方式（4 种）。$D_7 D_6$=00，请求传送方式；$D_7 D_6$=01，单字节传送方式；$D_7 D_6$=10，成组传送方式；$D_7 D_6$=11，级联传送方式。

D_5：选择 DMA 传送后存储器地址增/减方式。D_5=0，地址自增 1；D_5=1，地址自减 1。

D_4：设置是否具有自动预置功能。D_4=0，禁止自动预置；D_4=1，允许自动预置。8237A

微机原理与接口技术（第5版）

的自动预置功能是在计数值达到0时，当前地址寄存器和当前字节计数器从基地址寄存器和基本字节计数器中重新取得初值，从而可以进入下一个数据传输过程。如果通道设置为允许自动预置，则该通道的对应屏蔽位必须为0。

D_3D_2：选择DMA传送类型（3种）。D_3D_2=00，校验传送；D_3D_2=01，写传送；D_3D_2=10，读传送；D_3D_2=11，无效。

D_1D_0：选择通道号。D_1D_0=00,01,10,11分别表示选择通道0、通道1、通道2、通道3。

2）基地址寄存器（16位）和当前地址寄存器（16位）

基地址寄存器存放本通道DMA传送的地址初值，在8237A初始化时写入，同时地址初值也写入当前地址寄存器。当前地址寄存器中的值在每次DMA传送时自动加1或减1（取决于模式字D_5位）。微处理器可以随时用输入指令分两次（每次8位）读出当前地址寄存器中的值，而基地址寄存器中的值不能被读出。若通道设置为允许自动预置（取决于模式字的D_4位），则在结束成批数据传送时，当前地址寄存器恢复到与基地址寄存器同值，即预置的初始值。

3）基字节计数器（16位）和当前字节计数器（16位）

基字节计数器存放DMA传送字节数的初值（初值比实际传送的字节数少1），在8237A初始化时写入，同时该初值也写入当前字节计数器。在DMA传送时，每传送1个字节，当前字节计数器中的值自动减1，当由0减到0FFFFH时，产生计数结束信号（$\overline{EOP}$）。当前字节计数器中的值也可以分两次读出。若通道设置为允许自动预置，则在$\overline{EOP}$有效的同时，当前字节计数器恢复到与基字节计数器同值，即预置的初始值。

4）请求寄存器（1位）和屏蔽寄存器（1位）

请求寄存器和屏蔽寄存器可以分别用于设置本通道的DMA请求标志位和屏蔽标志位。在物理上，4个通道的请求寄存器对应1个4位的DMA请求寄存器；4个通道的屏蔽寄存器对应1个4位的屏蔽寄存器。

2．8237A公用的寄存器设置和命令字格式

1）控制寄存器（8位）

4个通道公用的控制寄存器可以设置8237A的优先级、时序、启动等操作信息的控制字，其格式为

D_7	D_6	D_5	D_4	D_3	D_2	D_1	D_0
DACK极性	DREQ极性	写入选择	优先级方式	时序选择	工作启动	通道0寻址	存储器间传输

D_7为0，DACK的有效电平为低电平；D_7为1，DACK的有效电平为高电平。

D_6为0，DREQ的有效电平为高电平；D_6为1，DREQ的有效电平为低电平。

D_5为0，写入周期滞后于读周期；D_5为1，为扩展写。当D_0为1时，该位无意义。

扩展写是指如果I/O设备存取速度较慢，用普通时序不能在指定的时间内完成存取操作，就要在硬件上通过READY使8237A插入等待周期T_W。为了保证READY的可靠性，$\overline{IOW}$和$\overline{MEMW}$被扩展到两个时钟周期以上。

D_4为0，为固定优先级方式（通道0～通道3优先级依次渐低）；D_4为1，为循环优先级方式。

D_3为0，普通时序（一般为3个时钟周期）；D_3为1，压缩时序（2个时钟周期）；D_0为0，该位无意义。

D_2 为 0，启动 8237A 操作；D_2 为 1，禁止 8237A 操作。

D_1 为 0，在从存储器到存储器的传送中，通道 0 的地址不保持不变；D_1 为 1，在存储器到存储器的传送中，通道 0 的地址保持不变，即传送同一个数据；D_0 为 0，该位无意义。

D_0 为 0，禁止从存储器到存储器的传送；D_0 为 1，允许从存储器到存储器的传送。

8237A 除了能进行 I/O 设备和存储器之间的 DMA 传送，还有一个特殊的 DMA 功能，即能进行存储器到存储器的 DMA 传送。8237A 用两个通道（通道 0 和通道 1）、两个 DMA 总线周期实现存储器到存储器的 DMA 传送。通道 0 存放源地址和字节计数值，通道 1 存放目的地址和字节计数值。从存储器到存储器的 DMA 传送，在第 1 个 DMA 周期，根据源地址取数据送到 8237A 的暂存器；在第 2 个 DMA 周期，从 8237A 暂存器取数据送到目的地址。

2）状态寄存器（8 位）

状态寄存器可以表示 4 个通道是否有 DMA 请求、计数状态是否结束等状态信息，其格式为

D_7	D_6	D_5	D_4	D_3	D_2	D_1	D_0
通道3	通道2	通道1	通道0	通道3	通道2	通道1	通道0

$D_7 \sim D_4$：分别表示通道 3～通道 0 是否有 DMA 请求。D_i 为 1，表示对应通道有 DMA 请求；D_i 为 0，表示对应通道无 DMA 请求。

$D_3 \sim D_0$：分别表示通道 3～通道 0 的计数状态是否结束。D_i 为 1，表示对应通道为计数结束状态；D_i 为 0，表示对应通道为计数非结束状态。

3）暂存器

暂存器用于在从存储器到存储器的 DMA 传送中暂时保存从源地址读出的 8 位数据。RESET 可以清除暂存器中的内容。

4）请求寄存器（8 位）

8237A 的每个通道均有 1 位请求标志位。请求寄存器可以设置某个通道的请求标志位，其格式（$D_7 \sim D_3$ 不用）为

D_7	D_6	D_5	D_4	D_3	D_2	$D_1 D_0$
0	0	0	0	0	复位/置位	通道选择

D_2：设置请求标志位。D_2 为 1，相应通道的请求寄存器置 1，产生 DMA 请求；D_2 为 0，无 DMA 请求。

$D_1 D_0$：选择通道号。$D_1 D_0$ 为 00,01,10,11 分别表示选择通道 0、通道 1、通道 2、通道 3。

5）屏蔽寄存器（8 位）

8237A 的每个通道均有 1 位屏蔽标志位。屏蔽寄存器可以设置某个通道的屏蔽标志位。设置屏蔽有两种命令字格式，即设置某个通道屏蔽标志位的单屏蔽标志位命令字和设置 4 个通道屏蔽标志位的全屏蔽标志位命令字。

单屏蔽标志位命令字格式（$D_7 \sim D_3$ 不用）为

D_7	D_6	D_5	D_4	D_3	D_2	$D_1 D_0$
0	0	0	0	0	复位/置位	通道选择

D_2：设置屏蔽标志位。D_2 为 1，设置相应通道的 DMA 屏蔽；D_2 为 0，清除相应通道的 DMA 屏蔽，即 DMA 设置相应通道的允许。

$D_1 D_0$：选择通道号。$D_1 D_0$ 为 00,01,10,11 分别表示选择通道 0、通道 1、通道 2、通道 3。

全屏蔽标志位命令字格式（$D_7 \sim D_4$ 不用）为

D_7	D_6	D_5	D_4	D_3	D_2	D_1	D_0
0	0	0	0	通道3	通道2	通道1	通道0

$D_3 \sim D_0$：设置对应通道屏蔽与否。D_i 为 1，设置对应通道 DMA 屏蔽；D_i 为 0，设置对应通道 DMA 允许。

6）清除先/后触发器命令

8237A 的每个通道都设置了一个先后触发器。先/后触发器具有"清 0"和"置 1"功能的自动翻转，用于控制 DMA 通道中地址寄存器和字节计数器的初值设置。由于 8237A 的数据线是 8 位的，而地址寄存器和字节计数器均是 16 位的，它们的初值设置需要通过两次 8 位数据的传送。为了正确分两次设置这些寄存器的 16 位初值，应该先发出清除先/后触发器命令，使先/后触发器复位为 0。那么在向地址寄存器或字节计数寄存器中写入 16 位数据时，第 1 次写入的是低 8 位数据，先/后触发器自动置 1；第 2 次写入的是高 8 位数据，先/后触发器自动清 0。

7）复位命令

复位命令也称为综合清除命令，其功能和硬件 RESET 相同。复位命令使 8237A 的控制寄存器、状态寄存器、请求寄存器、暂存器及先/后触发器清 0，使屏蔽寄存器置 1。此时，8237A 进入了空闲周期。

3．8237A 各寄存器和命令字对应的端口地址

8237A 共占用 16 个端口地址（地址最低位为 0000～1111，即 0H～0FH），8237A 端口的 $A_3 A_2 A_1 A_0$ 地址码及其对应的读、写操作如表 7.1 所示。在实际编程时，各寄存器或命令的端口地址由 8237A 的 $\overline{CS}$、$A_3 \sim A_0$ 与系统总线的连接方式，并结合上述规则确定。

表 7.3 8237A 端口的 $A_3 A_2 A_1 A_0$ 地址码及其对应的读、写操作

$A_3 A_2 A_1 A_0$（十六进制）	通 道	写操作（$\overline{IOW}$=0）	读操作（$\overline{IOR}$=0）
0H，2H，4H，6H	0，1，2，3	基地址寄存器与当前地址寄存器	当前地址寄存器
1H，3H，5H，7H	0，1，2，3	基字节寄存器与当前字节计数器	当前字节计数器
8H	公共	控制寄存器（控制字）	状态寄存器（状态字）
9H	公共	请求寄存器（请求字）	
0AH	公共	屏蔽寄存器（单屏蔽标志位命令字）	
0BH	公共	模式寄存器（模式字）	
0CH	公共	清除先/后触发器命令	
0DH	公共	复位命令	暂存器
0EH	公共	清除屏蔽寄存器命令	
0FH	公共	屏蔽寄存器（全屏蔽标志位命令字）	

4．8237A 的编程步骤

8237A 的 DMA 控制的编程设置是对相关寄存器和控制命令进行一系列的"写"操作。8237A 初始化编程设置的一般步骤如下所述。

① 写复位命令。

② 写基地址寄存器和当前地址寄存器的地址初值（先写低 8 位数据，后写高 8 位数据）。

③ 写基字节寄存器和当前字节计数器的计数初值（先写低 8 位数据，后写高 8 位数据）。

④ 写模式字，设置通道的工作方式。

⑤ 写屏蔽字，设置通道的 DMA 开放（允许）。

⑥ 写控制字，设置 DMA 控制的具体操作并启动 8237A。

8237A 编程设置的"写"操作可使用以下 2 条语句实现：

```
MOV    AL,< 设置值 >
OUT    < 端口地址 >,AL
```

7.2.4　8237A 的应用举例

【例 7.5】利用 8237A（端口地址为 80H～8FH）的通道 0 实现 DMA 数据块传送。某个 I/O 设备将 640H 个字节数据传送到起始地址为 1200H 的内存区域中，初始化程序段如下。

```
        OUT    8DH,AL          ;复位命令
        MOV    AL,84H          ;通道 0：写传送，禁止自动预置，地址递增，数据块传送
        OUT    8BH,AL          ;设置通道 0 模式字
        MOV    AX,1200H
        OUT    80H,AL
        MOV    AL,AH
        OUT    80H,AL          ;先低 8 位、后高 8 位写内存地址初值
        MOV    AX,63FH
        OUT    81H,AL
        MOV    AL,AH
        OUT    81H,AL          ;先低字节、后高字节写字节计数初值
        MOV    AL,0
        OUT    8FH,AL          ;设置全屏蔽标志位命令字
        MOV    AL,0            ;正常时序，固定优先级，DREQ 高电平有效，DACK 低电平有效
        OUT    88H,AL          ;设置 8237A 控制字（启动 8237A）
```

【例 7.6】IBM PC/XT 的 8237A 端口地址为 00H～0FH。它的通道 0 用于动态 RAM 刷新，通道 1 提供网络通信传输功能，通道 2 和通道 3 分别用来进行软盘驱动器和硬盘驱动器与内存储器之间的数据传输。系统采用固定优先级。在 4 个 DMA 请求信号和应答信号中只有 $DREQ_0$ 和 $DACK_0$ 是和系统主板相连的，而 $DREQ_1$～$DREQ_3$ 和 $DACK_1$～$DACK_3$ 接到总线扩展槽，与对应的网络接口板、软盘接口板、硬盘接口板的相关信号连接。

对 8237A 进行初始化设置的程序段如下。

```
        MOV    AL,04H
        OUT    08H,AL          ;设置控制：关闭 8237A
        MOV    AL,0
        OUT    0DH,AL          ;复位（总清）命令
        MOV    DX,00H          ;取通道 0 地址寄存器端口地址
        MOV    CX,4
        MOV    AL,0FFH
LOP1:   OUT    DX,AL           ;先写低 8 位地址 0FFH
```

```
        OUT      DX,AL              ;后写高 8 位地址 0FFH
        ADD      DX,2               ;取下一个通道地址寄存器端口地址
        LOOP     LOP1               ;循环对下一个通道写入 0FFFFH 地址
        MOV      AL,58H
        OUT      0BH,AL             ;通道 0 模式：单字节读传输，地址加 1，允许自动预置
        MOV      AL,41H
        OUT      0BH,AL             ;通道 1 模式：单字节校验传输，地址加 1，禁止自动预置
        MOV      AL,42H
        OUT      0BH,AL             ;通道 2 模式（同通道 1）
        MOV      AL,43H
        OUT      0BH,AL             ;通道 3 模式（同通道 1）
        MOV      AL,0
        OUT      0FH,AL             ;4 个通道清除屏蔽标志位
        MOV      AL,0
        OUT      08H,AL     ;设置控制：DACK 低电平有效，DREQ 高电平有效，固定优先级，启动 8237A
```

此时，通道 0 进行动态 RAM 刷新的 DMA 传送，通道 1～通道 3 进行 DMA 校验传送。校验传送是一种虚拟 DMA 传送，不修改地址寄存器中的值。

对 8237A 通道 1～通道 3 地址寄存器进行校验测试的程序段如下。

```
        MOV      DX,02H             ;取通道 1 地址寄存器端口地址
        MOV      CX,3
LOP2:   IN       AL,DX              ;读地址寄存器低 8 位值
        MOV      AH,AL
        IN       AL,DX              ;读地址寄存器高 8 位值
        CMP      AX,0FFFFH          ;与写入的 0FFFFH 比较
        JNZ      ERROR              ;若不相等，转 ERROR（处理出错，此程序段省略）
        ADD      DX,2               ;取下一个通道地址寄存器的端口地址
        LOOP     LOP2               ;转对下一个通道测试的程序
```

7.3 定时/计数器 8253

在微机实时控制和处理应用系统中，常需要产生一些外部实时时钟，以实现延时/定时控制，或者要求具有能对外部事件计数等功能。例如，动态存储器定时刷新，系统日历时钟信号，扬声器发声振荡源，系统多任务程序的分时切换，提供周期性定时控制信号，对某事件统计计数控制信号，等等。所以，计数和定时是微机控制系统必须具有的接口技术之一。

7.3.1 定时/计数器的工作原理

微机应用系统一般采用以下 3 种方法实现定时/计数功能。

① 设计数字逻辑电路实现计数/定时功能，即由硬件电路实现定时/计数功能。这种电路

必须通过改变电路参数来达到不同的定时/计数要求，灵活性及通用性较差。

② 通过软件程序实现定时/计数功能，即执行一个没有具体执行目的的程序段。由于每条指令都有执行时间，执行一个程序段就需要一个固定的时间，通过调整程序段执行时间可达到定时/计数要求。这种方法灵活性和通用性都好，但是要占用微处理器的时间。

③ 采用可编程的定时/计数器来实现定时/计数功能。定时/计数器可以通过编程灵活地设定定时/计数的功能参数，并能与微处理器并行工作。

定时/计数器是一个具有可编程的计数和定时功能的专用接口芯片，其最主要的部件是减1 计数器，其工作原理就是对外部触发脉冲自动做减 1 计数。

定时/计数器的计数功能和定时功能实现的过程：如果是计数器，则在设置好计数初值后，开始对外部触发脉冲做减 1 计数，减为 0 时，输出一个"计数到"的信号；如果是定时器，则在设置好定时常数后，开始对外部时钟信号做减 1 计数，并按定时常数不断地产生时钟周期整数倍的定时间隔。从定时/计数功能实现的机制来说，计数器和定时器的工作过程没有根本的差别，主要都是基于计数器的减 1 功能。它们的差别是计数器的外部触发脉冲可以是周期恒定的，也可以是随机的，在减到 0 时，输出一个信号计数便结束；定时器的外部触发脉冲必须是周期恒定的时钟信号，在减到 0 时，把定时常数自动重新装入，再连续重复减 1 计数的功能，从而获得一个恒定的周期输出。

定时/计数器工作方式的最大优点是不占用微处理器资源。利用定时输出产生中断信号，可以建立多任务的工作环境，提高微处理器的利用率。此外，定时/计数器的可编程性使得器件结构更为简洁。所以，定时/计数器在微机系统中应用广泛，应用举例如下。

① 在多任务的分时系统中定时/计数器可产生定时中断信号，以实现程序的切换。

② 定时/计数器可产生精确的计数/定时信号，以实现定时数据采集或实时控制。

③ 定时/计数器可作为一个可编程的波特率发生器。

7.3.2　8253 简介

1．8253 的功能

8253 是具有 3 个 16 位计数器的可编程定时/计数器，可以应用在由任何微处理器组成的系统中，作为可编程的频率发生器、实时时钟、脉冲事件计数器和程控单脉冲发生器等。

8253 的主要功能如下。

① 有 3 个独立的 16 位计数器通道，既可作为 16 位计数器，也可作为 8 位计数器。

② 每个计数器可以选择按二进制数或者十进制数（BCD 码数）进行计数。

③ 每个计数器最高计数频率可达 2.6MHz。

④ 每个计数器都可以编程设定为 6 种工作方式之一。

⑤ 所有输入和输出信号电平均为 TTL 电平。

2．8253 的内部结构

8253 主要由数据总线缓冲器、读/写控制逻辑单元、控制寄存器和 3 个独立的计数器组成，8253 的内部结构与引脚如图 7.4 所示。

1）数据总线缓冲器

数据总线缓冲器为 8 位双向三态的缓冲器，可直接连接数据总线。微处理器通过它一方面可以向控制寄存器写入控制字，向计数器写入计数初值；另一方面可以读出计数器的当前值。

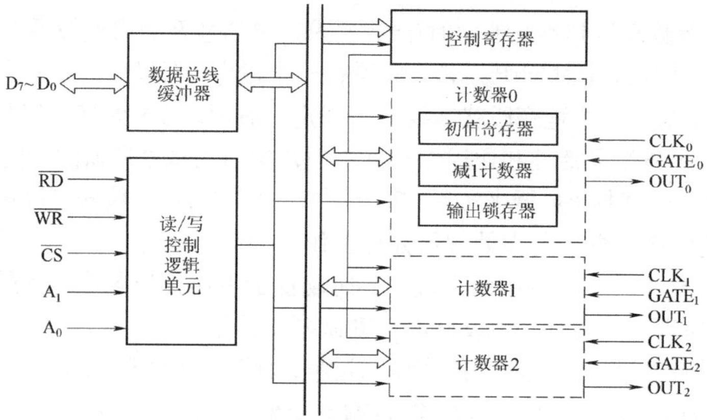

图 7.4　8253 的内部结构与引脚

2）读/写控制逻辑单元

读/写控制逻辑单元的功能是接收来自微处理器的读信号 $\overline{RD}$ 和写信号 $\overline{WR}$ ，来自译码电路的接口选通的片选信号 $\overline{CS}$，以及 8253 的端口寻址信号 A_1 和 A_0，完成对 8253 各计数器的读/写操作。

3）控制寄存器

控制寄存器用于接收微处理器设置的控制字，并由控制字 D_7、D_6 位编码确定是哪个计数器的控制字，从而对该计数器实现相应的控制。

4）计数器

8253 有 3 个独立的计数器，即计数器 0、计数器 1 和计数器 2。每个计数器均由减 1 计数器（16 位）、初值寄存器（16 位）、输出锁存器（16 位）组成，并且都有两个输入信号，即触发脉冲（CLK）信号、门控（GATE）信号，以及一个输出（OUT）信号。送入计数器的计数初值，经初值寄存器传送给减 1 计数器。当计数器从 CLK 接收时钟脉冲或事件计数脉冲时，在 GATE 信号"许可"的前提下，计数值在触发脉冲的下降沿开始做减 1 改变。计数器在减 1 的过程中，特别是减到 0 时，OUT 输出相应的标志信号。

3．8253 的引脚及其功能

8253 是 24 引脚的双列直插式大规模集成电路，其主要引脚功能如下所述。

$D_7 \sim D_0$：双向数据线，可直接与数据总线相连，是微处理器和 8253 之间的数据通道。

$\overline{RD}$ 、$\overline{WR}$：读、写输入信号，低电平有效。表示对 8253 进行读操作或写操作。

$\overline{CS}$：片选输入信号，低电平有效。$\overline{CS}$ 有效，表示选中 8253，可进行读/写操作。

A_1、A_0：端口地址输入信号。当 $\overline{CS}$ 有效时，由 A_1A_0 的编码决定选中的是某个计数器，还是控制寄存器。

8253 的计数器选择和操作如表 7.4 所示。

表 7.4　8253 的计数器选择和操作

$\overline{CS}$	$\overline{RD}$	$\overline{WR}$	A_1	A_0	计数器选择和操作
0	1	0	0	0	写计数器 0（计数初值）
0	1	0	0	1	写计数器 1（计数初值）
0	1	0	1	0	写计数器 2（计数初值）

续表

$\overline{CS}$	$\overline{RD}$	$\overline{WR}$	A_1	A_0	计数器选择和操作
0	1	0	1	1	写 8253 控制字
0	0	1	0	0	读计数器 0（计数值）
0	0	1	0	1	读计数器 1（计数值）
0	0	1	1	0	读计数器 2（计数值）
0	0	1	1	1	无效操作，高阻态

CLK_0、CLK_1、CLK_2：3 个计数器的触发脉冲输入端，用于输入定时脉冲或计数脉冲信号。CLK 信号用于定时时输入脉冲必须是均匀的、连续的、周期精确的，而用于计数时输入脉冲可以是不均匀的、断续的、周期不定的。

$GATE_0$、$GATE_1$、$GATE_2$：3 个计数器的门控输入端，用于外部控制计数器的启动计数和停止计数。

OUT_0、OUT_1、OUT_2：3 个计数器的计数输出端。计数器从初值开始，在完成整个计数操作过程中，OUT 端根据不同的工作方式输出相应的信号。

7.3.3　8253 的工作方式

8253 有 6 种工作方式，分别以输出波形发生器命名，简称为方式 0～方式 5。8253 的 3 个计数器都可以分别按照各自设置的工作方式独立工作。

1. 8253 的 6 种工作方式

1）方式 0——计数结束产生中断

当设定为工作方式 0 时，OUT 变为低电平并保持为低电平，GATE 为高电平开始计数。当计数达到 0 时，OUT 变为高电平，并一直保持，除非计数器被重新初始化或被写入新的计数值。在实际应用中，常利用 OUT 由低电平变为高电平作为中断请求信号，所以方式 0 称为计数结束产生中断。

若在减 1 计数期间，GATE 由高电平变为低电平，则计数暂停，直到 GATE 恢复为高电平，减 1 计数继续。若在减 1 计数期间，写入新的计数初值，则按新的初值重新计数。

2）方式 1——可重复触发的单稳态（脉冲）触发器

当设定为工作方式 1 时，OUT 变为高电平并保持为高电平，写入计数初值后等待 GATE 上升沿触发（硬件触发）开始计数。在计数期间 OUT 变为低电平，计数到达 0 时 OUT 变为高电平。若计数值为 n，则 OUT 将产生维持 n 个 CLK 周期宽度的负脉冲。所以，方式 1 是一种单稳态工作方式，计数值 n 决定了单稳态的脉冲宽度。

方式 1 允许多次触发，即触发一次进行一次计数过程。如果在计数过程中 GATE 又来了一个触发，则将重新获得计数初值，并按新的初值做减 1 计数，直到减到 0 为止。如果在计数过程中写入新的计数值，若没有触发，则当前输出不受影响，在当前周期结束后，有再触发时，将按新的计数值计数。

3）方式 2——频率发生器（分频器）

方式 2 是把输入的时钟频率进行 n 分频，得到新的频率输出。n 为设定的计数初值。当写入控制字后，OUT 以高电平为初始状态并保持为高电平，在写入初值后开始计数。当计数到 1（注意不是减到 0）时，OUT 变为低电平，经过一个 CLK 周期，OUT 恢复为高电平，计数值重新装入，开始一个新的计数过程。方式 2 计数过程可以周而复始地进行，OUT 输出连续的(n–1):1 的周期性脉冲。

4）方式 3——方波频率发生器

方式 3 类似于方式 2，都是只需要一次写入计数初值，就可连续输出周期性信号。不同之处是，方式 3 输出的是一个方波频率。若计数初值为 n，则 OUT 输出 n 个 CLK 周期的方波时钟。当 n 为偶数时，OUT 输出高电平、低电平持续时间相等的标准方波；当 n 为奇数时，高电平持续(n+1)/2 个 CLK 周期，而低电平持续(n–1)/2 个 CLK 周期，OUT 输出的是近似方波。

5）方式 4——软件触发的选通信号发生器

方式 4 的初始状态，OUT 为高电平并保持为高电平，若 GATE 高电平有效则进行计数，当减到 0 时，OUT 变为低电平，并持续一个 CLK 周期，然后变为高电平并保持为高电平。

方式 4 是通过写入计数初值操作（软件触发）产生一个负脉冲选通信号。软件触发一次计数一次，所以被称为软件触发的选通信号发生器。

6）方式 5——硬件触发的选通信号发生器

方式 5 与方式 4 相似，不同之处是 GATE 的触发条件不同。方式 5 的计数过程由 GATE 的上升沿触发（硬件触发），硬件触发一次计数一次，所以被称为硬件触发的选通信号发生器。

2. 8253 的 6 种工作方式的比较

可以从以下不同的角度对 8253 的 6 种工作方式进行比较和总结。

1）方式 0～方式 5 的输出波形

以计数值 N=4 为例，假定 GATE 信号有效，8253 的方式 0～方式 5 在正常计数状态下 OUT 的输出波形如图 7.5 所示。

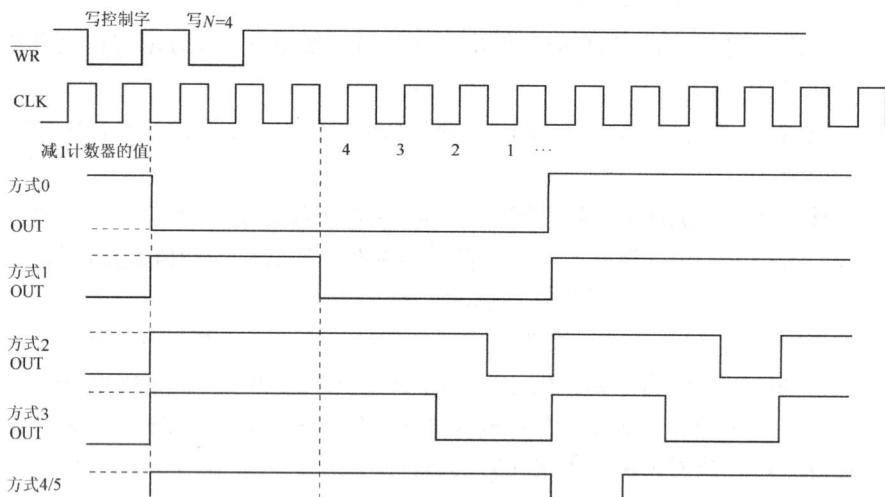

图 7.5　8253 的方式 0～方式 5 在正常计数状态下 OUT 的输出波形

不同工作方式下的输出波形各不相同，但有以下几点是相同的。

① 每一种工作方式不仅与计数初值有关，而且受 CLK 信号和 GATE 信号的控制。CLK 信号确定计数器减 1 的速率，GATE 信号允许/禁止计数器工作或计数器启动。

② 写入计数初值之后，并不马上开始计数，只有检测到 GATE 信号有效，经过一个 CLK 周期，把计数初值送到减 1 计数寄存器，才开始做减 1 计数。

③ 随着工作方式的不同和当前计数状态的不同，OUT 一定有电平输出变化，而且输出变化均发生在 CLK 的下降沿。OUT 的输出波形在写控制字之前为未定状态，在写控制字之后到计数开始之前为计数初始状态（方式 0 为低电平，其他方式均为高电平），再之后有计数、暂停、结束等状态。

2）GATE 的触发条件

对于给定的工作方式，GATE 的触发条件是有具体规定的，或为电平触发，或为边沿触发，或两者均可。

8253 的 6 种工作方式 GATE 信号的性能如表 7.5 所示。

表 7.5　8253 的 6 种工作方式 GATE 信号的性能

工作方式	低电平或下降沿	上升沿	高电平
0	禁止计数	—	允许计数
1	—	开始计数，输出变为低电平	—
2	禁止计数，输出变为高电平	开始计数	允许计数
3	禁止计数，输出变为高电平	开始计数	允许计数
4	禁止计数	—	允许计数
5	—	开始计数	—

3）方式 0～方式 5 的异同点

方式 0～方式 5 的异同点可以分成以下三组情况进行讨论。

① 方式 0 和方式 4 都是由软件触发（写入计数初值）启动计数的，无自动重装入计数初值能力，除非再写初值。GATE 为高电平时，减 1 计数器减 1；GATE 为低电平时，减 1 计数器停止计数。它们的不同点：方式 0 在计数过程中 OUT 为低电平，计数结束时变为高电平，并保持高电平；方式 4 在计数过程中 OUT 为高电平，计数结束时输出一个宽度为一个 T_{CLK} 的负脉冲，以后又保持高电平。

② 方式 1 和方式 5 均是由硬件触发（GATE 上升沿）启动计数的。在写入初值之后并不马上开始计数，必须在 GATE 的上升沿触发下，初值写入减 1 计数寄存器，再开始计数，并且 GATE 只在上升沿起作用。它们的不同点：方式 1 在计数过程中 OUT 输出一个宽度为计数初值乘以 T_{CLK} 的单相负脉冲；方式 5 在计数结束后 OUT 输出一个宽度为一个 T_{CLK} 的负脉冲。

③ 方式 2 和方式 3 的共同点是具有自动重装入计数初值的能力，都是一个频率发生器（分频器）。它们的不同点：方式 2 输出占空比为 $(n-1):1$ 的矩形波信号，而方式 3 输出方波（或近似方波）信号。

3．8253 的控制字与设置

8253 的控制寄存器（8 位）可以设置方式、计数位数和数制等信息的控制字，其格式为

D_7	D_6	D_5	D_4	D_3	D_2	D_1	D_0
SC_1	SC_0	RW_1	RW_0	M_2	M_1	M_0	BCD

SC_1 和 SC_0：计数器选择位，用于选择 3 个计数器之一。$SC_1 SC_0$ 为 00，选择计数器 0；$SC_1 SC_0$ 为 01，选择计数器 1；$SC_1 SC_0$ 为 10，选择计数器 2；$SC_1 SC_0$ 为 11，无效。

RW_1、RW_0：读/写指示位，用来规定指定计数器（取决于 SC_1 和 SC_0）的计数初值格式，或者为读取当前计数值而发出的锁存命令。$RW_1 RW_0$ 为 00，计数值锁存命令；$RW_1 RW_0$ 为 01，

只读/写低字节；RW_1RW_0 为 10，只读/写高字节；RW_1RW_0 为 11，先读/写低字节，后读/写高字节。

M_2、M_1、M_0：工作方式选择位，用于设定指定计数器的工作方式。计数器可以选择 6 种工作方式之一，每种工作方式的输出波形各不相同。$M_2M_1M_0$ 为 000，选择方式 0；$M_2M_1M_0$ 为 001，选择方式 1；$M_2M_1M_0$ 为 010 或 110，选择方式 2；$M_2M_1M_0$ 为 011 或 111，选择方式 3；$M_2M_1M_0$ 为 100，选择方式 4；$M_2M_1M_0$ 为 101，选择方式 5。

BCD：选择计数器的计数数制。BCD 为 0，按二进制计数，计数范围为 8 位的 00H～0FFH（1～256），或 16 位的 0000H～0FFFFH（1～65 536）；BCD 为 1，按十进制计数，计数范围为 2 位的 BCD 码值 1～100，或 4 位的 BCD 码值 1～10 000。

特别要注意，0 是计数器的最大计数初值，因为从 0 开始减 1，直至减到 0 为止，这为最多减 1 次数。例如，对于 8 位计数器，采用二进制计数，初值 0 相当于 2^8（256），采用 BCD 码计数，初值 0 相当于 10^2；对于 16 位计数器，采用二进制计数，初值 0 相当于 2^{16}（65 536），采用 BCD 码计数，初值 0 相当于 10^4。

8253 的控制寄存器是 3 个计数器公用的，为同一个端口地址，用控制字的 D_7D_6 位确定是对哪个计数器的设置。所以，对 8253 的各个计数器的编程设置没有太严格的顺序规定，非常灵活。但是，有以下三点原则。

① 8253 的每个计数器在工作之前必须进行初始化设置，即先设置控制字（写入控制端口），然后写入规定的计数初始值（写入计数器端口）。在完成初始化设置之后，在 GATE 信号有效时启动减 1 计数，开始工作。

② 设置计数初值要符合控制字的计数位数规定。如果是 8 位计数初值（用低位字节或用高位字节），仅需一次写入；如果是 16 位计数初值，要分两次写，即先写低字节、后写高字节。

③ 读取计数器当前值可以动态地了解计数情况。为了得到稳定的计数值，一般采用"锁存读"方式，即先写锁存命令（控制字的 D_5D_4 为 00），把当前计数值锁存到计数输出锁存器，然后读计数值。当锁存的计数值被读走时，锁存功能自动失锁，计数输出锁存器又随减 1 计数寄存器动态变化。采用"锁存读"方式的例子如下。

```
MOV     AL,40H
OUT     33H,AL          ;写计数器 1 "锁存"字（控制端口地址为 33H）
IN      AL,31H          ;读计数器 1 计数值（计数器 1 端口地址为 31H）
```

7.3.4 8253 的应用举例

【例 7.7】应用系统提供了一个 200 kHz 的计数脉冲源。要求从计数器 0 的 OUT 得到 400Hz 方波信号，利用这 400Hz 方波，从计数器 1 的 OUT 得到 20Hz 的连续单拍负脉冲信号。8253 计数器 0 和计数器 1 串接应用的接口如图 7.6 所示。

计数器 0 输出的是连续方波，应为方式 3；计数器 1 输出的是连续单拍负脉冲，应为方式 2。计数器 0 的计数初值为 200000/400=500= 01F4H，计数器 1 的计数初值为 400/20=20=14H。

该 8253 端口地址为 30H～33H，2 个计数器串接应用的初始化程序段如下。

```
MOV     AL,36H          ;计数器 0：方式 3，16 位，二进制计数
OUT     33H,AL          ;设置计数器 0 控制字
MOV     AX,500          ;AX=500（计数初值）
OUT     30H,AL
```

```
        MOV     AL,AH
        OUT     30H,AL              ;写计数器 0 计数初值（先低字节、后高字节）
        MOV     AL,54H              ;计数器 1：方式 2，8 位，二进制计数
        OUT     33H,AL              ;设置计数器 1 控制字
        MOV     AL,20
        OUT     31H,AL              ;写计数器 1 计数初值
```

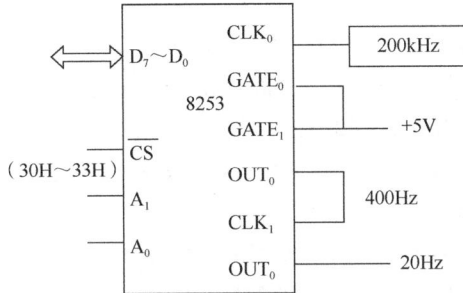

图 7.6　8253 计数器 0 和计数器 1 串接应用的接口

【例 7.8】IBM PC/XT 系统板上 8253 的 3 个计数器的接口电路如图 7.7 所示。

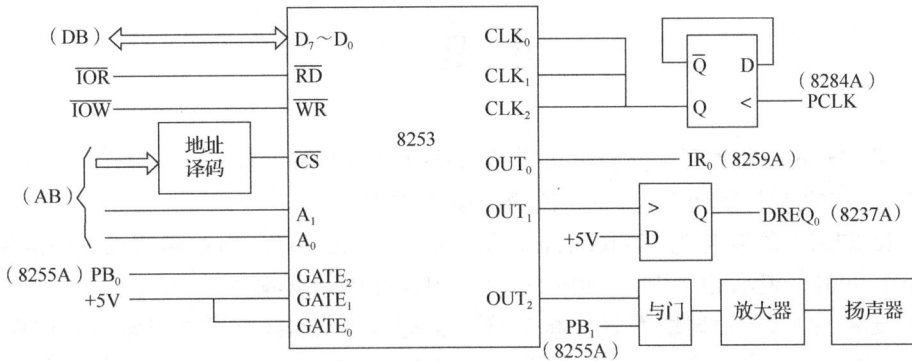

图 7.7　IBM PC/XT 系统板上 8253 的 3 个计数器的接口电路

PCLK 接时钟发生器 8284A，系统时钟频率为 2.38 MHz，经过二分频，作为 8253 的 3 个计数器的时钟输入，时钟频率为 1.193 18 MHz（时钟周期约为 840 ns）。

计数器 0 为方式 3，$GATE_0$ 固定为高电平，OUT_0 输出中断请求信号接中断控制器 8259A 的 IR_0，用于系统报时时钟和磁盘驱动器的电动机定时中断（时钟周期约为 55 ms）。

计数器 1 为方式 2，$GATE_1$ 固定为高电平，OUT_1 输出对 DMA 控制器 8237A 通道 0 的 $DREQ_0$，用于定时（约为 15 μs）启动刷新 DRAM。

计数器 2 为方式 3，OUT_2 输出频率为 1kHz 的方波，使扬声器发声。$GATE_2$ 信号和 OUT_2 信号由并行接口 8255A 控制，确定扬声器是否能发声和发多长时间的声音。这里仅给出计数器 2 发声的方波输出，而 8255A 对计数器 2 的控制，将在 8.1.4 节中介绍。

8253（端口地址 40H～43H）的 3 个计数器的初始化程序如下。

（1）计数器 0 用于定时（约为 55ms）中断。

```
        MOV     AL,36H              ;计数器 0：方式 3，16 位，二进制计数
```

OUT	43H,AL	
MOV	AL,0	;计数初值为 0（16 位），为最大值 65 536
OUT	40H,AL	;1/1.193 18MHz≈840ns
OUT	40H,AL	;840ns×65 536≈55ms

（2）计数器 1 用于定时（约为 15μs）DMA 请求。

MOV	AL,54H	;计数器 1：方式 2，低 8 位，二进制计数
OUT	43H,AL	
MOV	AL,12H	;计数初值为 18
OUT	41H,AL	;840ns×18≈15μs，2ms 内可刷新 132 次

（3）计数器 2 用于产生约 1kHz 频率的方波。

MOV	AL,0B6H	;计数器 2：方式 3，16 位，二进制计数
OUT	43H,AL	
MOV	AX,0533H	;计数初值为 1331
OUT	42H,AL	;先写低字节
MOV	AL,AH	
OUT	42H,AL	;后写高字节

习　题　7

7.1　设 8259A 中断类型号控制字 ICW_2 的 $T_7 \sim T_3$ 为 10001，当 IR_3 申请中断并得到响应时，中断向量的中断类型号是什么？中断向量表的地址是什么？

7.2　设 8259A 的 IRR 为 10110001，表示中断请求 IR_i 中哪些有中断请求？如果 8259A 的 IMR 为 10110001，表示 IR_i 中哪些为中断允许，哪些为中断屏蔽？

7.3　设 8259A（端口地址为 20H 和 21H）为单片、全嵌套、非缓冲和非自动结束（EOI）方式，中断请求信号边沿触发，中断类型号为 48H～4FH。给出该 8259A 初始化程序段。

7.4　编写一个程序段，将 8259A（端口地址为 50H 和 51H）中 IRR、ISR、IMR 的内容读出，存放到 Buffer 数据区。

7.5　叙述 8237A 由内存储器向 I/O 接口传送一个数据块的过程。若希望利用 8237A 进行由内存储器到内存储器的数据传输，应当如何处理？

7.6　8237A 的端口地址为 00H～0FH，若要将 16KB 的数据块从内存储器传送到某外设，设内存储器的起始地址为 BUFF，利用通道 1 实现 DMA 传送。试编写满足要求的初始化程序。

7.7　比较说明 8253 各种工作方式的特点，以及其分别适用于什么场合。

7.8　某 8253 的端口地址为 60H～63H，按下列要求编写各计数器的初始化程序。

（1）计数器 0 作为单稳电路（方式 1），输入时钟频率为 50kHz，单稳延时时间为 10ms。

（2）计数器 1 作为方波发生器（方式 3），输入时钟频率为 2MHz，方波频率为 200Hz，要求用 BCD 码计数。

（3）计数器 2 对外部事件计数（方式 0），每计数到 100 时产生一个中断请求信号。

第8章 并行/串行通信接口

微机系统各部件之间的数据传输，或者说数据通信，按照数据传送的先后时间顺序可以分为两大类：并行通信和串行通信。并行、串行通信方式的示意图如图 8.1 所示。

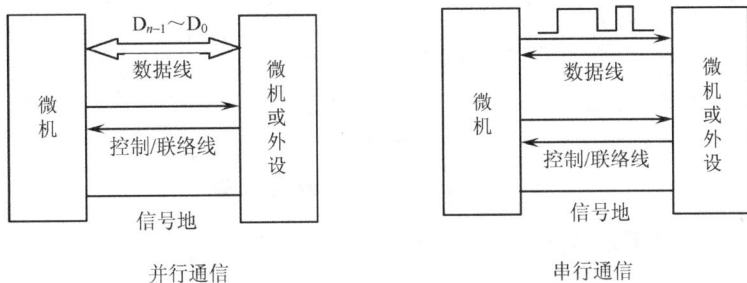

图 8.1 并行、串行通信方式的示意图

并行通信是指一个数据的各位在多根数据线上同时传送，常见的数据位数有 8 位、16 位、32 位等。并行通信由于是多位数据在多根数据线上同时传送，所以可以在单位时间内传送较多的数据。在一般情况下，并行通信传送的是未经加工的原始数字信号。由于原始数字信号中包含较多的高频成分，传输过程中会产生信号的衰减，因此当信号频率高时，能够可靠传送的距离较短。由此可见，并行通信适用于数据传输速率较高、传输距离较短的场合。微机系统中硬盘驱动器等外设与它们的接口（控制器）之间都采用并行通信方式。

串行通信是指一个数据的各位在一根数据线上先后逐位传送，一般适用于微机和工作速度不高或传送距离较长的设备之间的通信。微机的键盘、鼠标等设备都采用串行通信方式与它们的接口进行通信。近年来，数字通信技术得到了很大的发展，出现了速度大大高于传统并行通信方式的串行通信接口，如应用广泛的 USB 接口、P1394 接口等。

在计算机运行过程中，微处理器通过接口电路与外设进行着频繁的信息交换。微处理器与接口电路之间进行的信息交换是通过系统总线进行的，各位数据在总线上同时传输，因此属于并行传输。接口电路与其外设之间进行信息交换的基本方式有并行通信和串行通信两种，对应的接口电路被称为并行 I/O 接口电路和串行 I/O 接口电路。

本章主要介绍可编程并行 I/O 接口 8255A、串行通信和可编程串行 I/O 接口 8251A，以及它们的应用技术。

8.1 可编程并行 I/O 接口 8255A

8255A 是一个广泛应用于微机系统的可编程并行 I/O 接口。它使用单一的 +5V 电源，有24 条与 TTL 电平兼容的 I/O 引脚，采用 40 引脚的双列直插式封装，不需要附加外部电路便可和大多数外设直接连接，使用方便，通用性很强。

8.1.1　8255A 的内部结构

8255A 主要由数据端口（端口 A、端口 B、端口 C）、数据总线缓冲器、读/写控制逻辑和接口内部控制部分组成，8255A 的内部结构和引脚如图 8.2 所示。

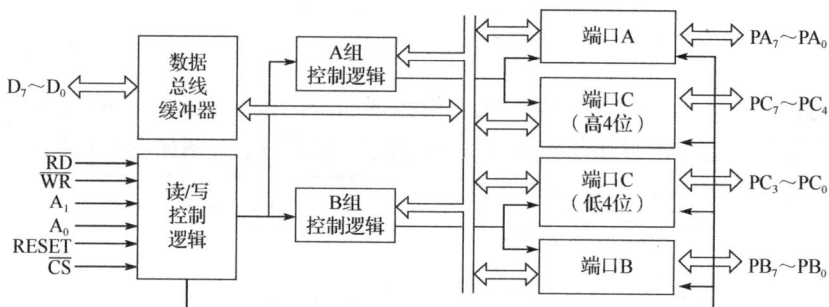

图 8.2　8255A 的内部结构和引脚

1. 接口与外设相连部分（端口 A、端口 B、端口 C）

8255A 有 3 个 8 位数据端口，分别为端口 A（$PA_7 \sim PA_0$）、端口 B（$PB_7 \sim PB_0$）和端口 C（$PC_7 \sim PC_0$）。数据引脚（24 条）为双向、三态数据线。

端口 A 和端口 B 常用作独立的 I/O 端口。端口 C 不仅可以用作独立的 I/O 端口，其中某些数据位还可以用作联络/控制信号端口，配合端口 A 和端口 B 进行数据传送。所以，这 3 个数据端口有多种组合形式，可以实现与外设的并行数据通信。系统复位时，8255A 的 3 个数据端口设置为数据输入方向。

端口 A 由 1 个 8 位的数据输入锁存器和 1 个 8 位的数据输出锁存/缓冲器组成。当端口 A 作为输入端口或输出端口时，数据会被锁存。所以，端口 A 可以用作数据双向传输端口。

端口 B 由 1 个 8 位的数据输入缓冲器和 1 个 8 位的数据输出锁存/缓冲器组成。当端口 B 为输出端口时，输出数据会被锁存；当端口 B 为输入端口时，输入数据不会被锁存。所以，端口 B 为输入端口时，输入设备应保持输入数据信号，直到被微处理器取走，否则，会出现数据丢失错误。

端口 C 的结构和端口 B 的结构基本一样，只不过分成了 2 个 4 位数据端口。每个 4 位数据端口由 1 个 4 位的数据输入缓冲器和 1 个 4 位的数据输出锁存/缓冲器组成。2 个 4 位数据端口可以工作在相同或者不同的数据 I/O 方向。除此之外，端口 C 还可以利用其中一些规定的数据位，配合端口 A 或者端口 B 在数据传输时作为控制、状态和中断请求等信号端口使用。

2. 接口内部控制部分（A 组控制逻辑和 B 组控制逻辑）

端口 A、端口 B、端口 C 在内部被划分为 A、B 两组。端口 A 和端口 C 的高 4 位（$PC_7 \sim PC_4$）为 A 组，端口 B 和端口 C 的低 4 位（$PC_3 \sim PC_0$）为 B 组。组内端口 C 的若干位可作为与外设联络的信号，或作为发往微处理器的中断请求信号，其余位和端口 A 或端口 B 的 8 位与外设的数据线相连。

接口内部控制部分可分为 A 组控制逻辑和 B 组控制逻辑，分别控制 A 组、B 组的工作方式和读/写操作。这两组控制逻辑一方面接收来自微处理器的对 8255A 的控制字，据此决定两组端口的工作方式；另一方面接收来自读/写控制逻辑的读/写命令，完成接口的读/写操作。

3．接口与微机相连部分（读/写控制逻辑和数据总线缓冲器）

8255A 内部有一个 8 位数据总线缓冲器，8 条数据引脚 $D_7 \sim D_0$（双向、三态数据线）与数据总线相连。8255A 的输入数据、输出数据、"写给" 8255A 的控制字和从 8255A "读取"的外设状态信息等都是通过这个数据总线缓冲器，在 8255A 的内、外数据总线之间传递。

8255A 有 6 条输入控制引脚 RESET、$\overline{WR}$、$\overline{RD}$、$\overline{CS}$、A_1 和 A_0，负责管理数据传输过程。8255A 将来自地址译码电路的接口选通信号 $\overline{CS}$ 和地址信号 A_1、A_0，以及读、写信号 $\overline{WR}$、$\overline{RD}$进行组合后，得到对 A 组控制逻辑和 B 组控制逻辑的控制命令，并将命令发给这两个部件，以完成对数据信息或状态/控制信息的传输。

8255A 的控制信号与读/写操作的对应关系如表 8.1 所示。

表 8.1　8255A 的控制信号与读/写操作的对应关系

$\overline{CS}$	$\overline{RD}$	$\overline{WR}$	A_1	A_0	读/写操作说明
0	0	1	0	0	端口 A→数据总线（输入）
0	0	1	0	1	端口 B→数据总线（输入）
0	0	1	1	0	端口 C→数据总线（输入）
0	0	1	1	1	非法状态
0	1	0	0	0	数据总线→端口 A（输出）
0	1	0	0	1	数据总线→端口 B（输出）
0	1	0	1	0	数据总线→端口 C（输出）
0	1	0	1	1	数据总线→控制端口（写控制字）

8.1.2　8255A 的工作方式

8255A 有 3 种工作方式：方式 0、方式 1、方式 2。端口 A 可以选择方式 0、方式 1、方式 2；端口 B 只可以选择方式 0、方式 1；端口 C 作为数据端口，只可以选择方式 0。

1．方式 0

方式 0 是基本输入或输出方式，通常用于不需要"联络"的数据传输，端口 A、端口 B、端口 C 均可作为输入端口或输出端口使用。

1）方式 0 的特点

方式 0 可将 3 个数据端口分为 4 个独立的端口：2 个 8 位端口，即端口 A 和端口 B；2 个 4 位端口，即端口 C 的高 4 位和低 4 位。各个端口都可以用作输入端口或输出端口，可以方便地组合成（多达 16 种组合）各种位数的 I/O 端口。

2）方式 0 的使用场合

方式 0 可以使用在无条件传送和查询传送这两种场合。

无条件传送一般应用于简单的外设。例如，开关状态输入，状态指示灯输出等。在进行无条件传送时，接口和外设之间不使用联络信号，微处理器可以随时对该外设进行读/写操作。用 8255A 进行无条件传送时，可实现 3 路 8 位或 2 路 8 位或 2 路 4 位的数据传输。

方式 0 的查询传送需要有应答信号，但方式 0 本身并没有规定应答信号。所以，使用查询方式传送数据可将端口 C 的一些位定义为"联络应答"信号位。这时，端口 A 或端口 B 作为数据的输入端口或输出端口，端口 C 划分为高 4 位和低 4 位两个部分，分别作为输入位和输出位。选择其中一些位用于进行外设状态信号的输入，一些位用于进行控制/选通信号的输出。这样，利用端口 C 一些状态位的配合，可以实现端口 A 或端口 B 的查询传送数据。

2. 方式 1

8255A 方式 1 为选通输入或输出方式，也就是查询方式，或者中断方式。端口 A 或端口 B 工作在方式 1 时，必须使用端口 C 提供的 3 位联络信号，这 3 位联络信号和端口 C 的引脚保持固定的对应关系，不能改变。

1）方式 1 的联络信号

端口 A、端口 B 工作在方式 1 时，由端口 C 提供规定的联络信号，其对应关系如表 8.2 所示。

表 8.2　8255A 工作在方式 1 时端口 C 各位的功能

端　　口	联　络　线	输　入　方　式	输　出　方　式
端口 A	PC_7	I/O	$\overline{OBF_A}$
	PC_6	I/O	$\overline{ACK_A}$/$INTE_A$
	PC_5	IBF_A	I/O
	PC_4	$\overline{STB_A}$/$INTE_A$	I/O
	PC_3	$INTR_A$	$INTR_A$
端口 B	PC_2	$\overline{STB_B}$/$INTE_B$	$\overline{ACK_B}$/$INTE_B$
	PC_1	IBF_B	$\overline{OBF_B}$
	PC_0	$INTR_B$	$INTR_B$

8255A 方式 1 联络信号的含义如下所述。

① $\overline{STB_A}$、$\overline{STB_B}$：数据输入选通信号，下降沿/负脉冲有效，由外设送往 8255A。当外设数据输入时，8255A 利用 $\overline{STB_A}$（$\overline{STB_B}$）把外设数据锁存到相应端口的输入锁存/缓冲器中。

② IBF_A、IBF_B：输入缓冲器满信号，高电平有效，是提供给微处理器或外设的查询信号。IBF_A（IBF_B）有效表示 8255A 的相应端口已接收到输入数据，但尚未被微处理器取走。此时，外设应暂停发送新的数据，直到输入缓冲器"空"（微处理器取走数据，IBF 变为低电平）再发送新的数据。

③ $\overline{OBF_A}$、$\overline{OBF_B}$：输出缓冲器满信号，低电平有效，是提供给微处理器或外设的查询信号。$\overline{OBF_A}$（$\overline{OBF_B}$）有效表示相应端口已接收到来自微处理器的数据，输出缓冲器数据有效，外设可以取走该数据。

④ $\overline{ACK_A}$、$\overline{ACK_B}$：数据输出应答信号，下降沿/负脉冲有效，由外设接收到输出数据后送给 8255A 的应答信号端口。$\overline{ACK_A}$（$\overline{ACK_B}$）有效表示外设已经接收数据并输出完成，同时清除 $\overline{OBF_A}$（$\overline{OBF_B}$），此时微处理器可以输出下一个数据给 8255A 的相应端口。

⑤ $INTR_A$、$INTR_B$：中断请求信号，高电平有效，是 8255A 发送给中断系统的中断请求信号。当相应端口的 IBF 有效时，或相应端口的 $\overline{OBF}$ 无效时，8255A 可以向中断系统发出有

效的 INTR 申请中断，请求微处理器读取相应端口的输入数据，或者输出下一个数据。

⑥ $INTE_A$、$INTE_B$：分别为端口 A、端口 B 的中断允许信号。当允许端口 A 中断时，应使用端口 C 置位/复位控制字对 PC_4（允许端口 A 输入中断时）/ PC_6（允许端口 A 输出中断时）置 1，否则应将 PC_4/PC_6 复位以屏蔽端口 A 中断；当允许端口 B 中断时，将 PC_2 置 1，否则将其复位。此处，PC_4/PC_6 和 PC_2 均有双重作用：一个是作为各位的输出锁存器锁存的中断允许信号；另一个是作为各位的输入缓冲器接收外设输入的选通信号。由于端口 C 每位的输出锁存器和输入缓冲器在硬件上是相互隔离的，所以这种双重用法不会造成冲突。

2）方式 1 的工作特点

选定方式 1，在规定一个端口的输入或输出方式的同时，就自动规定了有关的联络信号、控制信号和中断请求信号。如果外设能向 8255A 提供输入数据选通信号，或输出数据接收应答信号，就可采用方式 1 有效地传送数据。

若采用中断方式，需要将对应的 INTE 端置 1（中断允许），端口 A 或端口 B 可以使用各自的 INTR 端向中断系统请求中断。

若采用查询方式，可以查询相关的 IBF 端或 $\overline{OBF}$ 端的当前状态（输入或输出），确定是否能进行数据传送。

端口 A 和端口 B 均可工作在方式 1 的输入或输出方式。若端口 A 和端口 B 都工作在方式 1，则需要端口 C 的 6 位作为联络信号，剩下的 2 位还可工作在方式 0 的输入或输出方式。若端口 A 和端口 B 中有一个工作在方式 1，另一个工作在方式 0，则端口 C 中有 3 位作为方式 1 的联络信号，其余 5 位均可工作在方式 0 的输入或输出方式。

3．方式 2

8255A 的方式 2 为双向选通传输方式，相当于方式 1 输入和输出的组合。方式 2 的外设可以在端口 A 的 8 位数据线上分时向微处理器发送数据，或者从微处理器接收数据。方式 2 只适用于端口 A。当端口 A 工作在方式 2 时，端口 B 仍然可选择方式 0 或方式 1。

当端口 A 工作在方式 2 时，端口 C 必须提供 5 位联络信号，即 $\overline{STB_A}$、IBF_A、$\overline{OBF_A}$、$\overline{ACK_A}$、$INTR_A$，其含义与端口 A 方式 1 的相同。8255A 方式 2 端口 C 的结构如图 8.3 所示，高 5 位（PC_7～PC_3）作为方式 2 需要的控制/联络信号，低 3 位（PC_2～PC_0）可以作为端口 B 方式 1 的 3 位联络信号，或作为方式 0 的输入或输出。

端口 A 方式 2 的 $INTE_1$ 和 $INTE_2$ 的含义如下所述。

① $INTE_1$：输出中断允许信号，使用 PC_6。当 $INTE_1$ 为 1 时，8255A 的输出缓冲器空，通过 $INTR_A$ 向中断系统发出输出中断请求信号；当 $INTE_1$ 为 0 时，屏蔽输出中断。

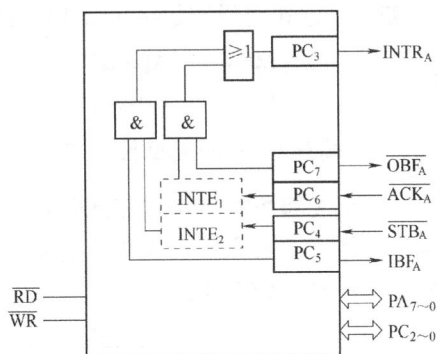

图 8.3　8255A 方式 2 端口 C 的结构

② $INTE_2$：输入中断允许信号，使用 PC_4。当 $INTE_1$ 为 1 时，8255A 的输入缓冲器满，通过 $INTR_A$ 向中断系统发出输入中断请求信号；当 $INTE_2$ 为 0 时，屏蔽输入中断。

8.1.3　8255A 的编程设置

8255A 的编程设置有两个控制字：方式选择控制字和端口 C 置位/复位控制字。这两个控制字共用一个控制端口地址（A_1、A_0 都为 1），通过"写"操作完成设置。控制字的 D_7 位作为特征位，用来区分方式控制字或端口 C 置位/复位控制字。D_7 位为 1，为方式控制字；D_7 位为 0，为端口 C 置位/复位控制字。

1. 方式选择控制字

8255A 方式选择控制字的格式如图 8.4 所示。

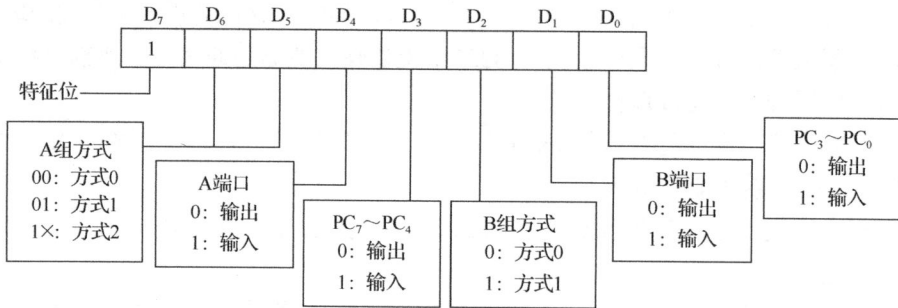

图 8.4　8255A 方式选择控制字的格式

D_7 位是方式选择控制字的特征位，必须为 1。

D_6、D_5 位为 A 组，即端口 A 方式 0、方式 1、方式 2 的选择位，方式代码分别是 00、01、10。

D_2 位为 B 组，即端口 B 方式 0、方式 1 的选择位，方式代码分别是 0、1。

D_4、D_3、D_1、D_0 位分别为端口 A、端口 C 的高 4 位、端口 B、端口 C 的低 4 位的传输方向，0 表示输出，1 表示输入。不同组的端口及同组的两个端口都可以有不同的传输方向。

例如，8255A 控制端口地址为 83H，现要将其 3 个数据端口均设置为基本输入或输出方式（方式 0），端口 A 的 8 位和端口 C 的低 4 位为输入，端口 B 的 8 位和端口 C 的高 4 位为输出。该 8255A 方式选择控制字（91H）的设置，可用以下语句实现。

```
MOV    AL,91H
OUT    83H,AL
```

2. 端口 C 置位/复位控制字

8255A 端口 C 为输出方式时，常常用来发送控制信号。此时，可利用端口 C 置位/复位控制字将端口 C 的某一位置 1 或清 0，而不影响端口 C 其他位的状态。8255A 端口 C 置位/复位控制字的格式如图 8.5 所示。

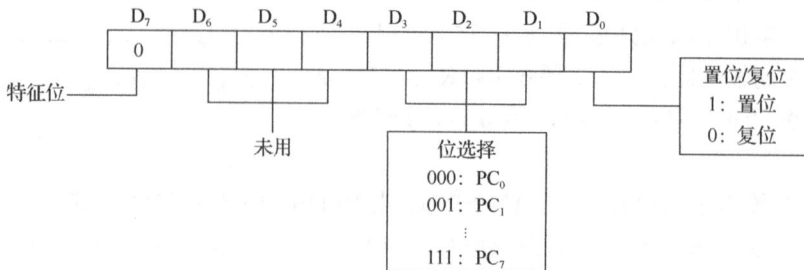

图 8.5　8255A 端口 C 置位/复位控制字的格式

D_7 位是端口 C 置位/复位控制字的特征位，必须为 0。

D_6、D_5、D_4 位未用，一般取 000。

D_3、D_2、D_1 位的 8 种组合 000,…,111 分别选择端口 C 的 PC_0,…,PC_7。

D_0 位用于选定数位的置位/复位操作，0 表示复位，1 表示置位。

注意：端口 C 置位/复位控制字虽然是对端口 C 进行（位）操作，但是必须写入控制端口，而不是写入端口 C。

例如，8255A 控制端口地址为 83H，如果要将端口 C 的 PC_6 置 1，PC_4 清 0，则可用以下语句实现。

```
MOV     AL,0DH
OUT     83H,AL                      ;PC₆置 1
MOV     AL,08H
OUT     83H,AL                      ;PC₄清 0
```

8.1.4　8255A 的应用举例

【例 8.1】8255A 作为中断方式的字符打印机接口，其电路如图 8.6 所示。

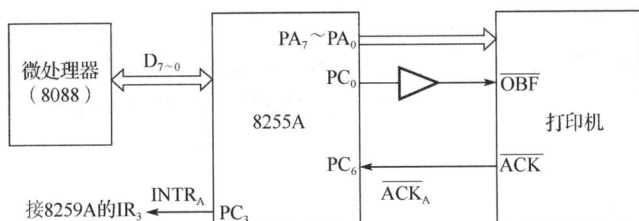

图 8.6　8255A 作为中断方式的字符打印机接口电路

8255A 的端口 A 为方式 1 的输出，传送打印字符。PC_6 和 PC_3 自动作为 $\overline{ACK}$ 输入端和 INTR 输出端。打印机需要一个负脉冲作为数据选通信号，本例选用 PC_0 作为编程发送的选通脉冲信号 $\overline{OBF}$。

设定：① 将需要打印的数据存放在 BUFFER 缓冲区；② 中断服务子程序 LPRINT 输出一个字节数据的打印字符；③ PC_3 连接 8259A 的 IR_3，中断类型号为 0BH；④ 8259A 初始化设置已经完成。

主程序：首先对 8255A（端口地址为 60H～63H）设置工作方式 1，并使端口 A 中断允许（$INTE_A$ 置 1）；然后设置 0BH 号的中断向量表，开放微处理器可屏蔽中断（INTR）；最后通过软件中断指令（INT 0BH），启动第一个字符的输出打印，否则字符打印中断不会产生。

```
MAIN:   MOV     AL,0A0H             ;端口 A：方式 1 的输出，PC₀为输出
        OUT     63H,AL              ;设置方式选择控制字
        MOV     AL,0DH
        OUT     63H,AL              ;设置 PC₆=1（端口 A 中断允许）
        MOV     AL,1
        OUT     62H,AL              ;PC₀=1，打印选通信号无效（初始状态）
        PUSH    DS
        MOV     DX,SEG  LPRINT
```

	MOV	DS,DX	
	MOV	DX,OFFSET LPRINT	
	MOV	AX,250BH	;AH= 25H（功能号），AL=0BH（中断号）
	INT	21H	;装载 0BH 号中断向量表
	POP	DS	
	MOV	DI,OFFSET BUFFER	;DI 取字符缓冲区首地址
	STI		;IF=1（开中断）
	INT	0BH	;0BH 号中断调用（第一个字符打印）
	……		;后续处理，等待一个个字符打印中断
LPRINT	PROC	FAR	;0BH 号中断服务子程序
	……		;保护现场等
	MOV	AL,[DI]	;取一个打印字符
	INC	DI	;修改地址指针
	OUT	60H,AL	;字符送端口 A 输出打印
	MOV	AL,0	
	OUT	62H,AL	;PC₀=0，选通信号有效
	INC	AL	
	OUT	62H,AL	;PC₀=1，撤销选通信号（无效）
	……		;恢复现场，发送中断结束命令等
	IRET		
LPRINT	ENDP		

【例 8.2】 IBM PC/XT 系统 8253 的计数器 2 的扬声器发声控制。

IBM PC/XT 系统 8253 的计数器 2 的接口电路如图 8.7 所示。计数器 2 为方式 3，OUT_2 产生频率约为 1kHz 的方波送至扬声器，用于控制其发声。$GATE_2$ 和 OUT_2 分别由 8255A 的 PB_0、PB_1 控制，可控制扬声器发声及发声时间的长短。

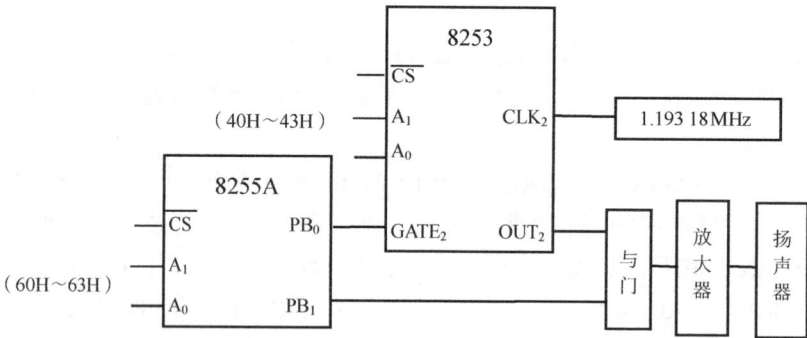

图 8.7　IBM PC/XT 系统 8253 的计数器 2 的接口电路

8253 的 $GATE_2$ 由 8255A 的 PB_0 控制，OUT_2 输出经过与门，并滤掉高频分量后送到扬声器。与门控制信号由 8255A 的 PB_1 控制。可用 PB_1、PB_0 同时为"1"的时间来控制发声时间。设定长声时间为 3s，短声时间为 0.5s。

IBM PC/XT 系统在 BIOS 中已编制了声响子程序 BEEP。需要发声时，用 CALL 指令调用

BEEP 子程序，对 8253 的计数器 2 进行扬声器发声控制。BEEP 子程序的入口参数是 BL=1 或 BL=6，分别为长、短声参数。

8255A 端口地址为 60H～63H，8253 端口地址为 40H～43H。

```
; 系统扬声器声响子程序 BEEP
BEEP    PROC
        MOV     AL,0B6H         ;计数器 2：方式 3，16 位、二进制计数
        OUT     43H,AL          ;设置计数器 2 控制字
        MOV     AX,0533H        ;AX =0533H（计数初值）
        OUT     42H,AL
        MOV     AL,AH
        OUT     42H,AL          ;写计数器 2 计数初值（先低字节、后高字节）
        IN      AL,61H          ;读 8255 的端口 B 原值
        MOV     AH,AL           ;保存在 AH
        OR      AL,03H          ;使 PB1、PB0 均为 1
        OUT     61H,AL          ;扬声器发声
        MOV     CX,0            ;CX= 0（最大循环计数为 65 536）
GT:     LOOP    GT              ;循环延时
        DEC     BL              ;BL 为发声长/短参数
        JNZ     GT              ;BL-1 不为 0，继续发声（长声）
        MOV     AL,AH           ;取回保存在 AH 中的端口 B 原值
        OUT     61H,AL          ;恢复 8255A 的端口 B，停止发声
        RET
BEEP    ENDP
```

8.2　串行通信和串行 I/O 接口

本节主要介绍串行通信方式、串行通信规程和可编程串行 I/O 接口的基本结构。

8.2.1　串行通信方式

在进行数据串行通信时，发送方和接收方必须知道通信的开始时间、数据位传送的起止时间等，以保证数据通信的同步。根据通信双方"同步"的实现方法，串行通信方式可分为异步通信方式和同步通信方式两类。

1．异步通信方式

异步通信是一种利用字符再同步的通信技术。异步通信数据以字符为单位，各个字符可以连续传送，也可以间断传送，由发送方根据需要选择传送方式。异步通信双方用各自的时钟信号来控制发送和接收。

由于异步通信的字符传送是随机进行的，接收方需要判别何时是一个字符传送的开始，

所以异步通信双方必须严格规定字符数据传送的格式。

异步通信方式的数据格式称为字符帧格式，如图 8.8 所示。字符帧由 4 部分组成：1 位起始位（逻辑 0），5～8 位数据位，1 位奇偶校验位（或无校验位），1 位或 1.5 位或 2 位停止位（逻辑 1）。一个字符帧从起始位开始，到停止位结束，一般由 7～12 位二进制数位组成。两个字符帧之间为空闲位（逻辑 1）。

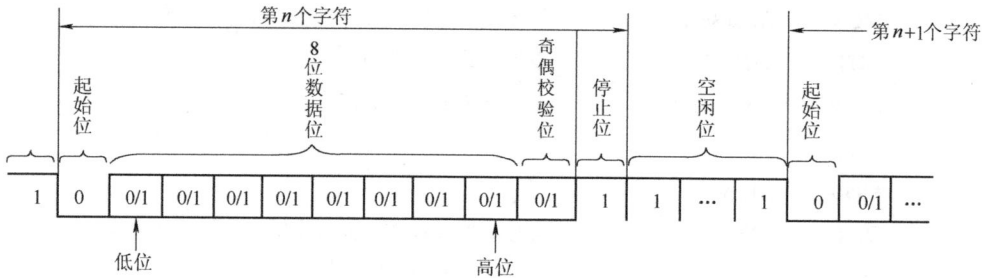

图 8.8　异步通信方式的字符帧格式

2．同步通信方式

同步通信是用同步时钟信号、同步字符实现数据传送的通信技术。同步通信以一组字符数据（数据块）为传输单位，通信双方连续发送/接收数据，直到一组数据传送结束。

同步通信方式的数据格式称为数据块格式，如图 8.9 所示。数据块首先传送 1 个或 2 个同步字符，同步字符之后是规定的连续 n 个字符数据，在数据块后面还可以选择给出 1 个或 2 个 CRC 校验字符。

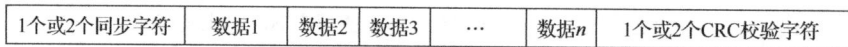

图 8.9　同步通信方式的数据块格式

同步通信分为单同步（1 个同步字符）通信和双同步（2 个同步字符）通信。同步字符可以由用户约定，也可以采用 ASCII 码中规定的 SYNC（同步）字符，其代码为 16H。

同步通信方式要求发送方和接收方使用同一个时钟，以保证双方时钟的频率和相位完全相同。因此，发送方除了要传送数据，还要把时钟信号（也称为同步信号）同时传送出去。这样，每一个数位的开始由同步信号提供，而一个数据块的开始由同步字符提供。

8.2.2　串行通信规程

1．单工、全双工与半双工

串行通信的数据在两个通信站（如 A 站、B 站）之间通常是双向传送的，A 站可以作为发送/接收端，B 站也可以作为发送/接收端，这称为双工方式。

单工是指通信站之间只有一根传输线，一个站固定发送，另一个站固定接收。半双工是指通信站之间只有一根传输线，尽管数据传送可以双向进行，但同一时刻只能有一个站发送。全双工是指通信站之间有两根传输线，每个站既可以发送，又可以接收。实际上，全双工是 2 个单工的组合。半双工和全双工串行通信制式如图 8.10 所示。

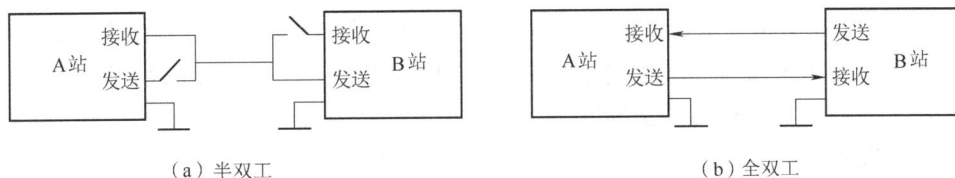

（a）半双工　　　　　　　　　　　　　　　（b）全双工

图 8.10　半双工和全双工串行通信制式

2．信号的调制和解调

微机中二进制数据信号高于 2.4V 表示逻辑"1"，低于 0.5V 表示逻辑"0"。这种信号在远距离传送时由于受到线路特性的影响，会发生衰减和畸变，以致传送到接收端时，已经是一个难以分辨的信号。如果从这样的信号中提取数据，则误码率（传输错误的比率）会大大上升。解决这个问题的方法是改变信号的传输形式，即采用调制和解调的方法。

用一个信号（被调制信号）控制另一个信号（调制信号）的某个参数（如幅值、频率、相位等），使调制信号随着被调制信号的变化而变化的过程称为调制。经调制的参数信号称为已调制信号。反之，从已调制信号中还原出被调制信号的过程称为解调。

调制器把数字信号变成交变模拟信号（如把数码"1"调制成 2400Hz 的正弦信号，把数码"0"调制成 1200Hz 的正弦信号），从发送端送到传输线上，接收端的解调器把交变模拟信号还原成数字信号，送到数据处理设备。

由于通信的任一端都会有接收和发送要求，即需要同时有调制和解调的功能。把调制器和解调器集成在一个芯片上，加上少量的外部附加电路，就构成了一个调制解调器（MODEM）。使用 MODEM 可以实现微机的远程通信。调制解调过程如图 8.11 所示。

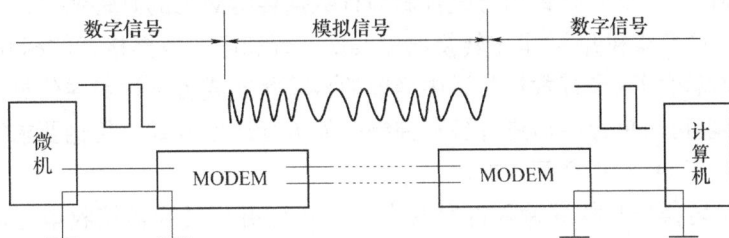

图 8.11　调制解调过程

3．串行通信传输速率

传输速率是串行通信中一个重要的指标，它定义为每秒传送二进制数码的位数（也称比特数），以 bit/s（位每秒）为单位。传输速率反映了串行通信的速率，也反映了对传输通道的要求（传输速率越高，要求传输通道的频带越宽）。传输速率等于每秒传送的字符个数和每个字符位数的乘积。例如，每秒传送 120 个字符，每个字符包含 10 位（1 位起始位，7 位数据位，1 位奇偶校验位，1 位停止位），则传输速率为

$$120 \text{ 个字符/秒} \times 10 \text{ 位/个字符} = 1200\text{bit/s}$$

串行通信中另一个重要的指标为波特（baud）率，它定义为每位传送时间的倒数。每次传送 1 位时，波特率大小和传输速率相等。使用调相技术可以同时传输 2 位或 4 位数据，这时传输速率大于波特率。一般异步通信的波特率为 50～19 200。

波特率和串行通信的时钟频率不一定相等。时钟频率可选为波特率的 1 倍或 16 倍或 64

倍。例如，异步通信双方使用各自的时钟信号，若时钟频率等于波特率，则双方的时钟频率稍有偏差或初始相位不同就容易产生接收错误。采用较高频率的时钟，在 1 位数据内有 16 或 64 个时钟，就容易保证捕捉信号的正确性。

4．RS-232C

在串行通信中，一般把微机称为数据终端设备（Data Terminal Equipment，DTE），而把调制解调器称为数据通信设备（Data Communication Equipment，DCE）。目前在 DTE 和 DCE 之间应用最为广泛的串行通信总线标准是 RS-232C。

RS-232C 总线采用的电平信号为 EIA 电平信号。EIA 电平与微机使用的 TTL 电平是不兼容的。EIA 电平是负逻辑标准：–5V～–25V 规定为"1"，+5V～+25 V 规定为 0。所以在串行通信中，TTL 电平信号和 EIA 电平信号之间要有相应的电平转换电路。例如，MC1488 总线发送器接收 TTL 电平信号，转换输出 EIA 电平信号；MC1489 总线接收器接收 EIA 电平信号，转换输出 TTL 电平信号。

8.2.3 可编程串行 I/O 接口的基本结构

可编程串行 I/O 接口的基本结构如图 8.12 所示，其中主要部件的作用如下所述。

① 数据总线收发器具有双向、并行的数据通道，可实现微处理器与串行接口之间的数据传送。

② 控制信号逻辑可实现微处理器对串行接口的控制。

③ 联络信号是串行接口与外设之间进行数据传送必需的控制信号。

④ 发送时钟信号和接收时钟信号是控制串行数据传送必需的时钟信号。

⑤ 串入/并出转换器和并入/串出转换器可实现并行和串行数据格式的相互转换。

⑥ 状态寄存器可指示串行数据传送中当前的传输状态或者某种错误信息。

⑦ 控制寄存器可对串行接口进行各种控制，如进行通信方式、传输要求等的设置。这是在初始化设置时，用 OUT 指令写入的。

⑧ 串入/并出转换器与数据输入寄存器连接。串入/并出转换器接收串行输入数据，进行串入→并出转换，并将转换好的并行数据送到数据输入寄存器，微处理器用 IN 指令读取转换好的数据。

⑨ 数据输出寄存器与并入/串出转换器连接。微处理器用 OUT 指令把数据写到数据输出寄存器，继而送到并入/串出转换器，进行并入→串出转换，再将转换好的串行数据发送出去。

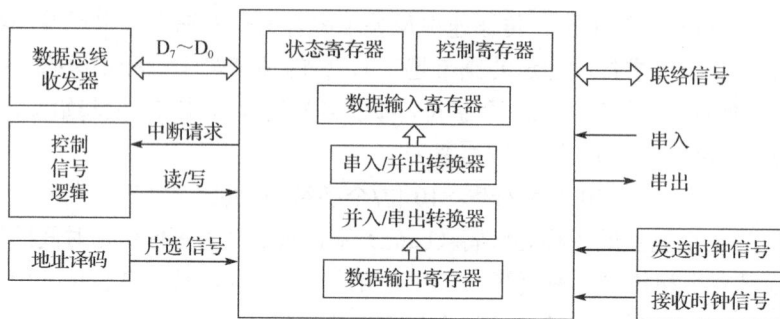

图 8.12 可编程串行 I/O 接口的基本结构

8.3　可编程串行 I/O 接口 8251A

8251A 是可编程串行 I/O 接口，使用单一的+5V 电源和单相时钟，可以使用同步通信方式或异步通信方式发送和接收串行数据。

8.3.1　8251A 简介

1．8251A 的功能

① 有接收和发送数据的相应转换器，可以进行单工或全双工串行通信。

② 提供了与调制解调器的联络信号，便于直接和通信线路相连接。

③ 发送/接收时钟频率为波特率的 K 倍。K 称为波特率倍频系数或波特率因子。

④ 奇偶校验位的插入、检错和剔除都由内部硬件完成。

⑤ 异步通信：每个字符的位数为 5～8 位，停止位为 1 位或 1.5 位或 2 位，波特率范围为 0～19 200，发送/接收时钟频率可设为波特率的 1 倍或 16 倍或 64 倍，即 K 为 1 或 16 或 64。

⑥ 同步通信：每个字符的位数为 5～8 位，波特率范围为 0～96 000，时钟频率与波特率相等，即 $K=1$。可设为单同步、双同步或外同步，同步字符可由用户自行设定。

2．8251A 的内部结构

8251A 由 I/O 寄存器、读/写控制逻辑、接收器、发送器和调制/解调控制逻辑 5 个部件组成，8251A 内部结构和引脚如图 8.13 所示。

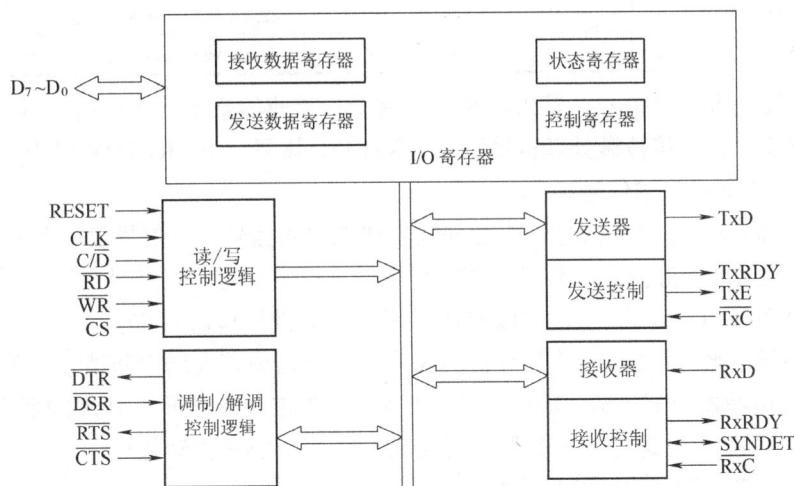

图 8.13　8251A 内部结构和引脚

8251A 各个部件的功能如下所述。

① I/O 寄存器：包含 4 个 8 位、三态寄存器，通过 D_7～D_0 和数据总线连接，用于和微处理器进行控制命令和状态信息传输，以及发送和接收数据。

② 读/写控制逻辑：接收微处理器的控制信号，控制数据传送方向和选择寄存器。

③ 接收器和接收控制：从 RxD 端接收串行数据，并按指定的方式将其转换成并行数据输出给微处理器。

④ 发送器和发送控制：把从微处理器输入的并行数据，自动地加上适当的成帧信号，转换成串行数据从 TxD 端发送出去。

⑤ 调制/解调控制逻辑：提供与调制解调器"握手"的联络信号。

3．8251A 的引脚及其特性

8251A 采用 28 引脚的双列直插式封装，其主要引脚按连接方式可以分成两组。

1）与微机系统连接的引脚

$D_7 \sim D_0$：双向、三态数据线，与数据总线相连。

CLK：时钟信号，输入，用于产生 8251A 内部时序。CLK 的周期为 $0.42 \sim 1.35\mu s$。CLK 的频率至少应是接收、发送时钟频率的 30 倍（同步方式）或 4.5 倍（异步方式）。

RESET：复位信号，输入，高电平有效。复位使 8251A 处于空闲状态直至被初始化编程。

$\overline{CS}$：片选信号，输入，低电平有效。仅当 $\overline{CS}$ 为低电平时，微处理器才能对 8251A 操作。

$C/\overline{D}$：控制/数据端口选择输入线，一般接 A_0。8251A 有两个端口地址：$C/\overline{D}=0$，选择数据端口；$C/\overline{D}=1$，选择控制端口。

$\overline{RD}$、$\overline{WR}$：分别为读选通信号、写选通信号，均为输入，低电平有效。

8251A 的控制信号与读/写操作的对应关系如表 8.3 所示。

表 8.3　8251A 的控制信号与读/写操作的对应关系

$\overline{CS}$	$\overline{RD}$	$\overline{WR}$	$C/\overline{D}$	读/写操作说明
0	0	1	0	（串行→并行）数据→数据总线
0	1	0	0	数据总线→数据（并行→串行）
0	0	1	1	8251A 状态字→数据总线
0	1	0	1	数据总线→8251A 方式控制字

RxRDY：接收准备好信号，输入，高电平有效。接收器接到一个字符并准备送给微处理器时，RxRDY 为 1；字符被微处理器读取后，RxRDY 恢复为 0。RxRDY 可作为 8251A 向微处理器申请接收中断的请求信号。

SYNDET：同步状态输出信号，或者外同步状态输入信号。此信号仅用于同步方式。

TxRDY：发送准备好信号，输出，高电平有效。当发送寄存器空且允许发送（$\overline{CTS}$ 为低电平，同时命令字中 TxEN 为 1）时，TxRDY 为高电平。微处理器向 8251A 写入一个字符后，TxRDY 恢复为低电平。TxRDY 可作为 8251A 向微处理器申请发送中断请求的信号。

TxE：发送缓冲器空闲状态，输出，高电平有效。TxE 为 1 表示发送缓冲器中没有要发送的字符，微处理器把要发送的下一个数据写入 8251A 后，TxE 自动复位。

2）与外设或调制解调器连接的引脚

RxD、TxD：分别为串行数据输入线、发送数据输出线。

$\overline{RxC}$：接收器时钟输入，控制接收数据的速率，在 $\overline{RxC}$ 的上升沿采集串行输入数据。

$\overline{TxC}$：发送器时钟输入，控制发送数据的速率，在 $\overline{TxC}$ 的下降沿将串行数据移位输出。

$\overline{RxC}$ 和 $\overline{TxC}$ 的频率等于波特率（同步通信），或等于波特率的 1/16/64 倍（异步通信）。

$\overline{DTR}$：数据终端准备好信号，输出，低电平有效。$\overline{DTR}$ 有效，向调制解调器表示数据终端已准备好。$\overline{DTR}$ 的状态可以通过写命令字加以控制。

$\overline{DSR}$：数据准备好信号，输入，低电平有效。$\overline{DSR}$ 有效，向 8251A 表示调制解调器（或

DCE）已准备就绪。微处理器可通过读取状态寄存器的 D_7 位检测该信号。

$\overline{RTS}$：请求发送信号，输出，低电平有效。$\overline{RTS}$ 有效，请求调制解调器做好发送准备（建立载波）。$\overline{RTS}$ 的状态可以通过"写"命令字加以控制。

$\overline{CTS}$：清除发送（允许传送）信号，输入，低电平有效。$\overline{CTS}$ 有效，表明调制解调器已做好传送准备，这作为对 $\overline{RTS}$ 的响应。

如果 8251A 不使用调制解调器而直接和外界通信，则应将 $\overline{DSR}$、$\overline{CTS}$ 接地。

8.3.2　8251A 的工作过程

1．8251A 发送器的工作过程

当 8251A 以异步通信方式发送数据时，发送器在数据位前加上起始位（0），并根据编程的设定要求，在数据位后加上奇偶校验位和停止位，以一个字符帧的格式从 TxD 端逐位发送。

当 8251A 以同步通信方式发送数据时，发送器从 TxD 端先发送规定的 1 个或 2 个同步字符，然后把要发送的数据块逐个、逐位发送出去。如果微处理器没有及时把数据送到发送数据寄存器，则 8251A 用同步字符做填充，直至得到下一个发送数据。

2．8251A 接收器的工作过程

当 8251A 以异步通信方式接收数据时，接收器接收到有效的起始位后，便依次接收后续的数据位、奇偶校验位和停止位。接收完成后，将数据送到接收数据寄存器，RxRDY 输出高电平，表示已收到一个字符数据，微处理器可以用 IN 指令对其进行读取。

当 8251A 以同步通信方式接收数据时，如果设定为外同步接收，则 SYNDET 为外同步输入信号（通常来自调制解调器），SYNDET 正跳变有效，启动接收一个个字符数据。如果设定为内同步接收，则 8251A 先要搜索是否接收到规定的 1 个或 2 个同步字符（已预先设置到同步字符寄存器），当接收到规定的同步字符时，SYNDET 为内同步输出信号，高电平有效，表示已搜索到同步字符。接着，开始接收一个个字符数据，逐个送到接收数据寄存器，同时发出 RxRDY。

8.3.3　8251A 的编程设置

8251A 串行通信除了要发送、接收字符数据，还要进行与之相关的方式控制字、命令控制字和状态字的操作。

1．8251A 的控制字和状态字

1）方式控制字

8251A 的方式控制字用于确定通信方式、校验方式、数据位数等参数，其格式如图 8.14 所示。

2）命令控制字

8251A 的命令控制字用于确定发送或接收数据的工作状态，其格式如图 8.15 所示。

3）状态字

8251A 的状态字用于存放当前工作状态信息，供微处理器查询，其格式如图 8.16 所示。

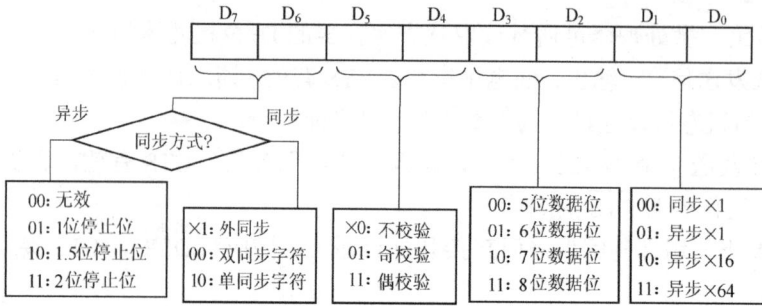

图 8.14　方式控制字的格式

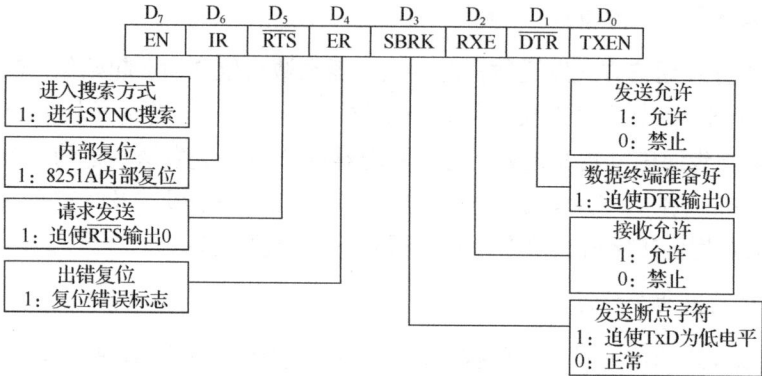

图 8.15　命令控制字的格式

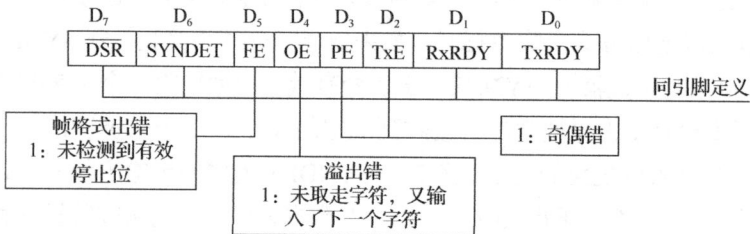

图 8.16　状态字的格式

2．8251A 的初始化编程

8251A 的初始化是在确保复位的状态下进行的，并且初始化的编程顺序有严格的要求。8251A 初始化后，可以根据设置进行相应的发送或接收串行通信。

8251A 的初始化设置流程如图 8.17 所示。在确保 8251A 复位后，首先设置方式控制字，选择通信方式、数据位数、校验方式等。若是同步通信方式，则紧接着设置 1 个或 2 个同步字符；若是异步通信方式，则无这一步。最后，设置命令控制字，选择单/双工、启动控制等。

8251A 的方式控制字和命令控制字本身无特征标志，再加上同步字符，都是使用同一个端口地址。因此，8251A 的初始化过程是根据设置的先后次序来区分的。

8251A 的初始化设置的全部信息都写入控制端口，端口地址特征是 $C/\overline{D}=1$，即地址线 $A_0=1$ 的地址。对 8251A 的每一个设置，都是按以下 2 条语句格式"写"的。

```
MOV    AL,< 控制字/同步字符 >
OUT    < 控制端口 >,AL
```

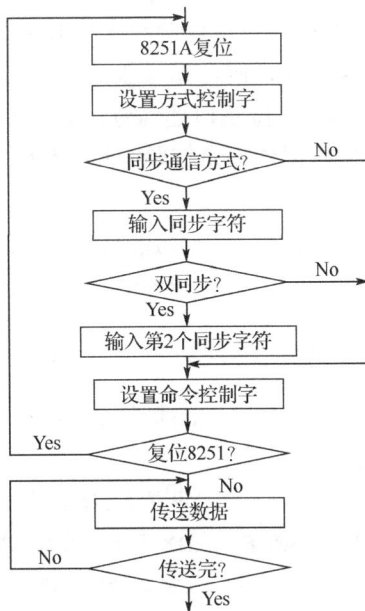

图 8.17 8251A 的初始化设置流程

8.3.4 8251A 的应用举例

8251A 需要一个外部时钟源提供 $\overline{RxC}$ 、$\overline{TxC}$ 和 CLK。$\overline{RxC}$ 和 TxC 由波特率、时钟频率和倍频系数（波特率因子）决定，CLK 则在 $\overline{RxC}$ （$\overline{TxC}$）频率基础上增高若干倍。

8251A 与微处理器通常采用查询或中断方式交换数据。若采用中断方式，则两个状态信号 TxRDY 和 RxRDY 通过一个或门接到 8259A 中断输入端（也可以分别单独连接）。其余的信号，如 $\overline{RD}$ 、$\overline{WR}$ 、RESET 等都与系统总线同名端相连。8251A 在得到中断申请后，通过读入状态字检测是接收申请（RxRDY=1）还是发送申请（TxRDY=1），然后转至相应的程序模块处理。8251A 若要判定传输是否出错，也需要读入状态字，检测错误标志位。

【例 8.3】用 8251A 做一个 CRT 终端的串行通信接口电路，如图 8.18 所示。采用查询方式将内存 DISBUF 数据区的字符串送到串行设备 CRT 终端显示。

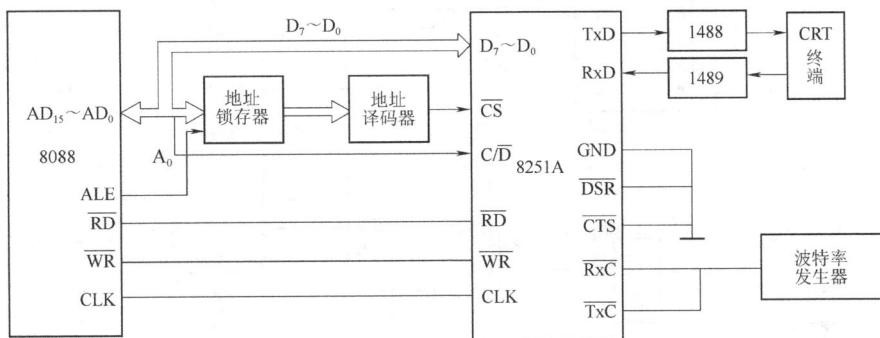

图 8.18 用 8251A 做一个 CRT 终端的串行通信接口电路

波特率发生器给 8251A 提供发送时钟信号和接收时钟信号。1488 和 1489 是电平转换电路，用于实现 TTL 电平和 EIA 电平之间的转换，以便与采用 RS-232C 的 CRT 连接。

设地址译码器对端口地址 A_{15}～A_1 译码。如果取 A_7～A_1 为 0101000（高 8 位地址 A_{15}～A_8 为全 0）的译码输出做片选信号，A_0 做端口选信号，8251A 端口地址为 50H、51H。

设 8251A 采用异步通信，8 位数据位、奇校验、1 位停止位，波特率因子为 16。

```
    ; CRT 显示的数据
DISBUF    DB        'Good',0DH,0AH          ;0DH,0AH 为回车，换行 ASCII 码
COUNT     DW        $ - DISBUF             ;COUNT 为数据个数
    ; 8251A 串行通信程序段
MAIN:     MOV       AL,01011110B
          OUT       51H,AL                 ;设置方式字 5EH
          MOV       AL,00110011B
          OUT       51H,AL                 ;设置命令字 33H
          MOV       BX,OFFSET   DISBUF     ;BX 取显示数据区首址
          MOV       CX,COUNT               ;CX 取计数初值
NEXT:     MOV       AL,[BX]                ;取一个数据
          OUT       50H,AL                 ;发送数据，显示
          INC       BX
WT:       IN        AL,51H                 ;读状态字
          TEST      AL,01H                 ;测试 TxRDY 状态
          JZ        WT                     ;TxRDY 无效，继续查询状态
          LOOP      NEXT                   ;CX-1≠0，继续取数，显示
          HLT
```

【例 8.4】用 8251A 构成一个异步通信、全双工串行接口电路，如图 8.19 所示。

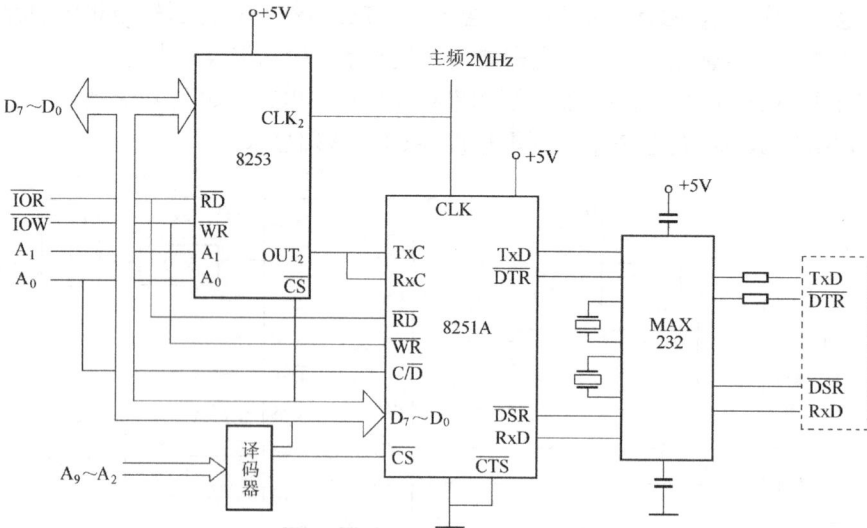

图 8.19　用 8251A 构成的异步通信、全双工串行接口电路

MAX232 是由 Maxim 公司生产的单一+5V 供电电源，是双通道 RS-232 的收/发芯片，可

实现 TTL 电平与 EIA 电平的转换。

8251A 的主时钟信号 CLK 的输入频率为 2MHz,其发送时钟信号 TxC 和接收时钟信号 RxC 由 8253 的计数器 2 的 OUT_2 提供。

设 8253 的计数器 2 采用方式 3,分频值为 52,OUT_2 输出频率约为 38.46kHz 的时钟信号。8253 端口地址为 0D0H～0D3H。

```
; 对 8253 计数器 2 设置的程序段
        MOV     AL,96H          ;计数器 2：方式 3，8 位、二进制计数
        OUT     0D3H,AL         ;设置计数器 2 控制字
        MOV     AL,52
        OUT     0D2H,AL         ;写计数初值 52
```

在实际应用中,对 8251A 确保复位的操作,通常采用先送 3 个 0,再送 40H(复位命令字)的方法。对 8251A 的每一次设置,都要调用一个软件延时子程序,以确保 8251A 硬件电路完成响应。

设 8251A 的波特率为 2400,波特率因子为 16。8251A 端口地址为 0D8H、0D9H。

```
; 对 8251A 初始化设置的程序段
        MOV     AL,0
        OUT     0D9H,AL
        CALL    DELAY           ;调用延时子程序 DELAY
        OUT     0D9H,AL
        CALL    DELAY           ;调用延时子程序 DELAY
        OUT     0D9H,AL
        CALL    DELAY           ;调用延时子程序 DELAY
        MOV     AL,40H
        OUT     0D9H,AL         ;设置 3 个 0 和复位命令字 40H
        CALL    DELAY           ;调用延时子程序 DELAY
        MOV     AL,4EH
        OUT     0D9H,AL         ;设置方式字 4EH（异步、8 位数据、波特率因子为 16 等）
        CALL    DELAY           ;调用延时子程序 DELAY
        MOV     AL,37H
        OUT     0D9H,AL         ;设置命令字 37H（启动发送器、接收器）
        CALL    DELAY           ;调用延时子程序 DELAY
```

如果 8251A 采用查询方式读取接口的一个数据,应先测试 RxRDY 状态位,若 RxRDY 状态位为"1"(有效),则说明当前输入缓冲器"满",微处理器可以用 IN 指令读取 8251A 已转换好的并行数据。

```
; 8251A 采用查询方式读取一个数据的程序段
NEXT:   IN      AL,0D9H         ;读状态字
        TEST    AL,02H          ;测试 RxRDY 状态位
        JZ      NEXT            ;RxRDY 无效，继续查询状态
        IN      AL,0D8H         ;读取输入数据
        ……                     ;处理 AL 中的数据
```

习 题 8

8.1　8255A 有哪几个端口？有哪几种工作方式？各端口在不同工作方式下的作用有何区别？

8.2　若 8255A 的端口 A、端口 B 都定义为方式 1 输入，则方式控制字是什么？此时，方式控制字中 D_3、D_0 两位的作用是什么？

8.3　假定 8255A 的端口 A 为方式 1 输入，端口 B 为方式 1 输出，端口 C 的各位是什么含义？

8.4　对满足下列要求的 8255A（端口地址为 60H～63H）进行初始化设置。

（1）设端口 A、端口 B 和端口 C 均为基本输入、输出方式（输入、输出分别考虑）。

（2）设端口 A 为选通输出方式，允许中断，端口 B 为基本输入方式，端口 C 为输出方式。

（3）设端口 A 为双向方式，允许中断；端口 B 为选通输出方式，不允许中断。

（4）设端口 A 为选通输入方式，端口 B 为选通输出方式，均允许中断，端口 C 剩余两位 PC_7 置 1，PC_6 清 0。

8.5　编写程序：读取 8255A 端口 A 输入的数据，随即向端口 B 输出，并对输入数据加以判断，当大于或等于 80H 时，PC_5 和 PC_2 置位，否则复位。

8.6　8251A 的方式控制字和命令控制字并用同一个端口地址，实际使用时如何区别？如何确保 8251A 的复位？

8.7　8251A 采用异步通信，每个字符有 6 位数据位、1 位奇偶校验位、2 位停止位，如果波特率为 9600，则每秒最多能传输多少个字符？

8.8　对 8251A（端口地址为 44 H、45H）进行全双工（可发可收）的初始化设置。要求：

（1）采用异步通信方式，8 位数据位，偶校验，1.5 位停止位，波特率因子为 16。

（2）采用同步通信方式，双同步字符（16 H），7 位数据位，无校验。

8.9　编写 8251A（端口地址为 80H、81H）异步通信输出的程序段：7 位数据位，1 位停止位，偶校验，波特率因子为 64，用查询方式输出以 BUFFER 为首地址的 60 个字节数据。

8.10　编写 8251A 异步通信输出的程序段：工作参数同上一题，仅改用中断方式工作，中断类型号为 0AH。

第9章 D/A 转换、A/D 转换接口

当微机应用于数据采集和实时控制时，其测量对象和被控对象的有关参量，如温度、压力、流量、速度等，往往都是一些在时间和幅值上连续变化的物理量，即模拟量。由于微机接收、处理和输出的只能是非连续的数字量，所以就需要在微机与被测量/控制对象之间配置一种能把数字量转换为模拟量的接口[数/模（D/A）转换器（Digital to Analog Converter，DAC）]和一种能把模拟量转换为数字量的接口[模/数（A/D）转换器（Analog to Digital Converter，ADC）]。显然，DAC 和 ADC 是微机实时测量/控制系统中不可缺少的 I/O 通道。

本章介绍 D/A 转换、A/D 转换的基本原理，常用转换芯片的性能、应用，以及微机系统的 D/A 通道和 A/D 通道设计。

9.1 D/A 转换

DAC 是接收数字量，输出一个与数字量成比例的电流或电压信号的接口。由于 DAC 接收、保持、转换的都是数字信息，不存在随温度、时间变化而产生漂移的问题，比输入模拟信号的电路的抗干扰性好，因此被广泛用于微机函数发生器、微机图形显示器，以及与 DAC 相配合的控制系统中。

9.1.1 D/A 转换原理

DAC 把数字量转换为对应的模拟量，是将数字量每一位的代码按照位权转换为对应的模拟量值，再把它们相加，这样求和得到的便是与数字量对应的模拟量。D/A 转换原理图如图 9.1 所示。

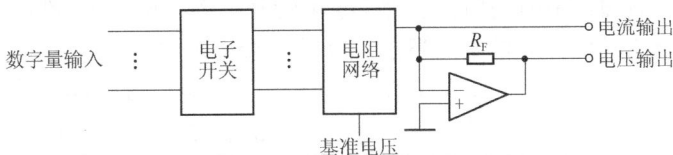

图 9.1 D/A 转换原理图

在 D/A 转换电路中，数字量输入作为电子开关的控制电平，使所有电子开关和电阻网络一起工作，以基准电压为参照得到由二进制加权合成的电流输出和电压输出。从电阻网络直接得到的是模拟电流，也可利用运算放大器完成模拟电流到模拟电压的转换。所以，要把一个数字量转换为模拟电压，实际上需要两个环节，即先由 DAC 把数字量转换为模拟电流，再由运算放大器将模拟电流转换为模拟电压。目前，大多数 D/A 转换芯片都包含这两个转换环节，

如果 D/A 转换芯片只包含第一个转换环节，则需要外接运算放大器才能得到模拟电压。

要掌握 D/A 转换原理，必须先了解运算放大器和电阻网络的工作原理和特点。

1. 运算放大器

运算放大器有 3 个特点。

① 运算放大器的放大倍数非常高，一般为几千，甚至可高达 10 万。在正常情况下，运算放大器所需要的输入电压非常小。

② 运算放大器的输入阻抗非常大。运算放大器在工作时，其输入端相当于一个很小的电压加在一个很大的输入阻抗上，所需要的输入电流也极小。

③ 运算放大器的输出阻抗很小，所以它的驱动能力非常大。

运算放大器有两个输入端：一个和输出端同相，称为同相端，用"+"表示；另一个和输出端反相，称为反相端，用"−"表示。在同相端接地时，用反相端作为输入端。由于输入电压十分小，输入点的电位和地的电位相差不大，可以认为输入端和地之间近似短路；输入电流也非常小，这说明输入端和地之间并不是真的短路。一般把这种输入电压近似为 0，输入电流也近似为 0 的点称为虚地。理解虚地的概念是分析运算放大器工作原理的基础。

运算放大器的输入端和输出端之间有一个阻值为 R_F 的反馈电阻，由于运算放大器的输入点为虚地，而且运算放大器的输入阻抗极大，可以认为流入运算放大器的电流几乎为 0，即输入电流 I 全部流过反馈电阻，而反馈电阻一端为输出端，另一端为虚地，因此，在反馈电阻上的电压降，也就是运算放大器的输出电压 $V_o = -IR_F$。

2. T 形电阻网络 DAC

DAC 的品种繁多，包括权电阻网络 DAC、T 形电阻网络 DAC、电容型 DAC 和权电流 DAC 等。各种 DAC 在电路结构上通常都由基准电源、电阻网络、运算放大器和缓冲寄存器等部件组成。不同的 DAC 的主要差别在于不同的电阻网络形式。其中，T 形电阻网络 DAC 由于具有结构简单、转换速度快、转换误差小等优点备受青睐。

在 T 形电阻网络 DAC 的电路结构中，整个电阻网络只需要 R 和 2R 两种电阻。而在集成电路中，由于所有的元件都集成在同一芯片上，电阻的特性可以做得很相近，而且结构精度与误差问题也可以得到解决。

采用 T 形电阻网络的 4 位 DAC 的电路如图 9.2 所示。4 位待转换数据分别控制 4 条支路中开关的倒向。在每条支路中，如果（数据为 0）开关倒向左边，则支路中的电阻接地；如果（数据为 1）开关倒向右边，则电阻接虚地。所以，不管开关倒向哪一边，都可以认为是接"地"。不过，只有开关倒向右边时，才能给运算放大器输入端提供电流。

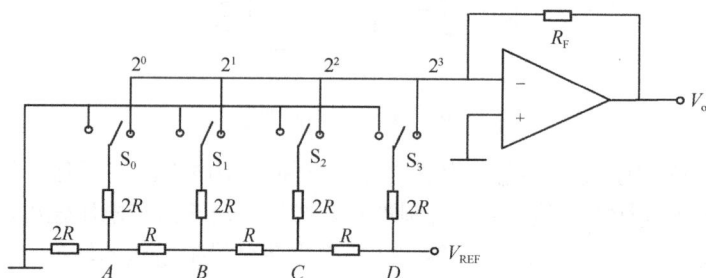

图 9.2　采用 T 形电阻网络的 4 位 DAC 的电路

在 T 形电阻网络中，结点 A 的左边为两个 $2R$ 的电阻并联，它们的等效电阻为 R，结点 B 的左边也是两个 $2R$ 的电阻并联（其中一个是结点 A 的等效电阻 $R+R=2R$），它们的等效电阻也是 R，依此类推，最后在 D 点等效于一个数值为 R 的电阻接在参考电压 V_{REF} 上。这样，就很容易算出 C 点、B 点、A 点的电位分别为 $-V_{REF}/2$、$-V_{REF}/4$、$-V_{REF}/8$。

在清楚了 T 形电阻网络的特点和各结点的电压之后，再来分析一下各支路的电流。开关 S_3、S_2、S_1、S_0 分别代表对应的 1 位二进制数。任一个数据位，D_i 为 1 表示开关 S_i 倒向右边；D_i 为 0 表示开关 S_i 倒向左边，虚地无电流。当右边第一条支路的开关 S_3 倒向右边时，运算放大器得到的输入电流为 $-V_{REF}/(2R)$。同理，当开关 S_2、S_1、S_0 倒向右边时，输入电流分别为 $-V_{REF}/(4R)$、$-V_{REF}/(8R)$、$-V_{REF}/(16R)$。

如果一个二进制数为 1111，则运算放大器的输入电流为

$$I = -V_{REF}/(2R) - V_{REF}/(4R) - V_{REF}/(8R) - V_{REF}/(16R) = -V_{REF}/(2R)\,(2^0+2^{-1}+2^{-2}+2^{-3})$$
$$= -V_{REF}/(2^4R)\,(2^3+2^2+2^1+2^0)$$

相应的输出电压为

$$V_o = IR_F = -V_{REF}R_F/(2^4R)\,(2^3+2^2+2^1+2^0)$$

将数据位推广到 n 位，输出模拟量与输入数字量之间关系的一般表达式为

$$V_o = -V_{REF}R_F/(2^nR)\,(D_{n-1}2^{n-1}+D_{n-2}2^{n-2}+\cdots+D_12^1+D_02^0)\quad (D_i=1 \text{ 或 } 0)$$

上式表明，输出电压 V_o 除了和待转换的二进制数成比例外，还和 R、R_F、V_{REF} 有关。

9.1.2　DAC 的性能参数

1. 分辨率

分辨率是指最小输出电压（对应于输入数字量最低位增 1 所引起的输出电压增量）和最大输出电压（对应于输入数字量所有有效位全为 1 时的输出电压）之比，表示 DAC 所能分辨的最小模拟信号的能力。一个 n 位的 DAC 分辨率为 $1/(2^n-1)$。

例如，4 位 DAC 的分辨率为 $1/(2^4-1)=1/15=9.67\%$（分辨率也常用百分比来表示）。8 位 DAC 的分辨率为 $1/255=0.39\%$。显然，位数越多，分辨率越高。

2. 转换精度

DAC 的转换精度与 D/A 转换芯片的结构、外部电路器件配置和电源误差有关。当这些因素造成的 D/A 转换误差超过一定值时，D/A 转换就会产生错误。如果不考虑 D/A 转换的误差，那么 DAC 的转换精度就是分辨率的大小。因此，要获得高精度的 D/A 转换结果，首先要选择有足够高分辨率的 DAC。

DAC 的转换精度可分为绝对转换精度和相对转换精度，一般用误差大小表示。D/A 转换误差包括零点误差、漂移误差、增益误差、噪声和线性误差、微分线性误差等。

绝对转换精度是指在满刻度数字量输入时，模拟量输出接近理论值的程度。它和标准电源的精度、权电阻的精度有关。相对转换精度是指在满刻度已经校准的前提下，在整个刻度范围内，对应任何一个模拟量的输出与它的理论值之差，它反映了 DAC 的线性度。通常，相对转换精度比绝对转换精度更有实用性。

相对转换精度一般用绝对转换精度相对于满量程输出的百分数来表示，有时也用最低位（LSB）的几分之几来表示。例如，设满量程输出电压 V_{FS} 为 $+5V$，n 位 DAC 的相对转换精度

为±0.1%，则最大误差为±0.1%V_{FS}=±5mV；若相对转换精度为（±1/2）LSB，LSB=1/2^n，则最大相对误差为±1/2$^{n+1}V_{FS}$。

3．非线性误差

DAC 的非线性误差定义为实际转换特性曲线与理想特性曲线之间的最大偏差，并以该偏差相对于满量程的百分数度量。设计 DAC 时一般要求非线性误差不大于 1/2LSB 且不小于-1/2LSB。

4．转换速率和建立时间

转换速率实际是由建立时间来反映的。建立时间是指当数字量为满刻度值（各位全为 1）时，DAC 的模拟输出电压达到某个规定值（如 90%满量程或（±1/2）LSB 满量程）所需要的时间。建立时间是衡量 D/A 转换速率的一个重要参数，建立时间越长，D/A 转换速率越低。不同型号 DAC 的建立时间一般从几纳秒（10^{-9}s）到几微秒（10^{-6}s）不等。若输出形式是电流，则 DAC 的建立时间是很短的；若输出形式是电压，则 DAC 的建立时间主要是输出运算放大器所需要的响应时间。

此外，影响 D/A 转换的环境因素主要是工作温度和电源电压。由于工作温度也会对运算放大器和电阻网络等产生影响，所以只有在一定的工作范围内才能保证额定精度指标。DAC的工作温度范围为–40℃～85℃。

9.1.3　DAC0832 及其接口电路

DAC0832 是 8 位双缓冲器 D/A 转换器。芯片内带有数据锁存器，可与数据总线直接相连。电路有极好的温度跟随性，使用了 CMOS 电流开关和控制逻辑，从而具有低功耗、低输出的泄漏电流误差。芯片采用 T 形电阻网络对参考电流进行分流完成 D/A 转换。转换结果以一组差动电流 I_{OUT1} 和 I_{OUT2} 输出。

DAC0832 的主要性能参数：分辨率为 8 位，D/A 转换时间为 1μs，参考电压为±10V，功耗为 20mW。

1．DAC0832 的内部结构

DAC0832 的内部结构和引脚如图 9.3 所示。

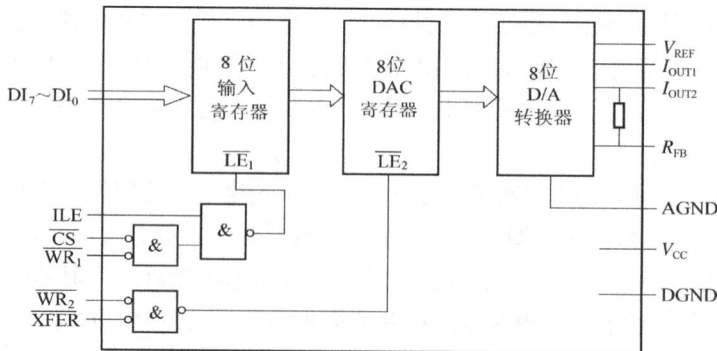

图 9.3　DAC0832 的内部结构和引脚

DAC0832 中有两级锁存器：第一级锁存器称为输入寄存器，它的锁存信号为 ILE；第二级锁存器称为 DAC 寄存器，它的锁存信号为 $\overline{XFER}$。因为有两级锁存器，所以 DAC0832 可以工作在双缓冲器方式，即在输出模拟信号的同时采集下一个数字量，这样能有效地提高 D/A 转换速率。此外，两级锁存器还可以在多个 DAC 同时工作时，利用第二级锁存信号来实现多个 DAC 的同步输出。

当 ILE 为高电平、$\overline{CS}$ 和 $\overline{WR_1}$ 为低电平时，$\overline{LE_1}$ 为高电平，输入寄存器的输出随其输入变化而变化；当 $\overline{WR_1}$ 由低电平变为高电平时，$\overline{LE_1}$ 变为低电平，数据被锁存到输入寄存器中，这时输入寄存器的输出不再随输入的变化而变化。对第二级锁存器来说，$\overline{XFER}$ 和 $\overline{WR_2}$ 同时为低电平时，$\overline{LE_2}$ 为高电平，DAC 寄存器的输出随其输入变化而变化；当 $\overline{WR_2}$ 由低电平变为高电平时，$\overline{LE_2}$ 变为低电平，将输入寄存器的数据锁存到 DAC 寄存器中。

2．DAC0832 的引脚及其特性

DAC0832 是 20 引脚的双列直插式芯片，各引脚的特性如下所述。

$\overline{CS}$：片选信号，和 ILE 组合来决定 $\overline{WR_1}$ 是否起作用。

ILE：允许锁存信号。

$\overline{WR_1}$：写信号 1，作为第一级锁存信号，将输入数据锁存到输入寄存器（此时，$\overline{WR_1}$ 必须和 $\overline{CS}$、ILE 同时有效）。

$\overline{WR_2}$：写信号 2，将锁存在输入寄存器中的数据送到 DAC 寄存器中进行锁存（此时，传送控制信号 $\overline{XFER}$ 必须有效）。

$\overline{XFER}$：传送控制信号，用来控制 $\overline{WR_2}$。

$DI_7 \sim DI_0$：8 位数据输入端。

I_{OUT1}：模拟输出电流 1。当 DAC 寄存器中所有位均为 1 时，输出电流最大；当 DAC 寄存器中所有位均为 0 时，输出电流为 0。

I_{OUT2}：模拟输出电流 2。$I_{OUT1} + I_{OUT2} =$ 常数。

R_{FB}：反馈电阻。DAC0832 内部已经有反馈电阻，所以 R_{FB} 端可以直接接到外部运算放大器的输出端，相当于将反馈电阻接在运算放大器的输入端和输出端之间。

V_{REF}：参考输入电压。可接电压范围为 -10 ～ 10V。外部标准电压通过 V_{REF} 与 T 形电阻网络相连。

V_{CC}：芯片供电电压。电压范围为 +5 ～ +15V，最佳工作状态是 +15V。

AGND：模拟地，即模拟电路接地端。

DGND：数字地，即数字电路接地端。

3．DAC0832 的工作方式

DAC0832 进行 D/A 转换，可以采用两种方法对数据进行锁存。

第一种方法是使输入寄存器工作在锁存状态，而 DAC 寄存器工作在直通状态，即使 $\overline{WR_1}$ 和 $\overline{XFER}$ 都为低电平，DAC 寄存器的锁存选通端得不到有效电平而直通。此外，使 ILE 为高电平，$\overline{CS}$ 为低电平，这样当 $\overline{WR_1}$ 端输入一个负脉冲时，就可以完成一次转换。

第二种方法是使输入寄存器工作在直通状态，而 DAC 寄存器工作在锁存状态，即使 $\overline{WR_1}$ 和 $\overline{CS}$ 都为低电平，ILE 为高电平，这样输入寄存器的锁存选通信号处于无效状态而直通；当 $\overline{WR_2}$ 端和 $\overline{XFER}$ 端输入一个负脉冲时，DAC 寄存器工作在锁存状态，提供锁存数据进行转换。

根据上述对 DAC0832 的输入寄存器和 DAC 寄存器不同的控制方法，DAC0832 有如下 3

种工作方式。

① 单缓冲方式。单缓冲方式是指控制输入寄存器和 DAC 寄存器同时接收数据，或者只用输入寄存器接收数据而把 DAC 寄存器接成直通方式。此方式适用于只有一路模拟量输出或几路模拟量非同步输出的情形。

② 双缓冲方式。双缓冲方式是指先使输入寄存器接收数据，再控制输入寄存器的输出数据传到 DAC 寄存器，即分两次锁存输入数据。此方式适用于多个 D/A 转换同步输出的情形。

③ 直通方式。直通方式是指数据不经两级锁存器锁存，即 $\overline{\text{WR}_1}$ 端、$\overline{\text{WR}_2}$ 端、$\overline{\text{XFER}}$ 端、$\overline{\text{CS}}$ 端均接地，ILE 端接高电平。此方式适用于连续反馈控制线路，在使用时必须通过另加 I/O 接口与微处理器连接，以匹配微处理器与 DAC。

4. DAC0832 的外部连接

DAC0832 单缓冲方式的外部连接线路如图 9.4 所示。当微处理器执行对 DAC0832 的输出指令时，$\overline{\text{WR}_1}$ 和 $\overline{\text{CS}}$ 处于有效电平状态。

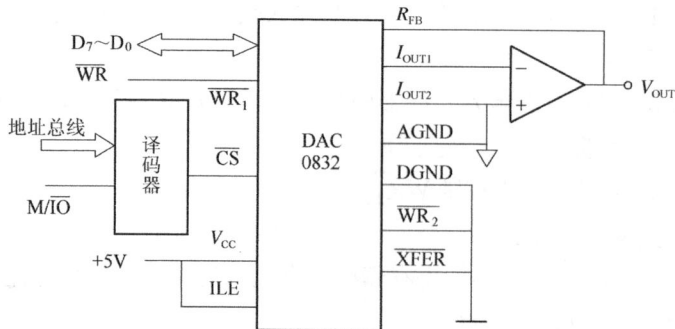

图 9.4　DAC0832 单缓冲方式的外部连接线路

DAC0832 输出的是电流，直接得到的转换输出信号是模拟电流 I_{OUT1} 和 I_{OUT2}（$I_{\text{OUT1}}+I_{\text{OUT2}}=$ 常数）。为得到输出电压，应加接一个运算放大器，这时得到的输出电压 V_{OUT} 是单极性的，极性与 V_{REF} 相反。如果要输出双极性电压，则应在输出端再接一个运算放大器作为偏移电路。

5. DAC0832 的应用举例

【例 9.1】设计波形发生器。利用 DAC 可以方便地实现各种有线性变化规律的电压波形，如锯齿波、三角形波、方（矩形）波、梯形波等。

下面的程序段可利用 DAC 产生一个正向（上升）锯齿波输出。

```
        ……
        MOV     DX,PORTA        ;PORTA 为 DAC 端口地址
        MOV     AL,0            ;设置转换初值 0
ROTAT:  OUT     DX,AL           ;输出 D/A 转换数据
        CALL    DELY            ;调用延迟子程序 DELY（省略），等待 D/A 转换完成
        INC     AL              ;转换数据+1
        JMP     ROTAT           ;转下一个 D/A 转换
```

对于上述锯齿波发生器的程序段例子，可以做以下讨论。

① 软件延迟子程序 DELY 的设计，一定要保证匹配 DAC 的转换时间。否则，输出波形会不对，或者上升波形出现过大的台阶。

② 由于 D/A 数据转换是有时间延时的，所以实际上输出的锯齿波波形有 256 个小台阶。

③ 转换初值为最大值（255，即 0FFH），然后逐渐减少到 0（INC 指令改成 DEC 指令），并重复，则输出波形为负向（下降）锯齿波。

④ 如果利用正向锯齿波和负向锯齿波的组合，并重复，则输出三角形波。

⑤ 若仅仅有最大值（255）和最小值（0）两个转换数据，并重复，则输出方波。方波的周期可以设计相应的软件延迟子程序并利用它的执行时间来调节。

⑥ 若利用正向锯齿波、负向锯齿波和方波的组合，并重复，则输出梯形波。

【例 9.2】从两个文件中分别输出一批 X 数据和 Y 数据，驱动 X-Y 记录仪，或者控制加工某个零件的走刀（X 轴）和进刀（Y 轴）。

驱动 X-Y 记录仪的 100 点输出，及控制记录仪抬笔和放笔的程序段如下。

```
;X-Y 记录仪 100 点数据
XDATA   DB          …              ;X 轴 100 个数据
YDATA   DB          …              ;Y 轴 100 个数据
;X-Y 记录仪抬笔、放笔程序段
        MOV   SI,XDATA             ;X 轴数据区指针→SI
        MOV   DI,YDATA             ;Y 轴数据区指针→DI
        MOV   CX,100
WE0:    MOV   AL,[SI]
        OUT   PORTX,AL             ;往 X 轴的 DAC 输出数据
        MOV   AL,[DI]
        OUT   PORTY,AL             ;往 Y 轴的 DAC 输出数据
        CALL  DELY1                ;调延迟子程序 DELY1，等待笔移动
        MOV   AL,01H
        OUT   PORTM,AL             ;输出升脉冲，控制笔放下
        CALL  DELY2                ;调延迟子程序 DELY2，等待完成
        MOV   AL,00H
        OUT   PORTM,AL             ;输出降脉冲，控制笔抬起
        CALL  DELY2                ;调延迟子程序 DELY2，等待完成
        INC   SI
        INC   DI
        LOOP  WE0
        HLT
DELY1:  ……                        ;笔移动延迟子程序
        RET
DELY2:  ……                        ;笔抬起/放下延迟子程序
        RET
```

9.2　A/D 转换

A/D 转换的实质是比例运算。它把输入模拟量（通常是模拟电压）信号与一个基准信号比较，将其转换为 n 位二进制数字量。

9.2.1　A/D 转换过程

A/D 转换过程通常分为 4 步：采样→保持→量化→编码。前两步在采样/保持电路中完成，后两步在 A/D 转换中同时实现。

1．采样和保持

采样是将一个在时间上连续变化的模拟量转换为在时间上离散变化的模拟量，或者说采样是在一个等时间间隔（称为采样周期）的某一点上测量输入模拟量的信号大小，使 A/D 转换能在采样周期内用一个不变的值代替在该时间间隔内连续变化的输入模拟值。

保持是将采样得到的模拟量保持一段时间，使 A/D 转换能可靠地进行。

2．量化和编码

量化是将采样、保持得到的模拟电压值转化成一个基本量化电平的整数倍。这就是把在时间上离散而在数字上连续的模拟量，以一定的准确度变为在时间上和数字上都离散、量化的等效数字值。也就是说，量化是把采样、保持的模拟量值以某个标准舍入成整数值。

显然，对于连续变化的模拟量，只有当数值正好等于量化电平的整数倍时，量化得到的才是准确值，否则量化的结果只能是输入模拟量的近似值。这种误差称为量化误差，它直接影响着 A/D 转换的精度。量化误差是由量化电平的有限性造成的，所以它是原理性误差，只能减小，无法消除。减小量化误差的根本办法是取较小单位的量化电平。

编码是把已经量化的模拟数值（一定是量化电平的整数倍）用 n 位二进制编码形式表示。

经过采样、保持、量化、编码，即可将采样的模拟电压转换成与之对应的二进制数字量。

9.2.2　A/D 转换方法

实现 A/D 转换的方法有很多，可以分成两大类：直接转换法和间接转换法。常用的直接转换法有计数法、逐次逼近法等；常用的间接转换法有双积分法、电压频率转换法等。本节主要介绍计数法和逐次逼近法。

1．计数式 ADC

计数式 ADC 最简单，也最廉价，其转换原理如图 9.5 所示。ADC 的主要部件是比较器、计数器和 DAC。V_i 是电压模拟量输入，$D_{n-1} \sim D_0$ 是数字量输出。$D_{n-1} \sim D_0$ 数字量输出同时作为 DAC 的输入。DAC 的输出电压 V_o 驱动比较器的反相端，与同相端模拟输入电压 V_i 比较。

计数式 ADC 的工作过程：首先启动转换信号使其有效（由高变低），计数器复位。当启动转换信号恢复高电平的时候，计数器准备计数。因为计数器复位为 0，所以 DAC 的输出电压 $V_o=0$。此时，比较器（运算放大器）同相端模拟输入电压 $V_i>0$，比较器输出高电平，使计

数控制信号 C 为 1，于是计数器开始计数。随着计数值的增加，DAC 输入端获得不断增加的数字量，使输出电压 V_o 不断上升。在 $V_o < V_i$ 时，比较器的输出总是保持高电平。当 V_o 继续上升到某个值时，会出现 $V_o > V_i$ 的情况，则比较器的输出变为低电平，即 C 为 0，于是计数器停止计数，此时数字输出量 $D_{n-1} \sim D_0$ 就是与模拟输入电压 V_i 等效的数字量。计数控制信号 C 的负向跳变也是 A/D 转换的结束信号，表明当前 A/D 转换完成。

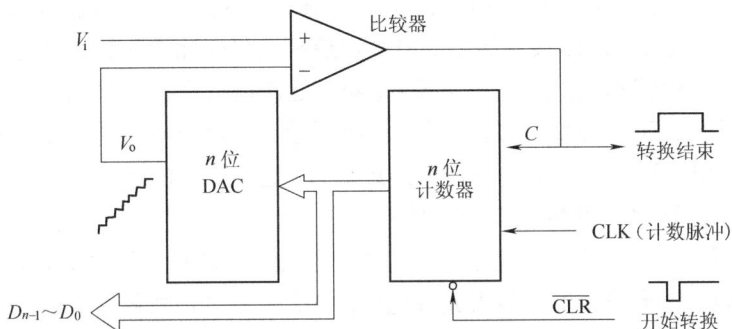

图 9.5　计数式 ADC 的转换原理

计数式 ADC 的缺点是转换速度比较慢。特别是当模拟电压比较大时，转换速度很慢。对于一个 n 位 ADC，如果输入模拟量为最大值，计数器从 0 开始计数，要计数到 2^n-1 才完成转换，相当于需要 2^n-1 个计数脉冲周期。例如，对 12 位的计数式 ADC 来说，最长的转换时间达到 4095 个脉冲周期。

2. 逐次逼近式 ADC

逐次逼近式 ADC 在 A/D 转换芯片中使用最多。逐次逼近式 ADC 是一个具有反馈回路的闭环系统，主要部件有比较器、逐次逼近寄存器、输出缓冲器、DAC 和控制电路，如图 9.6 所示。

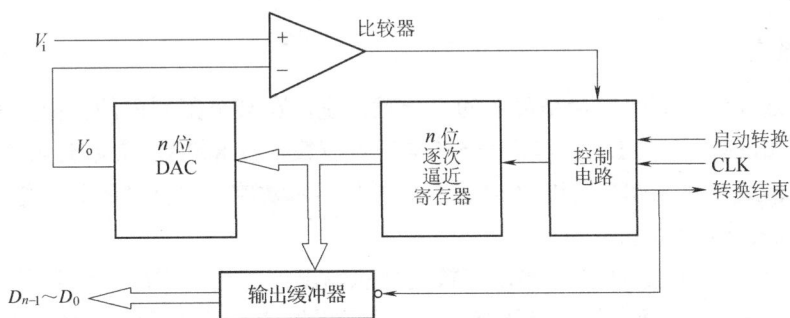

图 9.6　逐次逼近式 ADC

和计数式 ADC 一样，逐次逼近式 ADC 也用 DAC 的输出电压来驱动比较器的反相端，不同的是，在转换时要用一个逐次逼近寄存器存放转换出来的数字量，在转换结束时要将数字量经输出缓冲器送到数据总线上。

逐次逼近式 ADC 的转换原理：二分搜索、反馈比较、逐次逼近。它与生活中的天平称重原理极为相似。

当启动信号有效（由高变低）时，逐次逼近寄存器和输出缓冲器清 0，故 DAC 的输出电压 V_o=0。当启动信号变为高电平时，转换开始，即逐次逼近寄存器开始进行"天平称重"。逐次逼近寄存器的操作：从最高位开始，通过先试探性地置 1，比较 V_o 和 V_i 大小，决定该位 1 的去留，然后对次高位进行同样的操作，直到最低位为止，逐位完成同样过程（置 1→比较→决定 1 的去留）。例如，在第一个时钟脉冲时，控制电路把逐次逼近寄存器的最高位置 1，即它的输出为 100…0，使得 DAC 的输出电压 V_o 成为满量程值的一半。这时，如果 $V_o>V_i$，则表明试探置的 100…0 值大了，比较器输出低电平，控制电路据此清除逐次逼近寄存器最高位的 1；如果 $V_o \leqslant V_i$，则比较器输出高电平，控制电路使逐次逼近寄存器最高位的 1 保留下来。

n 位逐次逼近式 ADC 经过 n 次比较后，逐次逼近寄存器中得到的值就是转换的数字量。转换结束后，控制电路送出一个低电平作为结束信号，这个信号的下降沿将逐次逼近寄存器中的数字量送入输出缓冲器，供微处理器读取。

采用逐次逼近法，首先将逐次逼近寄存器最高位置 1，这相当于取最大允许电压的 1/2 与输入电压进行比较。如果搜索值在最大允许电压的 1/2 范围内，则将逐次逼近寄存器最高位置 0。然后将逐次逼近寄存器次高位置 1，这相当于在 1/2 范围内再做对半搜索……以此类推，逐次逼近相当于在不断缩小 1/2 的范围内做对半搜索。因此，逐次逼近法也称为二分搜索法或对半搜索法。

逐次逼近式 ADC 理论上用 n 个时钟脉冲就可以完成 n 位转换，但实际上还需要加几个时钟脉冲完成置位、复位等操作。总体来说，逐次逼近式 ADC 的转换速度是很快的。

9.2.3 ADC 的性能参数

1. 分辨率

分辨率是指能够分辨最小量化信号的能力，用输出的数字量变化 1 所需输入模拟电压的变化量来表示，通常以位为单位。一个 n 位的 ADC，其分辨率为 2^n 位，如 12 位的 ADC 分辨率为 2^{12}=4096 位。

2. 转换精度

模拟量是连续的，而数字量是离散的。一般来说，在某个范围内的模拟量都对应于同一个数字量。例如，有一个 ADC，理论上 5V 电压对应数字量 800H，实际上 4.997V、4.998V、4.999V 等也对应数字量 800H。所以，A/D 转换的模拟量和数字量之间并不是严格一一对应的。这就是 ADC 的转换精度。

转换精度反映了 ADC 的实际输出值接近理想输出值的精确程度，通常用数字量的最低有效位（LSB）表示。设数字量的最低有效位对应于模拟量 Δ，这时称 Δ 为数字量的最低有效位当量。

如果模拟量在 $(\pm 1/2)\Delta$ 范围内都产生相对应的唯一的数字量，则这个 ADC 的转换精度为 (± 0)LSB；如果模拟量在 $(\pm 3/4)\Delta$ 范围内都产生相同的数字量，则这个 ADC 的转换精度为 $(\pm 1/4)$LSB。这是因为后者和转换精度为 (± 0)LSB，即误差范围为 $(\pm 1/2)\Delta$ 的 ADC 相比，ADC 的误差范围扩大了 $(\pm 1/4)\Delta$。同样，如果模拟量在 $\pm\Delta$ 范围中都产生相同的数字量，那么这个 ADC 的转换精度为 $(\pm 1/2)$LSB，这是因为和转换精度为 (± 0)LSB 的 ADC 相比，模拟量的允许误差范围扩大了 $(\pm 1/2)\Delta$。常用的 ADC 的转换精度为 $\pm (1/4 \sim 2)$LSB。

3．转换时间和转换率

完成一次 A/D 转换所需要的时间称为 ADC 的转换时间。用 ADC 的转换时间的倒数表示 ADC 的转换速度，即转换率。例如，一个 12 位逐次逼近式 ADC 完成一次 A/D 转换所需时间为 $20\mu s$，其转换率为 50kHz。ADC 的转换时间一般为 $10\sim200\mu s$。

在选用 ADC 时，应综合考虑其分辨率、转换精度、转换时间、使用环境温度，以及经济性等因素。

9.2.4 ADC0809 及其接口电路

ADC0809 是逐次逼近式的 8 位 A/D 转换器。有 8 个模拟量输入通道，可选择其任一通道进行 A/D 转换。ADC0809 的主要性能参数：分辨率为 8 位，转换时间为 $100\mu s$，单一电源电压为+5V，功耗为 15mW，模拟输入电压范围单极性为 $0\sim5V$，双极性为±5V 或±10V。

1．ADC0809 的内部结构

ADC0809 的内部结构和引脚如图 9.7 所示。ADC0809 由 8 路模拟开关（包括地址锁存和 3-8 译码器）、8 位 A/D 转换部分、8 位输出锁存器组成。其中，A/D 转换部分由 8 位 DAC、比较器、逐次逼近寄存器和控制逻辑组成。

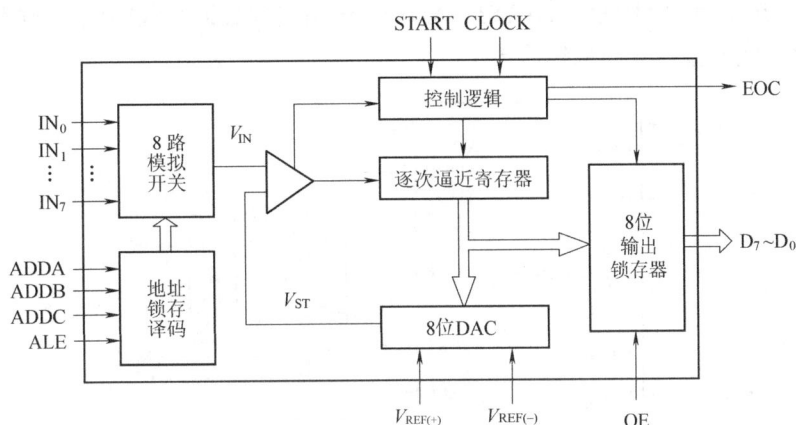

图 9.7 ADC0809 的内部结构和引脚

8 位 DAC 的转换输出电压 V_{ST} 的大小完全取决于逐次逼近寄存器输入的数字量。V_{ST} 送到比较器的输入端，与输入模拟信号 V_{IN} 进行比较，根据比较器输出的"0"或"1"来确定逐次逼近寄存器输出的数字量，以便进行下一个 D/A 转换。

转换完成后，逐次逼近寄存器的数值送入输出锁存器。当输出允许信号 OE 有效时，把输出锁存器中的数字量送到数据总线上，供微处理器读取。

START 和 EOC 分别为启动信号和变换结束信号，EOC 还可以用于申请中断或供查询。

ADC0809 通过引脚 $IN_0\sim IN_7$ 可以输入 8 路模拟输入电压。ALE 将选择模拟输入通道路数的 ADDA、ADDB、ADDC 信号锁存，经过 3-8 译码器选通 8 路中的一路进行 A/D 转换。

2．ADC0809 的引脚及其特性

ADC0809 是 28 引脚的双列直插式芯片，各引脚的特性如下所述。

V_{CC} 和 GND：电源（+5V）和地（0 V）。

CLOCK：工作时钟。

$IN_0 \sim IN_7$：8 路模拟输入线。

$D_7 \sim D_0$：8 位转换数据输出线。

ADDA、ADDB、ADDC：模拟通道地址选择线。

ALE：地址锁存允许信号。其上升沿将 ADDA、ADDB、ADDC 三位模拟通道地址选择信号锁存，由 3-8 译码器选通对应模拟通道。

$V_{REF(+)}$、$V_{REF(-)}$：基准输入电压，要求 $V_{REF(+)} + V_{REF(-)} = V_{CC}$，其偏差值在±0.1V 范围内。

START：启动转换信号。在模拟通道选通地址锁存之后，由 START 的正脉冲启动转换。脉冲上升沿使所有内部寄存器清 0，下降沿使 A/D 转换开始。

EOC：转换结束信号。在进行 A/D 转换时，EOC 为低电平；当 A/D 转换结束时，数据锁存到输出锁存器，EOC 变为高电平。

OE：输出允许信号，高电平有效。该信号有效时，打开输出锁存器，把数据送到数据总线上，供微处理器读取。

3．ADC0809 与系统总线的连接

ADC0809 与系统总线的连接如图 9.8 所示。微机系统的地址总线通过译码器输出端连接 ADC0809 的片选信号。ADDA、ADDB、ADDC 分别接到数据总线的低 3 位上。ADC0809 的 8 位数据输出线直接与数据总线连接。

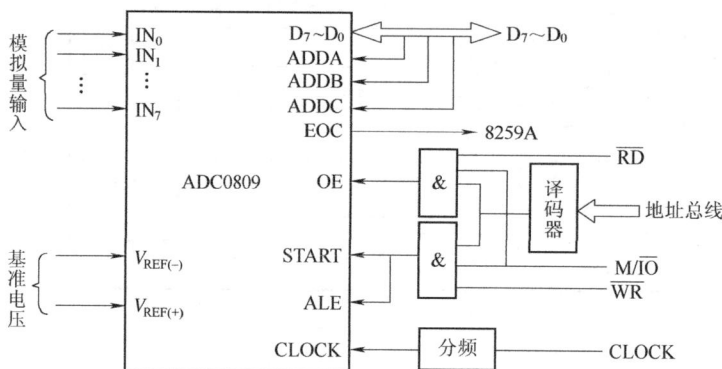

图 9.8　ADC0809 与系统总线的连接

当微处理器向 ADC0809 发出一条输出指令时，M/$\overline{IO}$、$\overline{WR}$ 和地址信号同时有效，地址锁存信号 ALE 将出现在数据总线上的模拟通道地址锁入地址锁存器中，同时 START 启动芯片开始 A/D 转换。在转换结束后，微处理器向 ADC0809 发出一条输入指令，M/$\overline{IO}$、$\overline{RD}$ 和地址信号同时有效，这时输出允许信号 OE 有效，输出锁存器被打开，已转换好的数据被送到数据总线上被取走。

转换是否结束，可查询 EOC 信号状态。若采用中断方式读取数据，则可利用 EOC 信号在转换结束时发中断请求脉冲。

ADC0809 的时钟频率为 640kHz，转换时间为 100μs。由于微机的时钟频率为 5MHz 或者更高一些，所以系统时钟必须经分频后接到 ADC0809 芯片的 CLOCK 引脚上。

【例 9.3】ADC0809 的端口地址为 PORCT，把 3 通道的模拟量转换成数字量送给 AL 寄存器。

```
；ADC0809 的 3 通道读数程序段
    MOV     AL,03H
    OUT     PORCT,AL      ;送 3 通道地址，并启动转换
    CALL    DELAY         ;调 DELAY 延时子程序，等待转换完成
    IN      AL,PORCT      ;读取转换数据
```

9.3　A/D 通道、D/A 通道设计

微机系统在处理连续变化的模拟量时，一般先把它们转变成连续变化的电量（模拟电流/电压量），然后将模拟电流/电压量转换成数字量。把模拟电流/电压量转换成数字量一般分两步进行：先对模拟电流/电压采样，得到与此电流/电压相对应的离散脉冲序列，然后用 ADC 将离散脉冲信号转换为离散的数字信号，从而完成模拟量到数字量的转换。

对于微机控制过程来说，若需要用模拟信号进行现场目标控制，则应把微处理器发出的数字信号通过 DAC 转换成模拟电流/电压量，驱动执行部件完成对目标的控制。

A/D 转换和 D/A 转换是两个互逆转换过程。通常，这两个互逆转换过程会出现在同一个微机实时控制系统中。微机实时控制系统示意图如图 9.9 所示。

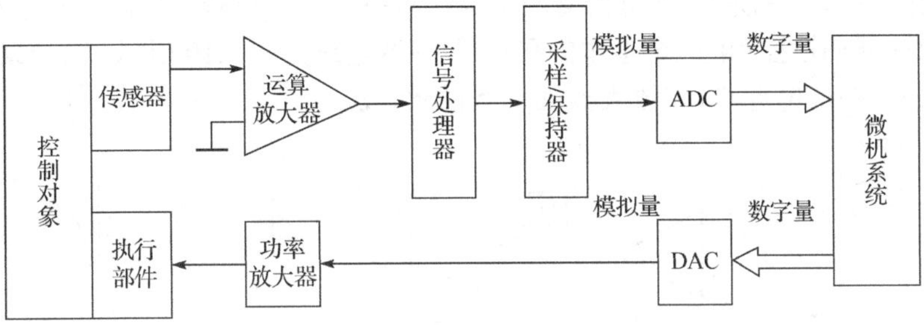

图 9.9　微机实时控制系统示意图

一个闭环微机实时控制系统，如果去掉执行部件、DAC 和功率放大器，就是一个将现场模拟信号变为数字信号并传送给微机处理的数据采集系统；如果只有微机系统、DAC、功率放大器和用模拟信号控制的执行部件，就是一个数据控制系统。

对于一个数据采集系统，除传感器、信号处理（放大、滤波）器之外的其余部分称为 A/D 通道。A/D 通通包括微处理器、模入接口、ADC、采样/保持器和模拟多路开关。对于一个数据控制系统，除功率放大器和执行部件之外的其余部分称为 D/A 通道。D/A 通道包括微处理器、模出接口、DAC、模拟多路开关和保持器（缓冲器）。

A/D、D/A 通道的应用，除了涉及 ADC、DAC，还涉及以下一些通道的器/部件设计问题。

9.3.1　多路模拟开关

在微机实时控制系统中，被控或被测的往往是几路或几十路信息，所以常采用公共的 A/D

转换、D/A 转换电路实现多个通路的转换。

多路模拟开关是多通道 A/D 转换、D/A 转换系统的重要器件之一。为了提高系统的转换精度和转换速度，对多路模拟开关有 3 点基本要求。

① 当切换开关接通时，它的导通静态电阻无穷小。

② 当切换开关断开时，它的开路静态电阻无穷大，即开关的漏电流越小越好（漏电流一般为 0.5nA～1nA）。

③ 切换速度越快越好（延迟时间一般为 100ns～0.8μs）。

多路模拟开关有机械式开关、晶体管开关和场效应管开关 3 类。目前，各种多路开关器件都做成芯片形式。常用的模拟开关器件很多，它们的切换通道数目、接通和断开时的开关电阻、漏电流，以及输入电压等参数各不相同。

在实际应用中，如果是多个模拟信号源共用一个 ADC，则需要用"多到一"开关来分时切换模拟量的输入。如果一个 DAC 把模拟量分时送给多个接收端，则需要用"一到多"开关来切换模拟量的输出。目前，把多路模拟开关与 ADC 做在一个芯片内，使得多路模拟开关芯片具有了"多到一"和"一到多"双向开通的功能，如 ADC0809（8 通道）、ADC0816（16 通道）。采用这样的转换器，无须外加多路模拟开关就能实现多路模拟量的分时转换。

9.3.2 采样/保持器

采样/保持器的作用是将一个在时间上连续的信号转换成一个在时间上离散的信号，使其作为 A/D 转换的输入信号并在 A/D 转换期间保持不变。

在 A/D 通道中使用的采样/保持器有两个稳定状态，即采样和保持。这两个状态的转换是受一个采样脉冲周期性控制的。最基本的采样/保持器电路如图 9.10 所示。它由采样开关 S（用采样脉冲控制），保持电容 C_H 和放大器 A_1、A_2 等组成。

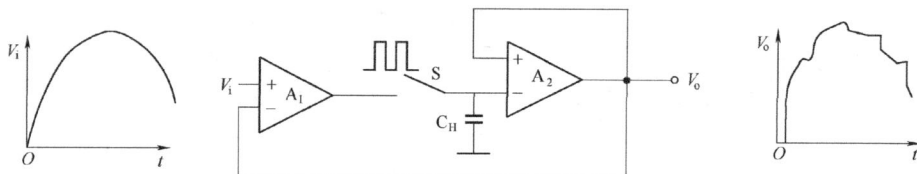

图 9.10 最基本采样/保持器电路

在采样期间，开关 S 闭合，模拟输入电压 V_i 经高增益、低输出阻抗的放大器 A_1 向保持电容 C_H 快速充电；在保持期间，开关 S 断开，由于 A_2 输入阻抗很高，V_o 保持采样控制脉冲存在最后瞬间的采样值不变。实际上，由于 C_H 漏电等原因，V_o 是随时间下降的。但只要 C_H 的漏电电阻、A_2 的输入电阻和采样开关 S 的截止电阻足够大，大到可以忽略 C_H 放电电流的程度，V_o 就能保持到下次采样脉冲到来之前基本不变。

采样/保持器的主要性能参数如下。

① 孔径时间——从发出保持命令到开关断开所需要的时间。

② 采样时间——从发出采样命令到采样/保持器的输出电压由保持值达到输入电压当前值所需要的时间。

③ 保持电压衰减速度——在保持状态下，由漏电流引起的保持电压衰减速度。

采样/保持器大多集成芯片形式，其种类和型号很多。常用的采样保持器有通用型 AD582

和 AD583，高速型 AD585（采样时间为 3μs，孔径时间为 35ns）等。通常，保持电容 C_H 不做在采样/保持器芯片内，而是由用户根据采样速度外接。

9.3.3　A/D 通道、D/A 通道的结构形式

根据系统对 A/D 通道、D/A 通道的个数、转换速度、信号源变化速度等的不同要求，A/D 通道、D/A 通道有多种结构形式。

1．A/D 通道的结构形式

A/D 通道的结构除有单通道、多通道之分以外，还有低速、高速，以及带或不带采样/保持器等之分。

① 不带采样/保持器的单通道，用于直流或低频模拟信号的 A/D 转换。

② 带采样/保持器的单通道，用于高速模拟信号的 A/D 转换。

③ 每个通道都带有采样/保持器和 ADC 的并行多通道。这种通道形式允许各通道同时进行 A/D 转换，常用于需要同时给出多个数据项描述且要求转换速度快的系统。

④ 每个通道都带采样/保持器，但共享 ADC 的多通道。在这种通道形式中，每个通道的 A/D 转换是经模拟多路开关分时串行进行的，故速度较慢。

⑤ 共享采样/保持器和 ADC 的多通道，如图 9.11 所示。这种形式的通道硬件少、转换速度慢，适用于对转换速度要求不高的数据采集系统。

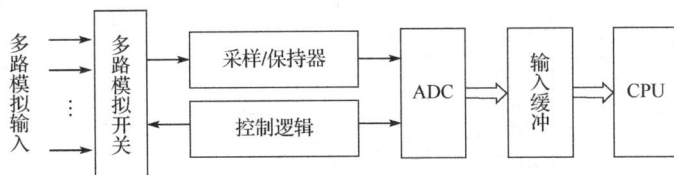

图 9.11　共享采样/保持器和 ADC 的多通道

2．D/A 通道的结构形式

D/A 通道的结构除有单通道、多通道之分以外，还有带或不带数据锁存器和保持器等之分。

① 带数据锁存器的单通道。

② 带保持器输出的单通道。由于其要靠保持器的电容记忆功能维持输出模拟量，故不能长久保持模拟量信息不变，必须定时刷新。

③ 每个通道各自带有数据锁存器和 DAC 的并行多通道。一般用于对转换速度要求较高系统。

④ 共享 DAC 的多通道，如图 9.12 所示。其由于共享 DAC，所以 D/A 转换速度较慢。模拟输出端靠保持电容维持模拟信息，需要定时刷新。

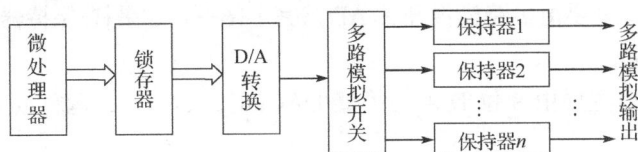

图 9.12　共享 DAC 的多通道

9.3.4 A/D 通道、D/A 通道的应用举例

【例 9.4】IBM PC/XT 微机控制一个模拟量 I/O 接口，如图 9.13 所示。该系统的模拟量输入通道为 16 路，分辨率为 12 位；模拟量输出通道为 2 路，分辨率为 8 位。数据采集部分采用共享保持/采样器和 ADC 的 A/D 多通道形式，ADC 与微处理器之间的数据传输采用查询方式。数据控制部分采用并行 D/A 多通道形式，2 路 D/A 转换同时进行。

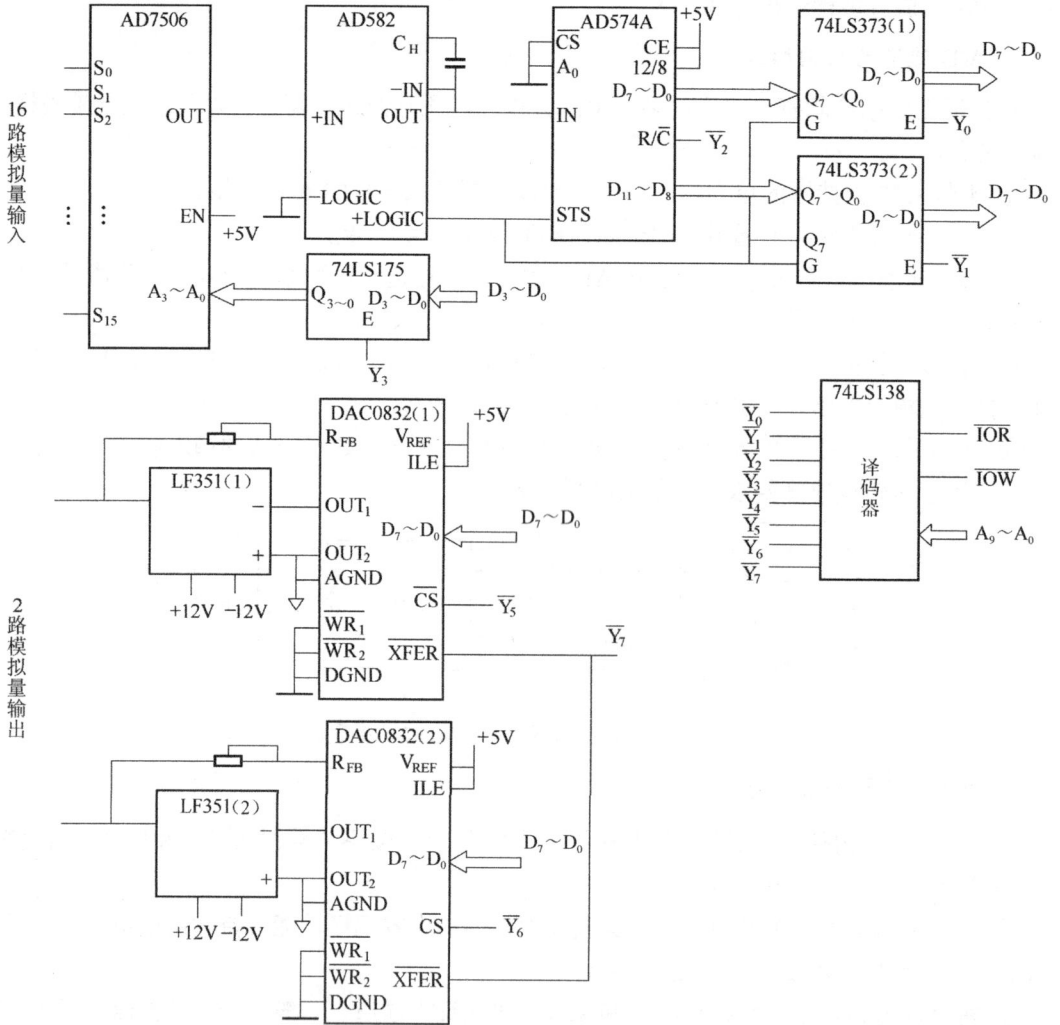

图 9.13 模拟量 I/O 接口系统电路图

1. 电路组成

① A/D 转换接口主要由多路模拟开关 AD7506（16→1）、采样/保持器 AD582、12 位 A/D 转换器 AD574A 组成。

② D/A 转换接口主要由 8 位 D/A 转换器 DAC0832（2 个）、运算放大器 LF351（2 个）组成。

③ 接口地址译码电路采用 74LS138 译码器，$\overline{Y_0} \sim \overline{Y_7}$ 是 8 个连续的 I/O 接口地址选通端，设其地址为 0210H～0217H（0214H 未用）。

2．A/D 转换的工作过程

1）选择通道

进行数据采集时，应先选择多路模拟开关 AD7506 中 $S_{15}\sim S_0$ 的模拟量输入通道。通道地址由数据总线的低 4 位 $D_3\sim D_0$ 编码产生，经锁存器 74LS175 送到多路开关 AD7506 的 $A_3\sim A_0$ 通道进行译码。74LS175 的选通由地址译码器 74LS138 的 $\overline{Y_3}$ 控制，即地址为 0213H。

例如，选择模拟输入通道 2（S_2）可用以下程序段实现。

```
MOV    DX,0213H
MOV    AL,02H
OUT    DX,AL
```

选定通道后，模拟量输入通过多路模拟开关进入采样/保持器 AD582 的输入端+IN。此时，由于 AD574A 尚未启动转换，它的转换信号 STS 为低电平，加到 AD582 的+LOGIC 端，使 AD582 处于采样状态，保持电容器 C_H 的电压随着输入模拟信号变化而变化，即处于跟随状态。

2）启动 A/D 转换

AD574A 是采用快速逐次逼近转换方式的 12 位 A/D 转换器。AD574A 的 $\overline{CS}$ 接地，CE 接+5V 电源，即 $\overline{CS}=0$，CE=1，AD574A 的启动转换信号 R/$\overline{C}$ 由 74LS138 译码器的 $\overline{Y_2}$ 控制。当 R/$\overline{C}=0$ 时，AD574A 启动 12 位数据转换。对 0212H 地址执行一条输出指令，由于 0212H 地址选通，$\overline{Y_2}=0$，即 R/$\overline{C}=0$，启动了一次 A/D 转换，这里是用虚拟的"写"操作。

```
MOV    DX, 0212H
OUT    DX, AL          ；虚拟写操作，启动 A/D 转换
```

在转换期间，STS 变成高电平，此信号加到 AD582 的+LOGIC 端，使之处于保持状态。此时，C_H 的电压就是供 AD574A 转换的模拟输入电压。

3）读取数据

当转换结束时，STS 为低电平，AD582 又回到采样状态，为下一次采样做好准备。同时，STS 打开两个锁存器 74LS373 的门控信号 G，把 AD574A 并行输出的 12 位转换数据送到锁存器，低 8 位锁存到 74LS373（1）的 $Q_7\sim Q_0$，高 4 位锁存到 74LS373（2）的 $Q_3\sim Q_0$。同时，STS 通过 74LS373（2）的 Q_7 连接到数据总线 D_7 位。在查询方式下，微处理器查询 D_7 位便可知转换是否完成。存放在锁存器中的 12 位数据分两次读取。读取数据过程可用下面的程序段实现。程序执行完，AX 的内容为转换的 12 位数据。

```
L1:    MOV    DX,0211H
       IN     AL,DX         ;读状态位（D7）和高 4 位数据，即 74LS373（2）
       AND    AL,80H        ;测试 STS 是否为 0，即转换是否完成
       JNZ    L1            ;未完成，继续测试 STS
       AND    AL,0FH        ;转换完成，将高 4 位取出来存入 AH
       MOV    AH,AL
       MOV    DX,0210H
       IN     AL,DX         ;读低 8 位数据，即 74LS373（1）的 Q7～Q0
```

3．D/A 转换的工作过程

本例中的 D/A 转换系统有两个 D/A 通道：DAC0832（1）和 DAC0832（2）。要求两路模拟量同时输出，因此采用双缓冲工作方式。DAC0832 是电流型输出，使用运算放大器 LF351

将电流信号输出转换成电压信号输出。

DAC0832 的 $\overline{WR_1}$、$\overline{WR_2}$ 接地，ILE 接 +5V 电源；$\overline{CS}$ 为第一级缓冲选通信号，把 8 位转换数据送到输入寄存器，两片 DAC0832 的 $\overline{CS}$ 分别与 74LS138 的 $\overline{Y_5}$ 和 $\overline{Y_6}$ 相连，由相应地址（0215H 和 0216H）选通控制；$\overline{XFER}$ 为第二级缓冲选通信号，两片 DAC0832 的 $\overline{XFER}$ 均与 74LS138 的 $\overline{Y_7}$ 相连，由 0217H 地址选通做两路同时启动 D/A 转换的控制。

实现两路同时 D/A 转换的程序段如下。

```
MOV    DX,0215H
MOV    AL,N1
OUT    DX,AL          ;送 DAC0832（1）转换数据 N1
MOV    DX,0216H
MOV    AL,N2
OUT    DX,AL          ;送 DAC0832（2）转换数据 N2
MOV    DX,0217H
OUT    DX,AL          ;虚拟写操作，启动两个 DAC0832 同时转换
```

习 题 9

9.1　ADC 和 DAC 在微机控制系统中分别起什么作用？

9.2　在 D/A 转换中，什么是分辨率？什么是相对转换精度？

9.3　采用 DAC0832 电路，编程设计一个周期可调的梯形波发生器。

9.4　当使用带两级数据缓冲的 8 位 DAC 时，为什么有时要用 3 条输出指令才能完成 12 位或者 16 位数据的转换？

9.5　试述 ADC 的主要技术指标。其中最重要的是哪两个？

9.6　比较计数式 ADC 和逐次逼近式 ADC 的优缺点。

9.7　如果 ADC0809 与微机接口采用中断方式，则 EOC 应如何与微处理器连接？转换程序又如何设计？

9.8　用示意图说明，什么是采样/保持器的采样状态和保持状态？

9.9　IBM PC/XT 微机扩接一个 8 位 ADC，如图 9.14 所示。8255A 端口地址为 60H～63H。为了启动一次 A/D 转换，应在 START 端加一个正脉冲，脉冲宽度不小于 0.5μs。当 A/D 转换完成时，EOC 由低电平变为高电平。试以查询方式连续采集 100 个 V_i 数据，存放到起始地址为 Buffer 的内存数据区。

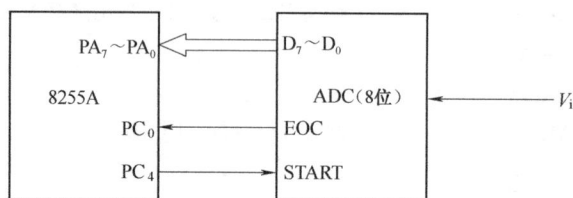

图 9.14　习题 9.9 的 A/D 转换器应用图

第 10 章　微机总线接口

微机系统是一个信息处理系统，各部件之间存在着大量的信息流动。因此，微机的系统与系统、插件与插件，以及插件上的芯片需要用通信线路连接。由于所有信号都要通过通信线路传输，通信线路的设置和连接方式显得尤为重要。

通信线路的设置有两种方法：一种是设置专线式通信线路。这种线路仅与通信器件本身有关，传输信息控制简单，传输速率可以很高。但是，专线式通信线路若用于整个系统，则会使所需要的传输线路数量巨大，增加系统的复杂性，加重通信部件的负载，同时不便于系统的模块化。另一种是设置公共通信线路，即总线式通信线路。

本章主要介绍在设计和开发微机系统的 I/O 接口时，常使用的主流型总线的结构、类型、标准、技术，以及相关系统总线。

10.1　总线概述

10.1.1　总线和总线结构

所谓总线，是指微机中用于各模块间传输信息的一组公共信号线的集合。它为微机的各个模块之间、各个设备之间，甚至模块的各部件之间提供公共的、标准化的通信线路。目前，微机系统的体系结构就是以总线为中心的结构。

微机系统采用总线结构有以下 3 个优点。

① 简化系统结构：面向总线的结构可简化连接线路，使系统结构清晰。

② 优化硬件和软件设计：由于总线是标准化的，所以硬件设计只需要按总线规范设计能够互换的、通用的，并且可以大批量生产的插件即可。插件式的硬件结构则使得软件设计模块化。模块化的软件开发效率高、调试方便、共享性好。

③ 便于系统的扩充和更新：由于各厂家的插件、芯片都根据标准化总线生产，所以采用总线结构便于系统从功能和规模上进行扩充，并可随着技术的发展不断更新。

总线的特点在于其公用性，即它可以同时挂接多个模块或设备，作为所有挂接模块或设备公共使用的信号载体或通信线路。总线上的每个模块或设备都通过开关门电路与总线中相应的信号线连接。发送模块或设备可以通过驱动器把要传输的信息送到总线相应信号线上；接收模块或设备则在适当时刻打开接收总线信号的缓冲器，把总线相应信号线上的信号接收进来。

在同一时刻总线只允许一对模块或设备进行信息交换。当有多个模块或设备需要同时使用总线进行信息传输时，总线只能采用分时方式，并且要对总线使用的优先权进行仲裁管理。

因此，要使多个模块或设备共用总线必须解决汇集与分配信息，选择发送模块和接收模块，建立总线控制权，以及总线控制权的转移等问题。相应地，总线结构的实体应包括两部分：用于传输信息的传输线路和与解决上述问题有关的总线控制逻辑。

10.1.2　总线类型和总线标准

1. 总线分类

总线从不同的角度可分为多种类型。按连接对象不同，总线可分为内（部）总线和外（部）总线。内部总线主要用于连接微处理器与其他支持电路等；外部总线主要用于连接系统与系统、主机与外设等。按用途不同，总线可分为数据总线、地址总线、控制总线、电源线、地线和备用线等。按握手技术或联络方式不同，总线可分为同步传输总线和异步传输总线。按数据传输格式不同，总线可分为并行总线和串行总线。微机系统的内部总线一般都采用并行总线。按总线标准的不同，总线可分为以总线标准命名的多种总线。

最常用的总线分类方法是把总线按功能分类。这种分类方法能够体现总线在系统中的功能层次结构。总线按功能可分成 3 类。

1）局部总线

局部总线是部件（插件板）内各芯片之间互连的总线，又称为片级总线。它是以微处理器为核心的中央处理器模块或一个很小系统所用的总线。例如，微机系统板上的包括地址总线、数据总线和控制总线的局部总线，可将微处理器芯片和其他外围芯片相互连接起来。像磁盘适配卡、通信卡等插件板内芯片的互连都使用局部总线实现。

2）系统总线

系统总线是微机系统内各功能部件之间相互连接的总线，又称为板级总线或内部总线。微机系统内各功能部件往往以插件板的形式出现，如微机主板、存储器扩展板，以及各种 I/O 接口板。通常所说的微机总线就是指系统总线。

比较典型的系统总线有 S-100 总线、STD 总线、微通道（MCA）总线，以及 PC 系列微机总线（IBM PC/XT）总线、ISA（IBM PC/AT）总线、EISA 总线等。

3）通信总线

通信总线是微机系统之间，或者微机系统与其他通信设备之间的通信总线，又称为外部总线。这种总线不是微机专有的，通常是对电子工业或其他领域已有的总线加以应用而形成的。典型的通信总线有 IEEE-488（并行总线）、EIA-RS-232C（串行总线）等。

对于用户，无论是在已有微机系统的基础上扩展功能插件，还是用功能插件板组装成新的微机系统，所直接接触到的往往是系统总线和通信总线。因此，这两类总线对于开放式的系统组成至关重要。

2. 微机的多级总线结构

微机系统一般采用如图 10.1 所示的三级总线结构。图 10.1 中点画线框内是微处理器系统主板结构，板内通过局部总线将微处理器与 RAM、ROM，以及其他芯片连接起来。存储器扩展板、显示器接口板等各种插件板虽然功能各异，但它们内部的芯片都是通过局部总线连接起来的。系统总线将主板和其他插件板连接，组成一个微机系统。微机系统通过一个特殊的部件，即总线扩展板挂接到通信总线上，通过通信总线与其他系统或设备建立联系。

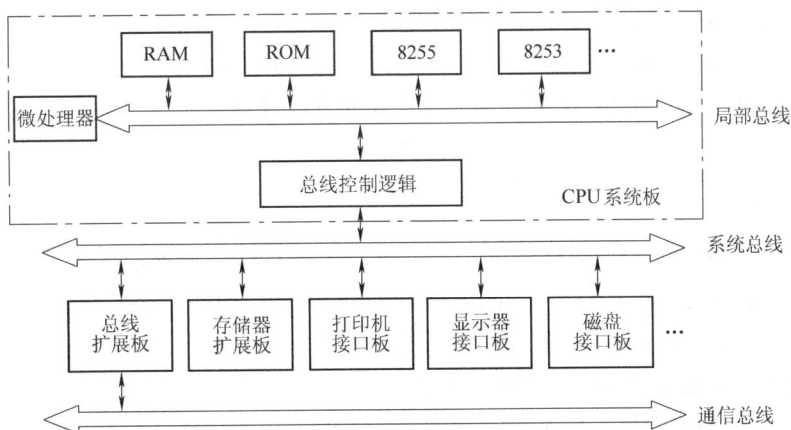

图 10.1　微机系统的三级总线结构

3．总线标准

总线标准是国际上计算机厂家和计算机用户公认的总线互连标准。之所以要制定总线标准，有两个原因。

一是为了使系统组成更简单、灵活和易于扩展。现在所有的微机系统，包括多处理器系统，都采用模块化结构，即用若干个功能模块搭积木式地组成系统。一个模块通常就是一个独立的插件板，如显示器适配卡、磁盘适配卡、打印机适配卡、网络适配卡，以及用于工控的各种插件等。将各种插件板插入插座，并用总线将各插座连接起来，便构成了所需要的应用系统。为了让系统内各个插件板能够插在任何一个插座上，要求各插座之间具有通用性，因此需要制定总线标准。

二是计算机生产厂家都采用开放式设计策略，以使自己设计、制造的插件板或设备能够与其他厂家的产品互连或互换，即能够标准化地生产各种兼容的配套产品，以获得广泛的市场，因此需要制定总线标准。

总线标准一般包括机械结构规范、功能结构规范、电气规范 3 部分内容。

① 机械结构规范：规定模块尺寸、总线插头、边缘连接器等的规格。

② 功能结构规范：确定引脚名称、功能及相互作用的协议。包括数据线、地址线、读/写控制逻辑线、时钟线、电源线和地线等；中断机制；总线主控仲裁；应用逻辑，如复位、自启动、联络、休眠维护等。

③ 电气规范：规定信号逻辑电平、负载能力及最大额定值、动态转换时间等。

其中，功能结构规范是总线标准的核心，通常以时序和状态来描述信息的交换、流向，以及信息的管理规则。

10.1.3　总线技术

总线技术的内涵有总线的物理连接技术和总线的信号连接技术两个方面。总线的物理连接技术涉及电缆的选择与连接；用于缓冲的驱动器、接收器的选择与连接；酌情采用点对点的连接技术，把高速的内部总线与较长的物理总线相隔离；传输线的屏蔽、接地和抗干扰等。因此，总线的物理连接技术可以说是总线的"硬"技术。

总线的信号连接技术除包括解决信号传输的缓冲、匹配等问题的基本连接技术以外，还包括总线判决、总线握手和中断控制等连接信号相互间的定时和逻辑控制技术。因此，总线的信号连接技术可以说是总线的"软"技术。下面着重介绍总线的信号连接技术中的总线判决和总线握手。

1. 总线传输周期

总线是模块与模块之间信息传输的公共通道，因此总线最基本的任务就是保证信息能在总线上高速而可靠地传输。总线的一个传输周期，一般分成如下 4 个阶段。

① 总线请求和判决阶段：需要使用总线的主模块提出总线请求，由总线判决机构确定把下一个传输周期的总线使用权分配给哪一个请求源。

② 寻址阶段：获得总线使用权的主模块通过总线发出本次要访问的从模块的地址和有关命令，让参与本次传输的从模块开始启动。

③ 传数阶段：主模块和从模块进行数据传输，数据由源模块发出，经数据总线传输到目的模块。

④ 结束阶段：主模块和从模块的有关信息均从总线上撤除，让出总线，以便其他模块能使用总线。

从总线传输的整个过程可以看出，总线对传输信息的管理主要分为两个环节：总线判决和总线握手（包括寻址阶段、传数阶段、结束阶段）。

2. 总线判决

总线判决也称为总线仲裁。它合理地控制和管理总线上需要占用总线的请求源，确保任何时刻总线上最多只有一个模块发送信息，不允许产生总线冲突。当多个请求源同时提出总线请求时，以一定的优先算法判决哪个请求源应获得总线使用权。

总线判决方式通常有两种：串行判决和并行判决。

1）串行判决

串行判决又称为菊花链判决，其中三线菊花链判决方式最具有代表性。三线菊花链的连接方式如图 10.2 所示。为了判定总线连接的各个模块 C_i（$i=1,2,\cdots,n$）之间的优先权，使用了 3 根控制线：总线请求（Bus Request，BR）线、总线允许（Bus Grant，BG）线、总线忙（Bus Busy，BB）线。BG 线是按优先权从高到低的顺序穿越各模块的非连续线。

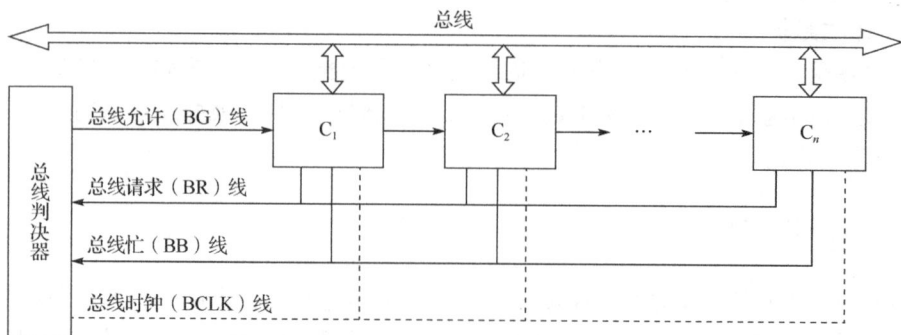

图 10.2 三线菊花链的连接方式

三线菊花链的判决步骤如下。

① 当任一主控模块 C_i 发出总线请求时，使 BR_i 为 1，BR_i 通过"线或"，使 BR 为 1。

② 若任一主控模块 C_i 占用了总线，则使 BB 为 1，以禁止总线判决器输出有效的 BG 信号。

③ 当 BR=1，BB=0 时，总线判决器发出 BG=1 的有效信号。

④ 如果主控模块 C_i 没发送总线请求（$BR_i=0$）却收到有效的 BG 信号（$BG_{INi}=1$），则将有效的 BG 信号（$BG_{OUTi}=1$）在链路上往后传输。

⑤ 主控模块 C_i 如果同时满足了 3 个条件，即 $BR_i=1$，BB=0，$BG_{INi}=1$，就接管总线，此时将无效的 BG 信号（$BG_{OUTi}=0$）在链路上往后传输。

实际的判决机构中除了应有与判决逻辑直接相关的控制线，还应有总线时钟（BCLK）线，如图 10.2 中的虚线所示。BCLK 线用于保证总线传输的同步、决定总线传输的速度和菊花链上允许串入的主控模块的个数。

菊花链判决方式的优点是，无论是在逻辑上还是在物理上实现都很简单，控制线少，易于扩充。其缺点是，优先权结构不能改变，链路上任一环节发生故障，都将引起"断链"；响应信号逐级传输有延迟，响应速度慢，而且链路末端的模块易被"锁死"（请求不到总线）。

有一种循环菊花链判决方式可以解决链路的末端模块易被"锁死"的问题。这种判决方案有两点重大改进。

① 总线允许 BG 线由最后一个模块连到第一个模块，形成循环串行回路。

② 链路上没有集中的总线判决器，无论哪一个主控模块被批准访问总线，它就是下一个总线判决器。

因此，各个主控模块的优先权高低取决于它在链路上距当前总线判决器的远近，是随每个总线周期动态改变的。在循环菊花链中，各个模块在总线上的"身份"平等，获得总线使用权的机会均等。

2）并行判决

并行判决又称为独立请求判决。并行判决的结构如图 10.3 所示，每个主控模块有独立的 BR 线，总线允许 BG 线与总线判决器相连，它们之间没有任何控制关系。总线判决器直接识别所有模块的请求，并根据一定的优先权仲裁算法选中一个模块 C_i，向它直接发出 BG_i 信号，于是模块 C_i 占用总线，并撤销 BR_i 信号，输出 BB 有效信号；当 C_i 传输结束后，撤销 BB 信号，总线判决器也相继撤销 BG_i 信号。此后，总线判决器重新判决和分配总线控制权。

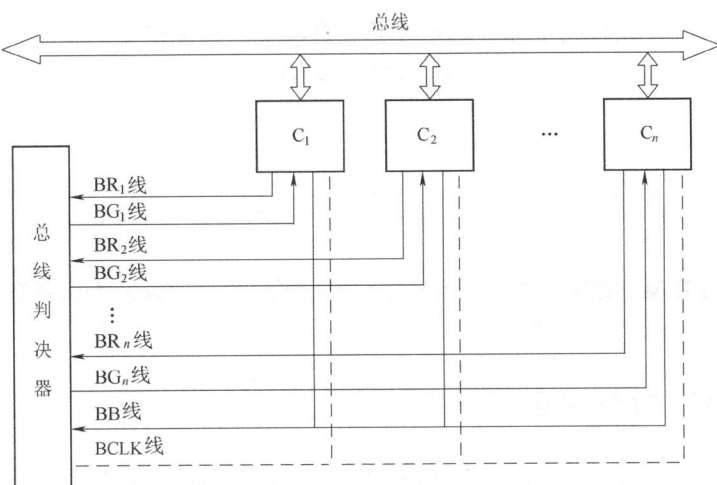

图 10.3　并行判决的结构

并行判决的突出优点是，总线请求信号和总线允许信号避免了串行判决的逐级传输延迟，响应速度大大加快，适用于各种实时性要求高的多处理器系统。主要缺点是，控制信号多，逻辑复杂。

总线判决器和每个模块上的总线请求器主要是根据判决协定和总线规范来设计的，用于解决各控制信号之间的逻辑功能和时序匹配两大问题。实际上，各微处理器厂家在推出新一代微处理器芯片时，也会同时或相继推出各种配套的外围接口芯片，其中包括相应的总线请求器和总线仲裁器或总线控制器芯片。而且许多32位以上的微处理器，如Intel公司的80386、80486和Pentium等已经将总线请求和总线仲裁逻辑集成在芯片内。

3．总线握手

总线握手主要解决主模块在获得总线使用权后如何在主模块和从模块之间实现可靠的寻址和数据传输的问题。

总线握手的作用是控制每个总线操作周期中数据传输的开始和结束，以实现主模块和从模块之间的协调和配合，确保数据传输的可靠性。因此，总线握手必须以某种方式用信号的电压变化来标明总线周期的开始和结束，以及整个周期内每个子周期的开始和结束。

微机系统通常采用的总线握手协定有以下3种。

1）同步总线协定

按同步总线协定实现的总线传输是同步的。同步总线分别用同一时钟脉冲的前沿和后沿标明一个总线周期的开始和结束。总线上所有模块的数据传输都受同一时钟源控制。这是最简单的一种总线握手协定，由于完成一次总线操作的时间较短，所以比较适用于高速模块间的数据传输。

2）异步总线协定

总线上的主模块和从模块采用"一问一答"的方式工作。异步总线协定使不同速度的模块可以自主协调配合，以各自最佳的速度进行数据传输。这是一种具有高可靠性和良好适应性的、使用很普遍的总线握手协定。由于异步总线除需要进行数据传输以外，还需要进行"问答"互锁控制信号的传输，所以异步总线比同步总线的总线周期长、总线频带窄。

3）半同步总线协定

半同步总线协定是综合同步总线协定和异步总线协定的优点而产生的一种混合式总线协定，兼具同步总线的速度优点和异步总线的可靠性与适应性优点。

10.2　系统总线

本节主要介绍IBM PC/XT总线、ISA总线和EISA总线，以及为微处理器和高速外设提供的高速局部总线。

10.2.1　IBM PC/XT总线

IBM PC/XT总线是Intel微机系统总线系列中最为精简的一种，只有充分了解其各种信号的功能，才能对复杂的扩展总线系统有更加深入的了解。

IBM PC/XT 总线有 8 个 62 芯扩展槽 $J_1 \sim J_8$，可以在扩展槽中插入不同功能的插件板，以扩充系统功能。常见的插件板有存储器扩展板和各种外设适配器，如打印机适配器、显示器适配器、网络适配器和语音系统适配器等。

连接扩展槽的 62 根线组成了 IBM PC/XT 总线。IBM PC/XT 总线除了提供特殊需要的 ±12V 电源外，其他信号均为 TTL 电平。若为输出信号，则至少可以驱动两个低功率的集成电路负载。

IBM PC/XT 总线的 62 芯引脚如表 10.1 所示。

表 10.1　IBM PC/XT 总线的 62 芯引脚

引脚	引脚名称		引脚	引脚名称	
	B 面	A 面		B 面	A 面
1	GND	I/O CHCK	17	$DACK_1$	A_{14}
2	RESET DRV	D_7	18	DRQ_1	A_{13}
3	+5V	D_6	19	$DACK_0$	A_{12}
4	IRQ_2	D_5	20	CLK	A_{11}
5	−5V	D_4	21	IRQ_7	A_{10}
6	DRQ_2	D_3	22	IRQ_6	A_9
7	−12V	D_2	23	IRQ_5	A_8
8	CARD SLCTD	D_1	24	IRQ_4	A_7
9	+12V	D_0	25	IRQ_3	A_6
10	GND	I/O CHRDY	26	$DACK_2$	A_5
11	MEMW	AEN	27	T/C	A_4
12	MEMR	A_{19}	28	ALE	A_3
13	IOW	A_{18}	29	+5V	A_2
14	IOR	A_{17}	30	OSC	A_1
15	$DACK_3$	A_{16}	31	GND	A_0
16	DRQ_3	A_{15}			

IBM PC/XT 总线按功能可分成 5 组。

① 数据总线（8 根）。

$D_7 \sim D_0$：数据总线，双向。

② 地址总线（20 根）。

$A_{19} \sim A_0$：地址总线，由微处理器或 DMA 控制器产生。若是 I/O 地址，则 $A_{19} \sim A_{16}$ 无效。

③ 控制线（21 根）。

ALE：地址锁存允许信号线。ALE 信号是由总线控制器 8288 提供的脉冲信号。当 ALE 信号有效时，在 ALE 信号的下降沿对来自微处理器的地址进行锁存。

MEMR、MEMW：分别为存储器读信号线、存储器写信号线。MEMR 信号和 MEMW 信号是由微处理器或 DMA 控制器发出的低电平有效信号。当 MEMR 信号有效时，从存储器读取数据；当 MEMW 信号有效时，将来自数据总线的数据写入存储器。

IOR、IOW：分别为 I/O 读信号线、I/O 写信号线。IOR 信号和 IOW 信号是由微处理器或 DMA 控制器发出的低电平有效信号。当 IOR 信号有效时，将选中的 I/O 端口数据读到数据总线上；当 IOW 信号有效时，将数据总线上的数据写入地址总线上选中的 I/O 端口，I/O 端口利用这一信号的上升沿锁存数据。

IRQ$_2$～IRQ$_7$：中断请求输入信号线。它们对应连接 8259A 的 IR$_2$～IR$_7$（8259A 的 IR$_0$ 和 IR$_1$ 已被系统板占用了）。如果外设的中断请求信号未被屏蔽，则信号的上升沿产生对微处理器的中断请求，并保持有效高电平，直到接收到中断响应信号为止。

DRQ$_1$～DRQ$_3$：DMA 通道 1～3 请求信号线。DRQ$_1$～DRQ$_3$ 信号是由外设接口发出的请求 DMA 周期的高电平有效信号。这些信号线直接连至处理器系统板上的 DMA 控制器，经过优先级判别产生一个 DMA 周期请求。DRQ$_0$ 信号是专门用来刷新动态存储器的 DMA 周期请求信号，不出现在系统总线上。

DACK$_0$～DACK$_3$：DMA 通道 0～3 响应信号线。DACK$_0$～DACK$_3$ 信号是由 DMA 控制器发送给外设的低电平有效信号，表示对应的 DRQ 信号已被接收，DMA 控制器将要处理 DMA 周期请求。DACK$_0$ 信号仅表明当前 DMA 周期是一个刷新系统动态存储器的虚拟读周期，此时地址总线上是逐次递增的刷新地址。DACK$_0$ 刷新周期是每 72 个时钟周期发生一次。

AEN：地址允许信号线。AEN 信号是由 DMA 控制器发出的高电平有效信号。AEN 信号输出有效，表明切断了微处理器对总线的控制而处于 DMA 总线周期，此时 DMA 控制器控制了地址总线、数据总线和读/写命令线。

T/C：计数结束信号线。T/C 信号是由 DMA 控制器发出的高电平有效输出信号，表明某个 DMA 通道已达到其程序预置的传输周期计数，结束当前 DMA 数据块传输。由于有 4 个 DMA 通道，接口逻辑应将 T/C 信号和 DACK 信号相"与"，得到特定 DMA 通道的 T/C 信号。

RESET DRV：复位驱动信号线。它为系统各部件提供电源接通复位信号。

④ 状态线（2 根）。

I/O CHCK：I/O 通道奇/偶校验信号线（低电平有效）。它主要用于检查 I/O 通道上的设备或存储器插件奇/偶校验信息。若 I/O CHCK 信号有效，就会对微处理器产生非屏蔽中断（NMI）。

I/O CHRDY：I/O 通道准备好信号线。它用来插入等待周期，使速度较慢的存储器或 I/O 设备能和系统协调操作。插入等待周期 T_w 的个数与 I/O CHRDY 信号低电平的时间有关，但最多不得超过 10 个时钟周期。

⑤ 电源、时钟等线（11 根）。

+5V、−5V、+12V、−12V、GND：直流电源线和地线。

OSC：振荡器输出信号线。OSC 信号的振荡频率为 14.318 18MHz（基频），周期约为 70ns，占空比为 50%。该信号是总线上频率最高的信号，所有其他的时序信号都由它产生。

CLK：系统时钟信号线。CLK 信号由 OSC 三分频得到，其频率为 4.77MHz（主频），周期为 210ns，占空比为 33%。

CARD SLCTD：J$_8$ 插件板选中信号线（低电平有效）。J$_8$ 插件板与 J$_1$～J$_7$ 插件板有所不同，要求有应答能力，所以只能插异步通信适配器。

IBM PC/XT 主板上的时钟基频为 14.318 18MHz，而微处理器的系统时钟为基频的 1/3（4.77MHz）。至于 IBM PC/XT 总线，由于要与慢速的外设和逻辑接口相连，总线速度只有基频的 1/12（1.19MHz）。因此，IBM PC/XT 总线的传输性能一直无法提高。

10.2.2 ISA 总线和 EISA 总线

IBM PC/AT 问世之后，IBM PC/XT 总线显然不够用了。因此，IBM 推出了基于 IBM PC/XT 总线的 IBM PC/AT 总线。1984 年，IEEE 以 IBM PC/AT 总线为标准，制定出了 ISA（Industry

Standard Architecture，工业标准体系结构）总线标准。因此，ISA 总线成了比 IBM PC/AT 总线更为通用的总线。80286、80386、80486，甚至 Pentium 等微机系统都采用了 ISA 总线。

1989 年，以 Compaq 公司为首的 9 家计算机公司，在 ISA 总线的基础上推出了 EISA（Extended Industrial Standard Architecture）总线标准，称为增强型 ISA 总线标准。EISA 总线具有很好的兼容性，很快就得到了工业界的广泛应用。

1．ISA 总线

ISA 总线共有 98 个引脚，其中前 62 个引脚 $B_1 \sim B_{31}$ 和 $A_1 \sim A_{31}$ 与 IBM PC/XT 总线的完全相同，ISA 总线扩充的 36 个引脚如表 10.2 所示。

表 10.2　ISA 总线扩充的 36 个引脚

引 脚	引 脚 名 称		引 脚	引 脚 名 称	
	D 面	C 面		D 面	C 面
1	MEM16	SBHE	10	$DACK_5$	MEMR
2	IO16	LA_{23}	11	DRQ_5	SD_8
3	IRQ_{10}	LA_{22}	12	$DACK_6$	SD_9
4	IRQ_{11}	LA_{21}	13	DRQ_6	SD_{10}
5	IRQ_{12}	LA_{20}	14	$DACK_7$	SD_{11}
6	IRQ_{15}	LA_{19}	15	DRQ_7	SD_{12}
7	IRQ_{14}	LA_{18}	16	+5V	SD_{13}
8	$DACK_0$	LA_{17}	17	MASTER16	SD_{14}
9	DRQ_0	MEMW	18	GND	SD_{15}

ISA 总线的特殊设计使其在 Pentium 系统仍能使用，值得探讨。

ISA 总线设计的最大频率为 8MHz，比 IBM PC/XT 总线的几乎大了 1 倍，而最佳的数据传输速率达 20MB/s。由于微处理器的执行速度更快，所以要在总线控制器中增加缓冲器，作为微处理器与较低速扩展总线之间的缓冲空间，这样才能在扩展总线与微处理器之间传输数据。

ISA 总线的数据总线扩充到 16 位，增加了 $SD_{15} \sim SD_8$ 高 8 位数据线。ISA 总线除加宽了数据路径以外，对于数据路径宽度的使用也进行了控制。下面是对数据路径和传输数据进行控制的信号。

SBHE：系统总线高位使能信号。当有 16 位数据需要传送时，此信号便以高电平启动。

MEM16：16 位内存芯片选择信号。当扩充槽上的接口卡有 16 位数据需要传输时，此信号指明数据的来源为内存储器。

IO16：16 位 I/O 芯片选择信号。当扩充槽上的接口卡有 16 位数据需要传输时，此信号指明数据的来源为 I/O。

ISA 总线的地址总线扩充到 24 位，增加了 $LA_{23} \sim LA_{17}$ 地址线，其中 $LA_{19} \sim LA_{17}$ 是 $A_{19} \sim A_{17}$ 的复制。增加寻址能力也是提高性能的重要方式。

随着 PC 系统的发展，外设的类型在不断增加，对硬件中断和 DMA 通道提出了更多的要求。ISA 总线将中断数目扩充到 15 个，DMA 通道增加到 8 个。

80286、80386、80486、Pentium 等微处理器均可作为 ISA 总线的主处理器。ISA 总线把微处理器视为唯一的主控设备（Master），其余的外设，包括暂时得到总线控制权的 DMA 控制器和协处理器均属于从控设备。新增加的 MASTER16 信号为微处理器脱离总线控制而由智能接口卡占用总线的标志，但是它仅允许一个这样的智能卡工作。

2．EISA 总线

EISA 总线的总线仲裁机构被设计成独立的芯片，称为中心仲裁控制单元 CACU（Centralized Arbitration Control Unit）。当有部件需要使用总线传输数据时，会先向 CACU 申请，由 CACU 决定优先权顺序并产生总线控制信号。如果有多个部件需要使用总线，CACU 会裁决出使用的权限，并通过 6 条确认信号线之一来传输信号，通知某个部件其能拥有总线的控制权。

EISA 扩展槽提供了 32 位数据和 32 位地址扩展。EISA 总线采用双层结构，如果只用上一层，就可连接 ISA 扩展板，所以 EISA 总线支持 ISA 总线。如果使上、下两层均与 EISA 扩展板相连，则成为标准的 EISA 扩展槽。EISA 总线通常用于 80286、80386、80486、Pentium 等微机系统中。这些系统有 2 个 DMA 控制器（7 个 DMA 通道）、2 个中断控制器（15 个中断请求输入）、2 个定时/计数器（5 个计数器）。

EISA 总线还有另一个特殊的功能，就是拥有总线主导能力。在传统的扩展总线设计上，每个数据的传输都要在微处理器的控制下完成，而在有总线主导能力的总线系统中，外设之间可以不需要微处理器参与就能进行数据传输。

采用 EISA 总线的系统必须用专门软件 ECU 进行配置。配置过程是将 EISA 系统各主要部件（如内存、磁盘、显示器等）的情况记录到系统内部一片用电池供电的 SRAM 中，以便于系统管理。当增加新部件或出现信息丢失时，须重新进行配置。

10.2.3　高速局部总线

随着微处理器的飞速发展，微机技术已被应用到不少新的领域，如高分辨率、多色彩的复杂图像显示，高保真的立体音响，局域网络及多媒体应用等。这些应用需要在微处理器和高性能外设之间高速传输大量数据，因而对总线传输速率的要求越来越高。很显然，ISA、EISA、MCA 等总线已不能满足系统对数据传输速率的要求，这是由传统的系统总线体系结构所引起的问题。

1．高速局部总线简介

微处理器是微机的核心部件，也是其各个处理部件中速度最快的一个，若能跟上微处理器的速度也就达到了最大的传输速率,也就是说扩展总线所能达到的极限便是与微处理器同速。考虑到这一点，解决上述瓶颈问题的方法之一是在系统总线的基础上增加高速局部总线。将一些高速外设，如网络适配器、硬盘适配器、多媒体卡等不挂接在 ISA 总线或 EISA 总线上，而直接连到高速局部总线上，并以微处理器的速度运行。这种特殊的总线插槽称为高速局部总线插槽。

在微机系统中，局部总线原泛指微处理器及周围芯片连接的总线接口，此接口上所提供的资源是微处理器专属的，所以可称为微处理器局部总线。而这里所说的局部总线是一种类似 80386/80486 微处理器接口的总线，除保持原有的向下（与微处理器局部总线）兼容性之外，还可与原有的系统总线结构并存而构成一种中介式总线结构——高速局部总线结构。

高速局部总线为微处理器和高速外设提供了一条高速通道，不仅保证了微处理器与高速外设之间的数据传输速率，而且只要增加少量成本，就能使系统的总体性能得到极大提高。至于其他慢速设备仍与原来 ISA 总线或 EISA 总线挂接。

目前，在微机系统中常用的高速局部总线是 PCI 总线。

2．PCI 总线的特点

1992 年，以 Intel 为首的几家公司推出了 PCI（Peripheral Component Interconnect，外部设备互连）总线标准。PCI 总线功能强、规范完善，且独立于微处理器，可适用于不同的微机系统，有很大的发展前途。PCI 总线已广泛用于 Pentium 微机系统中。

PCI 总线是一种高性能的局部总线，目前有 4 个主要的标准规格，可分别支持 32 位和 64 位数据宽度，电源信号可分成 3.3V 信号和 5V 信号两种。

运行在 33MHz 下的 PCI 总线，其数据传输速率可达到 132MB/s，而 64 位的 PCI 总线最大数据传输速率可达到 264MB/s。

PCI 总线支持无限读/写突发方式的 DMA 传输，可确保总线不断满载数据，从而有效地利用总线。PCI 总线特别适用于快速显示高分辨率、多色彩的图像，如高清晰度的电视信号的处理。

PCI 总线支持外设与微处理器并发工作，当微处理器访问 PCI 总线上的设备时，先快速地把数据写入 PCI 总线缓冲器（桥接器），然后在这些数据不断地由缓冲器写入 PCI 总线设备的过程中执行其他操作。这种并发工作提高了总线整体性能。

PCI 总线具有自动配置功能，任何插件卡插入系统就能工作，而不必设置开关或跳线，即可"即插即用"。这实际是将所有需要设置的工作，在系统初启时由 BIOS 处理了。

PCI 总线的扩充接口插槽采用 MCA 的设计方式。它不保留原来的 ISA 插槽，因此接口卡更为短小。再者，PCI 总线的部分信号线采用分时复用技术，使得一条信号线具有多任务能力，减少了信号线数目。例如，PCI 总线的 $AD_{31} \sim AD_0$ 是地址和数据分时复用信号线，$C/BE_7 \sim C/BE_0$ 是总线命令和字节有效分时复用信号线。

3．PCI 桥接器（控制器）

PCI 桥接器（控制器）是在 PCI 总线与微处理器的局部总线之间插入的一个复杂的管理/协调电路。PCI 桥接器的功能是把 PCI 总线与微处理器的局部总线隔离，协调它们之间的数据传送，并提供一个公共的总线缓冲接口。

用 PCI 桥接器隔离微处理器与 PCI 总线，可使总线信号从局部总线中隔离出来，这样 PCI 总线就能连接较多的外设，而不增加微处理器的负担。此外，也消除了数据交换时可能发生的延迟问题。由于 PCI 桥接器提供了总线缓冲接口，扩大了局部总线负载的限制，使 PCI 总线上可运行 10 种外设，并在高频率下保持这些外设的高性能。PCI 桥接器巧妙地使用读/写缓冲区，在数据交换时，微处理器可将数据交给 PCI 桥接器，由 PCI 桥接器将这些数据存入读/写缓冲区，而微处理器不必等到整个数据传输操作完成就可去执行下一条指令。

具有 PCI 总线体系结构的典型框图如图 10.4 所示。

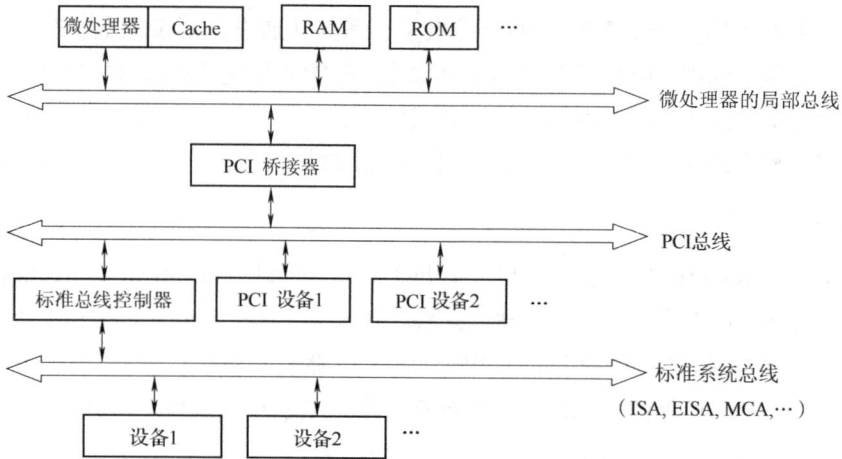

图 10.4 具有 PCI 总线体系结构的典型框图

PCI 桥接器在总线体系结构中有以下 4 个作用。

① 连接微处理器子系统（包括主微处理器、高速缓存和存储器）和主 PCI 总线，使 PCI 独立于微处理器（从这一角度看，PCI 就不能说是真正的局部总线）。

② 连接 PCI 总线和标准系统总线（如 ISA、EISA、MCA），在两种总线之间进行转换。

③ 将主 PCI 总线连至次级 PCI 总线，突破 PCI 总线的负载限制，实现总线扩展。

④ 在 PCI 和 I/O 协议间进行转换，如图形、SCSI、局域网和 MODEM 的 I/O 控制器均属于这一类。

10.3 常用的串行总线

本节主要介绍广泛应用于数据终端设备（DTE）与数据通信设备（DCE）之间的主流型串行通信总线（EIA-RS-232C 总线）和使用方便的通用串行总线（USB）。

10.3.1 EIA-RS-232 总线

EIA-RS-232C 总线标准是由美国的电子工业协会（Electronic Industry Association，EIA）颁布的，对信号电平标准和控制信号定义两方面做了规定。

EIA-RS-232C 总线采用的 EIA 电平信号与通常的 TTL 电平信号不兼容，采用的是负逻辑标准：–5V～–15V 规定为“1”，+5 V～+15 V 规定为 0。所以 TTL 电平信号和 EIA 电平信号之间要有相应的电平转换电路。例如，MC1488 总线发送器可接收 TTL 电平信号，输出 EIA 电平信号；MC1489 总线接收器可接收 EIA 电平信号，输出 TTL 电平信号。

EIA-RS-232C 总线使用 D 型 25 芯（DB-25）连接器。EIA-RS-232C 总线的引脚如图 10.3 所示。在实际应用中，并不是每一个引脚都必须用到。所以，IBM 公司在开发自己的系统时，将其缩减为 D 型 9 芯（DB-9）连接器。DB-9 连接器 1～9 引脚依序为 DCD、RxD、TxD、DTR、GND、DSR、RTS、CTS、RI。

表 10.3 EIA-RS-232C 总线的引脚

引脚	引脚定义	引脚	引脚定义
1	保护地线 FG	14	（辅通道）串行数据发送线 STxD
2	串行数据发送线 TxD	15	发送时钟信号线（DCE 为源）
3	串行数据接收线 RxD	16	（辅通道）串行数据接收线 SRxD
4	请求发送信号线 RTS	17	接收时钟信号线（DCE 为源）
5	允许发送信号线 CTS	18	（保留）
6	通信装置准备好信号线 DSR	19	（辅通道）请求发送信号线 SRTS
7	信号地线 GND	20	数据终端准备好信号线 DTR
8	载波检测信号线 DCD	21	（保留）
9	（保留）	22	音响指示信号线 RI
10	（保留）	23	数据速率选择信号线 DSRS
11	（保留）	24	发送时钟信号线（DTE 为源）
12	（辅通道）载波检测信号线 SDCD	25	（保留）
13	（辅通道）允许发送信号线 SCTS		

EIA-RS-232C 总线的引脚按功能分成以下 4 组。

① 地线（2 根）。

FG：保护地线，一般接机壳或不接。GND：信号地线，是电平信号的参考点，必须连接。

② 数据线（2 根）。

RxD：串行数据接收（输入）线。TxD：串行数据发送（输出）线。

③ 控制信号线（4 根）。

RTS：请求发送信号线，表示 DTE 要求发出数据。当 DTR 和 DSR 接通时，RTS 应接通。

CTS：允许发送信号线，表示 DCE 已准备好接收数据。若 DSR 断开（负电压），则 CTS 也应断开；若 DSR 和 RTS 接通，则 CTS 也应接通。

DSR：通信装置（DCE）准备好信号线，表示 DCE 通信信道已连接。

DTR：数据终端（DTE）准备好信号线，表示 DTE 准备发送数据。DTR 先接通，DSR 才能变为接通状态。

④ 与 DCE 有关的信号线（2 根）。

RI：音响指示信号线，是 DCE 发给 DTE 的信号线。RI 为正电压，表示接通状态，接收音响信号；在两个音响信号之间，则为断开状态。

DCD：载波检测信号线。当收到载波信号时为正电压，用来驱动载波检测发光二极管发光。

在 EIA-RS-232C 总线的信号线中，TxD、RxD、GND 是最基本的。串行通信最简单的"三线连接法"，就是指这 3 根信号线的连接。DSR、DTR、DCD、RI 是针对电话网络设计的。

在本地互联通信的微机系统中，最常用到的联络信号线是 DSR、DTR、RTS、CTS。对于 DTE，使 TxD 发送数据的必要条件是 DTR、DSR、RTS、CTS 接通（为正电压）。DSR 和 CTS 的接通可以通过设备互连，也可以通过软件设置，或直接接到正电压上。

EIA-RS-232C 允许的最大通信距离为 15m，最高传输速率为 20 Kbit/s。RS-232C 总线是一种较慢速的、传输距离不长的总线。为了弥补 EIA-RS-232C 总线的不足，出现了 EIA-RS-422 总线和 EIA-RS-423 总线。EIA-RS-423 总线的传输速率达到 100 Kbit/s，RS-422 总线的传输速率超过 1Mbit/s，它们的传输距离均可达到 1600m。尽管 EIA-RS-422 总线和 EIA-RS-423 总线的性能较为优越，但远没有 EIA-RS-232C 总线应用广泛，这是因为很少场合需要用到数据传输速率那么高和那样长的传输线。

10.3.2　USB

通用串行总线（Universal Serial Bus，USB）是一种简单的新型总线。USB 适用于很多微机设备，是目前非常流行的微机外设串行总线。

USB 接口插座截面呈长方形，体积很小。USB 接口插座的引脚为 4 芯，即有 4 根信号线，其中 2 根是电源线，提供 5V 电压和地；2 根是 I/O 数据信号线。

1．USB 的特点

USB 设备可以在不关机的情况下，直接插入计算机的 USB 接口，所以 USB 设备可以"热"插/拔（Hot Plug In），真正支持即插即用（Plug & Play）。

USB 接口在 Windows 操作系统的支持下，适合中、低带宽的数据传输，有低速、高速两种传输方式，如 USB 2.0 标准中最高数据传输速率可达到 480 Mbit/s。USB 接口的数据传输速度与当前标准串行接口相比，快了将近 100 倍；与当前标准并行接口相比，快了将近 10 倍。

USB 接口还可以利用集线器（Hub），简单而方便地进行扩展应用，最多可同时支持 127 个 USB 设备，两个 USB 设备之间的最长通信距离为 5m。

2．USB 的应用结构

USB 设备的物理连接结构是一个有层次（最多 5 层）的"树"形结构，如图 10.5 所示。

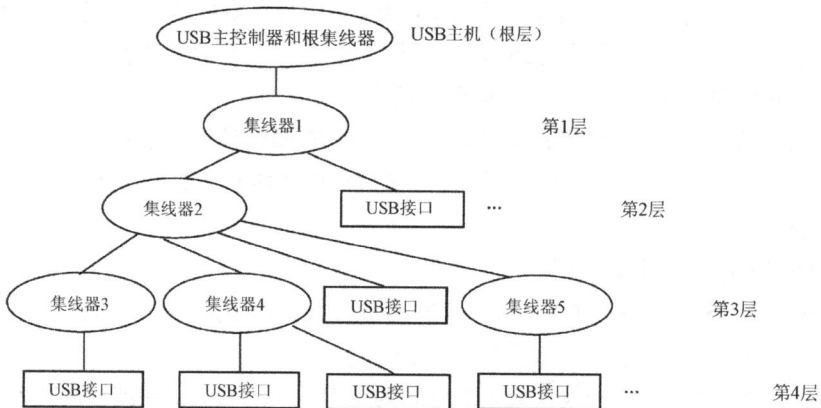

图 10.5　USB 设备的物理连接结构

USB 设备的物理连接结构中的核心部件是集线器。集线器可提供 2 个或 4 个或 7 个 USB 接入端点，并可检测 USB 接入端点的连接和断开状态。

根层为 USB 主机（HOST）。USB 主机包括 USB 主控制器和根集线器，负责 USB 上的数据传输，管理 USB 主机和 USB 设备之间的控制流，检测 USB 设备的活动属性。

其他 4 层可以是 USB 接口，也可以是扩展 USB 接口的集线器。由于集线器的作用，USB 设备的物理连接结构中的每一个 USB 设备，从逻辑上讲都像直接挂在 USB 主机上一样。

举一个 USB 设备的扩展连接例子。如果 PC 有 2 个 USB 接口，有 5 个 USB 设备，那么可以用一个 USB 接口接一个 USB 设备，而用另一个 USB 接口接一个集线器，用该集线器扩展接下一层的 4 个 USB 设备。

习　题　10

10.1　什么是总线？总线分成哪几类？通常讲的总线是指哪一类总线？

10.2　微机系统采用总线结构有什么优点？

10.3　局部总线和系统总线有什么差别？局部总线在多处理器微机系统中为什么显得特别重要？

10.4　当系统中多个主模块同时请求总线时，总线判决/仲裁机构是采用什么方式解决这个问题的？

10.5　试比较 IBM PC/XT 总线、ISA 总线、EISA 总线的不同。

10.6　高速局部总线和传统的系统总线相比，有哪些技术优势？

10.7　PCI 桥接器的功能是什么？适用在哪些应用场合？

10.8　什么是"即插即用"技术？

10.9　USB 总线有什么特点？如何进行扩展 USB 设备的连接？

第 11 章 微机接口应用实验

"微机原理与接口技术"是一门基于基本理论，并且要结合实际应用的专业课程。该课程教学的实验环节对于学生掌握微机原理与接口技术，培养和提高微机系统的应用技能十分重要。

本章是与前述各章内容相配套的实验部分，介绍实验系统的组成和实验设备，组织了 7个微机实验项目可供学习。每个实验项目均给出了实验目的、实验内容、实验提示，以及实验步骤。

11.1 微机实验系统

11.1.1 实验系统（台）的组成

根据微机原理与接口实验系统的结构和操作方式，实验系统可以分成独立 CPU 型实验系统和上位机接口扩展型实验系统。

1. 独立 CPU 型实验系统

独立 CPU 型实验系统带有独立的微处理器，同时有独立的监控程序等基本软件，可以独立进行各项微机和单片机原理与接口实验。独立 CPU 型实验系统的主要配置有以下几个部分。

（1）CPU 子系统。

CPU 子系统是由 CPU（8086/8088）、8051、时钟发生器（8284）、地址锁存器（74LS373）、数据驱动器（74LS244）组成的最小模式 CPU 子系统。该 CPU 子系统可提供独立 CPU 型实验系统运行所需的基本信号。

（2）存储器子系统。

存储器子系统由 EPROM 和 RAM 组成。EPROM 用于存放实验系统的引导程序、监控程序、与上位机的通信程序和若干辅助程序；RAM 用于存放中断向量表、系统数据、实验用户程序或数据。

（3）中断控制器、定时/计数器、DMA 控制器、并行接口、串行接口。

这些接口电路一方面可以实现独立 CPU 型实验系统的基本功能，另一方面可以为各个实验项目提供所需的信号。

（4）基本输入部件、输出部件。

独立 CPU 型实验系统的基本输入部件有单相脉冲按钮、开关和键盘，可产生输入数据（脉冲/"1"/"0"）信号，起到输入设备的作用；基本输出部件有发光二极管和 LED 数码显示器，可显示输出数据，起到输出设备的作用。

基本输入部件常选用 74LS244 将输入设备的输入信号经缓冲/驱动后，传至数据总线。基本输出部件常选用 74LS377 作为输出数据端口，将输出数据锁存，并向输出设备输出。

（5）数字量/模拟量转换电路。

数字量/模拟量转换电路由 DAC、ADC、模拟量信号发生器等组成。例如，可用可调电位器输出的电压信号进行模拟量到数字量的转换；也可以先用 DAC 进行 D/A 转换，得到一个模拟量输出，然后对该模拟量进行 A/D 转换，得到数字量，验证这两种转换方法的互逆性。

（6）通信接口。

独立 CPU 型实验系统提供串行接口（8251）和一个 EIA-RS-232 接口，与上位机（PC）串行接口连接，传输实验系统和上位机之间的程序、数据、控制/状态等信息。

（7）其他部件。

其他部件用于提供±5V、±12V 的直流电压供实验设备使用。此外，还提供复位、强制停机等系统控制功能。

独立 CPU 型实验系统的实验操作方式有以下 2 种。

（1）独立实验操作。

实验程序由实验系统中的键盘自行输入，通过实验系统自带的汇编程序（ASM，称为小汇编）汇编成机器指令，存放到 RAM 中。再通过键盘输入执行命令，启动运行，或者输入调试命令，进行调试。

这种方式对应的设备配置简单，但是实验操作比较烦琐，一旦程序需要修改，就得从头做起。

（2）上位机辅助实验操作。

为每个实验系统配备一台 PC 作为上位机，实验系统用 EIA-RS-232 接口与上位机实现串行通信。所有实验操作，如编辑（EDIT）、汇编（MASM/TASM）、连接（LINK/TLINK）实验程序等在上位机上进行。然后，把实验程序的机器代码传输（下载）到实验系统中。程序的调试和启动运行都在实验系统中进行。调试/实验结果也可以传输（上传）到上位机显示。

这种方式操作方便，有较强的调试能力，还可以通过上位机直观地显示结果，但是设备配置较多。

2. 上位机接口扩展型实验系统

上位机接口扩展型实验系统没有自己独立的 CPU 子系统和监控程序，所有的实验设备都是上位机接口的一部分。实验者在上位机上操作，实现各实验项目。

上位机需要插入专用的接口电路板，通过总线电缆连接到实验台。从上位机引出的总线信号通常与 IBM PC/XT 总线或者 ISA 总线信号兼容。

上位机接口扩展型实验系统中的其他实验设备与独立 CPU 型实验系统中的类似。但是，由于实验系统是上位机接口的一部分，实验系统使用的内存地址、端口地址、中断向量等都不能和上位机的对应设备冲突。

上位机接口扩展型实验系统的结构简单，特别是直接使用上位机的编辑、汇编、连接、调试等系统软件，使得实验系统的软件配置少。实验者只要熟悉上述微机基本软件，就可以在上位机上方便地进行实验项目的操作。

11.1.2　TDN 86/51 教学实验系统

西安唐都科教仪器开发有限责任公司推出的 TDN 86/51 微机教学实验系统，以及它的开发系统是微机教学实验的一个平台。由于 TDN 86/51 由两个独立的 CPU 子系统[8086（微处理器）和 8051（单片机）]组成，所以可以支持"微机原理与接口技术""单片机原理及应用""计算机控制技术"等课程的教学实验。

本节介绍与"微机原理与接口技术"实验教学相关的部分，即 TDN 86 部分。11.2 节提供的 7 个实验项目就是以 TDN 86 为实验平台而设计的。

1．TDN 86 教学实验系统简介

TDN 86 教学实验系统采用 8088 微处理器，以最小工作模式构成开放式的微机实验系统。它是一个典型的独立 CPU 型实验系统。

TDN86 教学实验系统有基本监控和串行通信监控两套监控程序，提供了可供选择的、灵活的操作方式，即"独立使用方式"和"与上位机联机方式"。

（1）独立使用方式。

TDN86 教学实验系统如果采用独立使用方式，则可以通过系统自配备的小汇编（ASM）、标准 PC 键盘和液晶显示器，具有几乎与上位机同样的汇编、运行、调试等功能和操作界面。

（2）与上位机联机方式。

TDN86 教学实验系统如果采用与上位机联机方式，则可以通过串行接口 8251，运行系统自配备的串行通信监控程序，切换成由上位机控制实验台。

采用这种方式的实验系统类似于上位机接口扩展型实验系统。

2．TDN 86 教学实验系统的基本组成

TDN 86 教学实验系统的基本组成如表 11.1 所示。

表 11.1　TDN 86 教学实验系统的基本组成

系统构成方式	独立 CPU 型实验系统，CPU 为 8088 微处理器最小工作模式
存储器	系统程序区 64KB（EPROM 27512, 0F0000H～0FFFFFH）。 系统数据和用户程序/数据区 32KB（SRAM 62256）。 （系统数据区 4KB：00000H～00FFFH；用户程序/数据区 28KB：01000H～07FFFH ） 可扩展 32KB（SRAM 62256, 08000H～0FFFFH）
实验接口芯片	（扩展存储器）6264（8KB），（系统）8259，（级联）8259，DMAC 8237, 8253, 8255, 8251, ADC0809, DAC0832 等
实验单元	单脉冲触发器，拨动开关组，LED 组，串/并转换电子发声单元，LED 数码管，小键盘，EPROM 编程器，面包板等
显示器	STN 字符型液晶显示器（ 2 行 40 列）
键盘	标准 PC 键盘
外设总线接口	PC 总线接口、EIA-RS-232C 串行通信接口、打印机接口、34&40 线外接实验扩展接口

TDN 86/51 教学实验系统中除标准 PC 键盘和 2 行 40 列的液晶显示器之外的其他设备的布局简图如图 11.1 所示。双 CPU（8088 和 8031）结构使该实验系统具有良好的开放特性。实验者可以通过系统选择开关"NC/86/51"（位于线路板右下角"RESET"键旁）方便地选择

8088 微机实验系统，或者 8031 单片机实验系统。

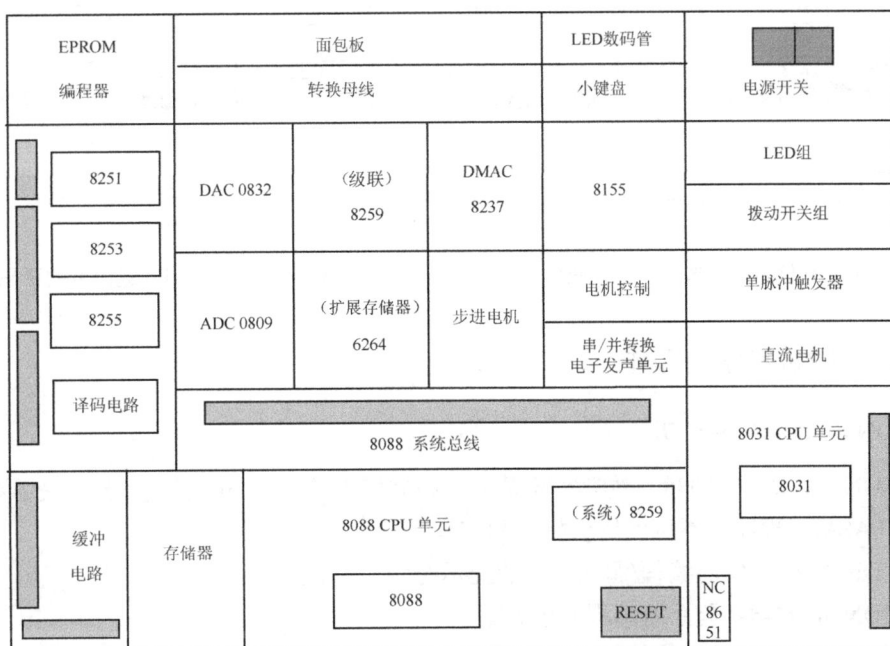

EPROM 编程器	面包板			LED 数码管		
	转换母线			小键盘		电源开关
8251	DAC 0832	（级联）8259	DMAC 8237	8155		LED组
8253						拨动开关组
8255	ADC 0809	（扩展存储器）6264	步进电机	电机控制		单脉冲触发器
				串/并转换 电子发声单元		直流电机
译码电路	8088 系统总线					8031 CPU 单元
						8031
缓冲 电路	存储器	8088 CPU 单元		（系统）8259		
		8088		RESET		NC 86 51

图 11.1　TDN 86/51 教学实验系统布局简图

3．TDN 86 教学实验系统的系统总线

TDN 86 教学实验系统的系统总线如表 11.2 所示。

表 11.2　TDN 86 教学实验系统的系统总线

信　号　线	说　　明	信　号　线	说　　明
$XD_0 \sim XD_7$	数据总线	$XA_0 \sim XA_{19}$	地址总线
$\overline{MEMR}$	存储器读信号线	$\overline{IOR}$	I/O 接口读信号线
$\overline{MEMW}$	存储器写信号线	$\overline{IOW}$	I/O 接口写信号线
$\overline{MY_0} \sim \overline{MY_7}$	扩充存储器片选信号线（10000H～1FFFFH）	$IRQ_0 \sim IRQ_7$	系统 8259A 的中断请求输入信号线
$\overline{IOY_0} \sim \overline{IOY_7}$	实验 I/O 接口片选信号线（80H～0FFH）	$CAS_0 \sim CAS_2$	系统 8259A 的中断级联信号线
HOLD	DMA 总线请求输入信号线	PCLK	系统时钟源 $_1$（2.386MHz）
HLDA	DMA 总线响应输出信号线	OPCLK	系统时钟源 $_2$（1.193MHz）
ALE	地址锁存信号线	RESET	复位信号

　　存储器和 I/O 接口的读/写控制信号的生成电路如图 11.2 所示。扩充存储器的片选信号的译码电路如图 11.3 所示。实验 I/O 接口片选信号的译码电路如图 11.4 所示。

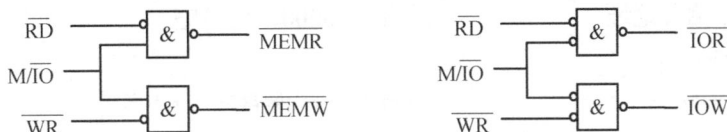

图 11.2　存储器和 I/O 接口的读/写控制信号的生成电路

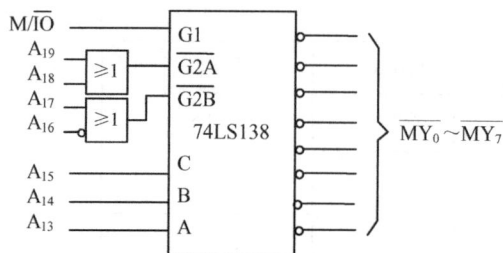

图 11.3　扩充存储器的片选信号的译码电路

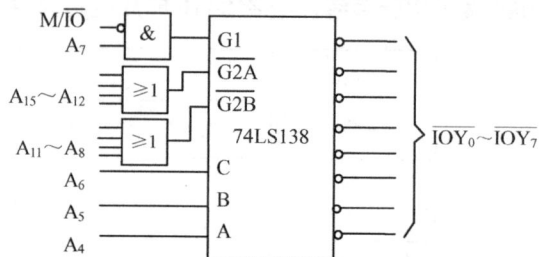

图 11.4　实验 I/O 接口片选信号的译码电路

11.1.3　微机实验的操作

1．TDN 86 微机实验说明

（1）TDN 86 微机（8088）教学实验采用"独立使用方式"。实验编程/调试采用系统内置的小汇编（ASM）程序，不可使用伪指令和宏指令。

（2）TDN 86 微机实验编程/调试环境的提示符为">"。

（3）TDN 86 教学实验系统编程要求如下。

① TDN 86 教学实验系统的程序区和数据区，必须在 0000:1000H～0000:7FFFH 区间。建议：程序区用 1000H~2FFFH，数据区用 3000H~3FFFH。

② 编程数据采用 2 位或 4 位 16 进制数表示，并省略后缀"H"，如 0A、64、1000、AFFF。地址必须采用 4 位 16 进制数表示，并省略后缀"H"，如 0000:2050。

③ 如果是内存数据寻址，必须指明是字节（B）类型，还是字（W）类型。

例如，

　　　　MOV　AL,B[3000]　　　　　　;字节（B）类型数据传送

　　　　ADD　AX,W[3000]　　　　　　;字（W）类型数据做加法

④ 实验程序运行结束，可以采用的"暂停"方式如下。

a）当程序结束时，用暂停（HLT）指令。

b）设计无条件"自转"语句，相当于暂停运行程序。例如，

　P1:　JMP　P1　　　　　　　　　　;该语句不停地被执行，相当于"暂停"

⑤ 退出实验程序：用"Ctrl+C"组合键中断暂停运行，返回到">"提示状态。

2．小汇编操作命令

小汇编操作命令是用单个字母描述的命令符。操作命令必须在">"提示符后使用。常用的小汇编操作命令有以下 7 条。

（1）汇编语句输入命令。

　　　　A[段址:]偏移地址　　　　　　;段址为 0000，可省略

　　例如，

　　　　　>A2000↙　　　　　　　　　;下画线部分为键盘输入（下同）

　　　　　>0000:2000　MOV　AX,W[3000]↙

　　　　　>0000:2003　　　　　　　　;可继续输入语句，或者按回车键结束语句输入

（2）反汇编命令。

　　　　U[段址:]偏移地址

例如，

　　　　　>U2000↙

　　　　　>2000　A10030　MOV　AX，W[3000]　　;按"↓"键可继续反汇编

（3）显示（8 个）数据命令。

　　　　D[段址:]偏移地址

例如，

　　　　　>D3000↙

　　　　　>0000:3000　00 01 02 34 56 78 99 A0

　　　　　>D↙　　　　　　　　　　　　;可继续显示下一行

（4）修改数据命令。

　　　　E[段址:]偏移地址

例如，

　　　　　>E3000↙

　　　　　>0000:3000　01_ 45　　　　;01 数据改为 45

　　　　　>0000:3001　02_　　　　　;按空格键继续修改，或者按回车键结束

（5）显示/修改寄存器。

　　　　R[寄存器名]

例如，

　　　　　>R↙　　　　　　　　　　　;显示多个寄存器的内容

　　　　　> CS=0000　IP=2000　DS=0000　AX=80A0　F=0000

　　　　　>RBX↙　　　　　　　　　　;显示/修改 BX 寄存器

　　　　　>BX=1111_ 3300↙　　　　;BX 原数据 1111，改为 3300

（6）单步运行命令。

　　　　T=段址:偏移地址　　　　　　;段址 0000，不能省略

例如，

　　　　　>T=0000:2000↙　　　　　;从 2000 地址运行一条指令

　　　　　>CS=0000　IP=2003　DS=0000　AX=1111　F=0000

　　　　　>T↙　　　　　　　　　　;可继续单步运行一条指令

（7）全速运行命令。

　　　　G=段址:偏移地址　　　　　　;段址为 0000，不能省略

例如，

　　　　　>G=0000:2000↙　　　　　;从 2000 入口地址开始运行程序，直到程序结束

3．屏幕显示的中断指令（INT　10H）

（1）清屏。

入口参数：

　　　　AH=00　AL=00

例如，

　　　　MOV　　　AX,0000

　　　　INT　　　10

（2）显示 AL 的字符数据（ASCII 码）。

入口参数：

AH=01　　AL= ＜字符数据＞

例如，

MOV　　　AL,41

MOV　　　AH,01

INT　　　　10　　　　　　　　　　　　;屏幕上显示"A"

（3）显示 DS:BX 指示的一串字符数据。

入口参数：

AH=06　　DS:BX = 字符串的首地址

例如，

0000:3000　 31 32 33 34 35 00　　 ;从 3000 地址存放 5 个字符数据，结束数据为"00"

又如，

MOV　　　AX,0000

MOV　　　DS,AX

MOV　　　BX,3000

MOV　　　AH,06

INT　　　　10　　　　　　　　　　　　;屏幕上显示"12345"

11.2　实验示例

本节给出了 7 个微机接口实验。每个实验均给出了实验目的、实验内容、实验提示，以及实验步骤。

11.2.1　8259A 实验

8259A 实验电路如图 11.5 所示。8 个中断请求输入部分 $IRQ_0 \sim IRQ_7$ 已被实验系统使用（如 IRQ_0 用于定时中断，IRQ_4 用于串行通信中断等）。IRQ_6 和 IRQ_7 为用户提供中断源，其他信号线与系统对应信号线连接。

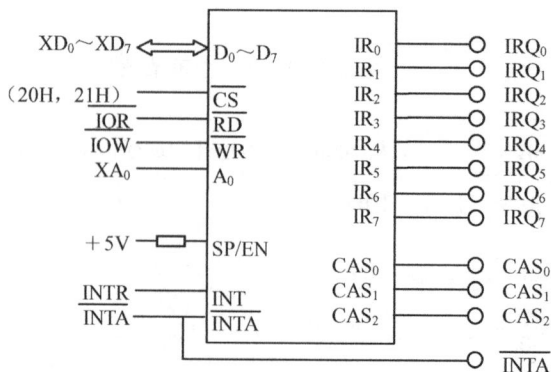

图 11.5　8259A 实验电路

实验系统启动时，系统已对 8259A 做了初始化设置。8259A 初始化程序段如下：

```
MOV    AL,13H            ;设置 ICW1，单片、边沿触发、要 ICW4
OUT    20H,AL
MOV    AL,08H            ;设置 ICW2，中断类型号为 08H～0FH
OUT    21H,AL
MOV    AL,0DH            ;设置 ICW4，缓冲方式、正常 EOI、8088 模式
OUT    21H,AL
MOV    AL,3DH            ;设置中断屏蔽寄存器 IMR（允许 IRQ7、IRQ6、IRQ1 中断）
OUT    21H,AL
```

实验者在使用某个中断请求端时，需要设置中断屏蔽寄存器 IMR，清除对应的屏蔽位允许中断，或设置对应的屏蔽位屏蔽中断。以 IRQ_7 为例，允许/屏蔽 IRQ_7 中断的程序段如下：

```
IN     AL,21H            ;取 IMR 的内容
AND    AL,7FH            ;把 IMR7 清零，以允许 IRQ7 中断
（OR    AL,80H            ;把 IMR7 置位，以屏蔽 IRQ7 中断 ）
OUT    21H,AL
```

由于是正常的 EOI 中断结束方式，在中断程序结束时，需要清除 ISR 中对应的中断位，以表示完成本次中断。清除本次中断位的程序段如下：

```
MOV    AL,20H            ;把 ISR 中对应位清除，表示本次中断响应结束
OUT    20H,AL
IRET
```

1. 实验目的

① 了解 8259A 如何设置开/关中断、实现中断允许/屏蔽等。

② 掌握中断向量地址表的设置和中断服务子程序的设计。

2. 实验内容

① 单脉冲触发电路如图 11.6 所示。用单脉冲信号（KK+）模拟外部中断源的中断请求，向 8259A 的 IRQ_7 端申请中断。

② 每来一个中断请求信号，中断服务子程序在屏幕上显示字符"7"和 1 个空格，并计数。当计数到 10 时，IRQ_7 中断被屏蔽，主程序 IRQ_7 中断控制结束。

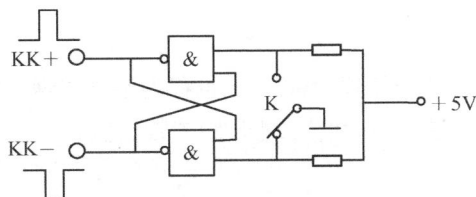

图 11.6　单脉冲触发电路

3. 实验提示

（1）硬件连接。

每按动一次单脉冲信号发生器的按钮 K，输出端 KK+ 和 KK– 分别产生一个宽度约 1ms 的

正/负脉冲信号。8259A 实验只需要将 KK+端连接到 8259A 的 IRQ$_7$ 端。

（2）编程要点。

① 系统设定 8259A 的端口地址为 20H 和 21H。

② IRQ$_7$ 中断类型号是 0FH，其中断向量表地址是 0 段的 003CH～003FH。

③ 编程设计中断控制主程序和 IRQ$_7$ 中断服务子程序。

4．实验步骤

① 根据如图 11.7 和图 11.8 所示的参考流程，分别编制 8259A 实验的主程序、子程序。

② 装载 8259A 实验的主程序、子程序。启动主程序运行，多次按动单脉冲信号发生器的按钮 K，观察屏幕显示结果。

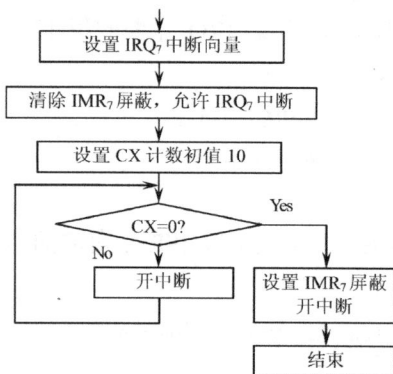

图 11.7　8259A 中断实验主程序流程　　　　图 11.8　8259A 中断实验子程序流程

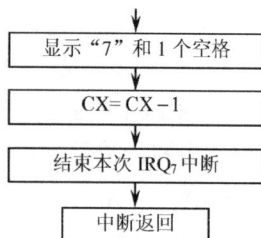

11.2.2　8237A 实验

8237A 是一种高性能的可编程 DMA 控制器。由于 8237A 只能提供 16 位内存地址，当 8237A 控制 DMA 传送时，地址总线 A$_{19}$～A$_{16}$ 恒为 0000。所以，8237A 控制的存储单元地址范围为 00000H～0FFFFH，正好是本实验系统的数据区。

1．实验目的

① 掌握 DMA 传送的基本原理。

② 掌握用 8237A 实现从存储器到存储器的数据 DMA 传送的方法。

2．实验内容

用 8237A 实现存储器到存储器的数据传送，也称为硬件快速"搬家"。将数据区 3000H 地址开始的 256 个"A"数据传送到 4000H 地址开始的数据区。

3．实验提示

（1）硬件连接。

① 8237A 实验电路如图 11.9 所示，其中 74LS373 是 8237A 必须外接的地址锁存器，用于锁存 DMA 传送时，从 DB$_7$～DB$_0$ 输出的高 8 位地址 A$_{15}$～A$_8$。

② 要求 DREQ$_0$～DREQ$_3$ 接地。

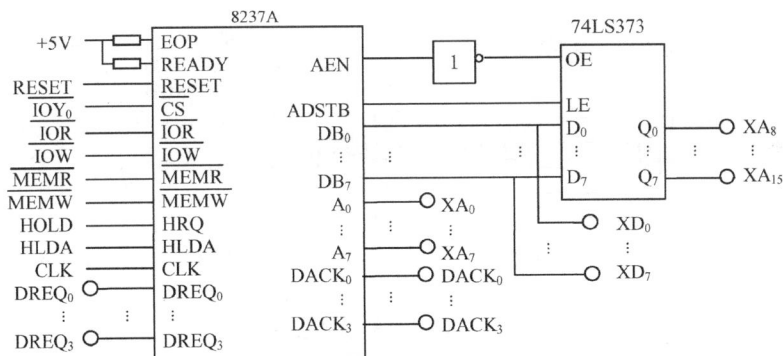

图 11.9　8237A 实验电路

（2）编程要点。

8237A 实验程序流程如图 11.10 所示。

① 系统设定 8237A 的端口地址为 00H～0FH。

② 8237A 的存储器到存储器的数据传送固定使用通道 0 和通道 1。通道 0 的地址寄存器存放源地址 3000H，通道 1 的地址寄存器存放目的地址 4000H，2 个通道的字节计数器都存放计数值 256。

③ 8237A 通道的地址寄存器和字节计数器都是 16 位的。对它们写入 16 位数据，需要分 2 次实现：先写数据低 8 位，再写数据高 8 位。

④ 本实验采用通道 0 的软件请求启动 DMA 传送，在初始化设置之后，发"请求字"（0）到请求寄存器，即开始了传送。传送完毕，8237A 自动转入空闲状态。

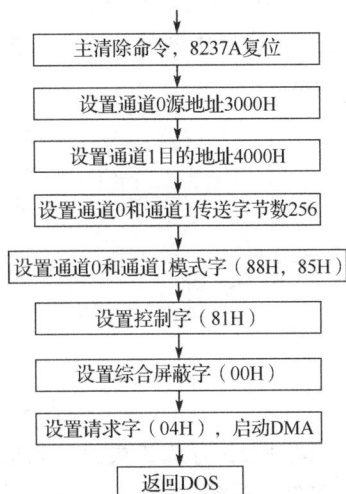

图 11.10　8237A 实验程序流程

4. 实验步骤

① 编制一个循环程序：在 3000H 数据区写入 256 个"A"字符数据。运行该循环程序，在 3000H 数据区预先存放好了 256 个"搬家"的源数据。

② 装载 8237A 实验程序。启动实验程序运行。

③ 程序结束，观察在 DMA"搬家"后，4000H 数据区的实验结果数据。

11.2.3　8253 实验

实验系统已使用了 8253 的部分计数器（计数器 0 为 8259A 实验 IRQ_0 的定时中断源，计数器 1 为 8251A 实验的发送/接收时钟源），所以只有计数器 2 的 $GATE_2$、CLK_2 和 OUT_2 可供给实验者使用。8253 实验电路如图 11.11 所示。

1. 实验目的

① 掌握 8253 方式 0（事件计数中断）的应用。

② 掌握 8253 方式 3（方波发生器）的应用。

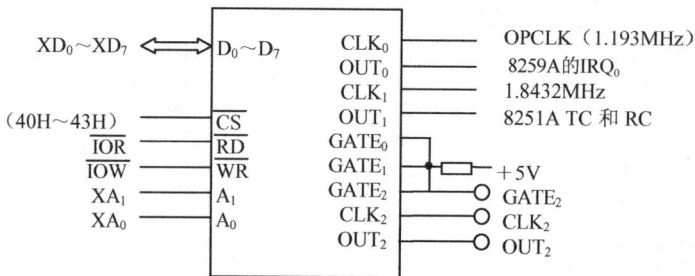

图 11.11　8253 实验电路

2．实验内容

① 用单脉冲信号做 8253 方式 0 的计数触发信号，每来 5 个计数脉冲引发一次中断，共完成 10 次后中断结束。引发的中断功能可利用上述 8259A 实验内容，即显示字符"7"和 1 个空格。

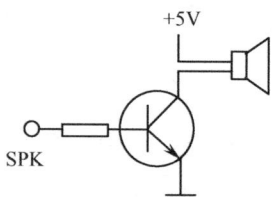

图 11.12　电子发声电路

② 用 8253 构造一个方波发生器（方式 3），设定不同的计数常数产生变化的频率信号，驱动电子发声电路（扬声器）发出不同的蜂鸣声。电子发声电路如图 11.12 所示。

3．实验提示

（1）硬件连接。

① 8253 方式 0 实验：把脉冲发生器的正脉冲输出端 KK+连接到 8253 的 CLK_2，把 8253 的 OUT_2 连接到 8259A 的 IRQ_7。

② 8253 方式 3 实验：把系统时钟源 OPCLK（1.193MHz）连接到 8253 的 CLK_2，把 8253 的 OUT_2 连接到扬声器的输入端 SPK。

（2）编程要点。

① 系统设定 8253 的端口地址为 40H～43H。

② 8253 方式 0 实验主程序流程如图 11.13 所示。该实验的子程序流程和 8259A 实验的子程序流程一样。

③ 8253 方式 3 实验程序流程如图 11.14 所示。8253 方式 3 实验需要组织一批（设定为 16 个）不同的计数数据，循环取这些数据作为计数初值，产生不同频率的方波，驱动扬声器发出不同声音。每发出一种声音，必须用软件延时一段时间，否则分辨不出变化的音频。

4．实验步骤

（1）8253 方式 0 实验。

① 把 8253 的计数器 2 按方式 0 实验方案接线。

② 装载方式 0 实验主程序、子程序。启动主程序运行，按动单脉冲信号发生器的按钮 K，观察屏幕显示结果。

（2）8253 方式 3 实验。

① 把 8253 的计数器 2 按方式 3 实验方案接线。

② 装载方式 3 实验程序。启动程序运行，辨别不同的发声频率。

③ 调整设定的 16 个计数数据，使声音尽可能悦耳。

④ 调整声音间隔的软件延时参数，以便清楚地分辨出每种声音。

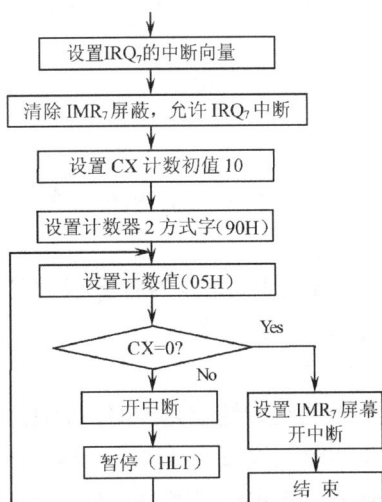

图 11.13　8253 方式 0 实验主程序流程

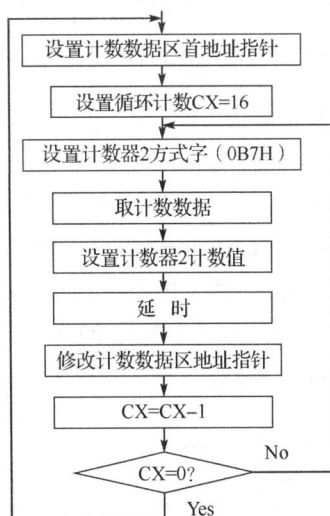

图 11.14　8253 方式 3 实验程序流程

11.2.4　8255A 实验

8255A 实验是用一组输入、输出数据，做无条件方式（方式 0）和中断方式（方式 1）的传送控制。

8255A 实验电路如图 11.15 所示。B 口为数据输入口，由一组（8 个）电平开关 S_i 提供输入数据，S_i 开关闭合时 K_i 为 1，断开时 K_i 为 0。A 口为数据输出口，输出数据提供给一组（8 个）共阳极的 LED 的阴极 L_i，当 L_i 端输入 0 时，LED 亮；当 L_i 端输入 1 时，LED 灭。开关组和 LED 组电路如图 11.16 所示。

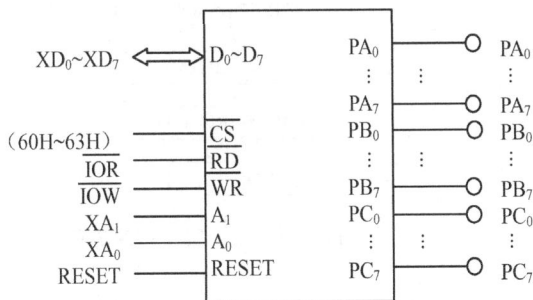

图 11.15　8255A 实验电路

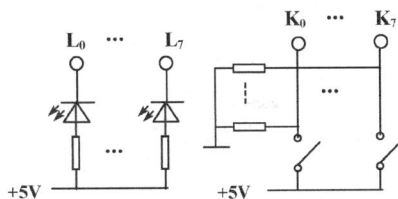

图 11.16　开关组和 LED 组电路

1. 实验目的

① 掌握 8255A 基本输入、输出，即方式 0 的使用。

② 掌握 8255A 选通输入、输出，即方式 1（中断方式）的实现过程。

2. 实验内容

从 B 口读取 8 个开关数据，把这 8 个数据从 A 口输出，作为 8 个 LED 的阴极值。

① 8255A 方式 0 实验：随意拨动 8 个开关，用开关值直接控制对应 LED 的亮、灭。

② 8255A 方式 1 实验：用单脉冲输出信号（KK+）引发中断，在中断服务子程序中读取开关值，控制对应 LED 的亮、灭。

3．实验提示

（1）硬件连接。

① 8255A 的 A 口为输出口，$PA_7 \sim PA_0$ 分别连接 8 位 LED 的 $L_7 \sim L_0$。8255A 的 B 口为输入口，$PB_7 \sim PB_0$ 分别连接 8 位电平开关的 $K_7 \sim K_0$。

② 8255A 方式 1 的中断实验：将单脉冲输出端接 8255A 的 PC_2，作为对 B 口的输入选通 STB 信号，8255A 的 PC_0 接 8259A 的 IRQ_7，作为 B 口的输入中断请求信号。

（2）编程要点。

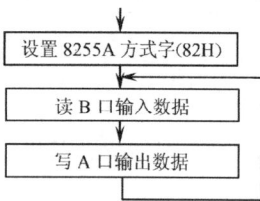

图 11.17　8255A 方式 0 实验程序流程

① 系统设置 8255A 的端口地址为 60H～63H。

② 8255A 方式 0 实验：设置 A 口、B 口均为方式 0，A 口为输出，B 口为输入，方式控制字为 82H。8255A 方式 0 实验流程如图 11.17 所示。程序一直读 B 口输入数据，写 A 口输出数据，实现用开关值实时控制 LED 的亮、灭。

③ 8255A 方式 1 实验：设置 A 口为方式 0 输出，B 口为方式 1 输入，方式控制字为 0A6H。B 口是中断方式，需要设置 $INTE_B$ 中断允许，即将 PC_2 置位。8255A 方式 1 实验主程序流程和子程序流程分别如图 11.18 和图 11.19 所示。

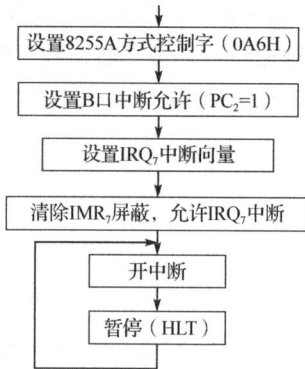

图 11.18　8255A 方式 1 实验主程序流程

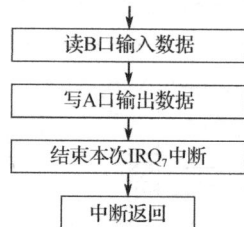

图 11.19　方式 1 实验子程序流程

4．实验步骤

① 方式 0 实验：装载方式 0 的实验程序。启动程序运行，任意拨动开关，观察 LED 亮、灭状态发生的变化（是"实时"的）。

② 方式 1 实验：装载方式 1 实验主程序、子程序。启动主程序运行，当拨动开关后，按下 KK+ 按钮，引发一个 IRQ_7 中断。观察 LED 亮、灭状态发生的变化（是受到中断控制的）。

11.2.5　8251A 实验

8251A 实验电路由 8251A、MC1489 和 MC1488（TTL 电平和 EIA 电平之间的转换器），

以及 EIA-RS-232C（9 针）总线接口组成，如图 11.20 所示。

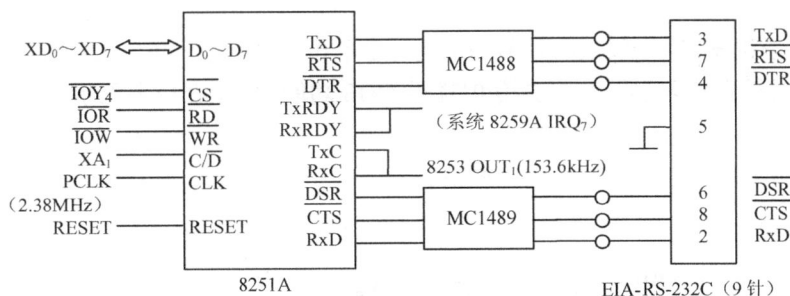

图 11.20　8251A 实验电路

8251A 实验中的发送/接收时钟信号，由 8253 计数器 1 的方波输出。参见 8253 实验电路，CLK$_1$ 接 1.8432MHz 时钟，OUT$_1$ 要得到频率 153.6kHz，计数值为 12（000CH）。

如果采用查询方式通信，则查询 TxRDY 和 RxRDY 的状态，判断串行数据是否发送/接收完成。如果采用中断方式通信，则 TxRDY 和 RxRDY 连接 8259A 的 IRQ$_7$ 做中断请求信号，在中断服务子程序中发送/接收串行数据。

1．实验目的

① 掌握串行接口芯片与外部的连接方式。

② 掌握 8251A 异步通信的方法。

2．实验内容

① 连接发送端 TxD 和接收端 RxD，构成一个自发自收的通信环路。

② 把从键盘输入的一个以"$"为结束符的字符串串行发送出去，用查询方式把串行接收到的字符串显示在屏幕上。

3．实验提示

（1）硬件连接。

① 按照图 11.20 进行 8251A 的基本连接。

② 单机的自发自收串行通信要分别进行三对连接：RxD 和 TxD，$\overline{\text{RTS}}$ 和 $\overline{\text{CTS}}$，$\overline{\text{DTR}}$ 和 $\overline{\text{DSR}}$。

（2）编程要点。

编制查询方式的单机自发自收串行通信实验程序，参考流程如图 11.21 所示。

① 系统设置 8251A 端口地址为 0C0H 和 0C1H。

② 设置 8251A 的方式字为 7EH（波特率因子为 16，数据位 8 位，偶校验，1 个停止位）；8251A 的命令字为 37H（发送/接收允许，错误标识复位，RTS 和 DTR 为 1）。

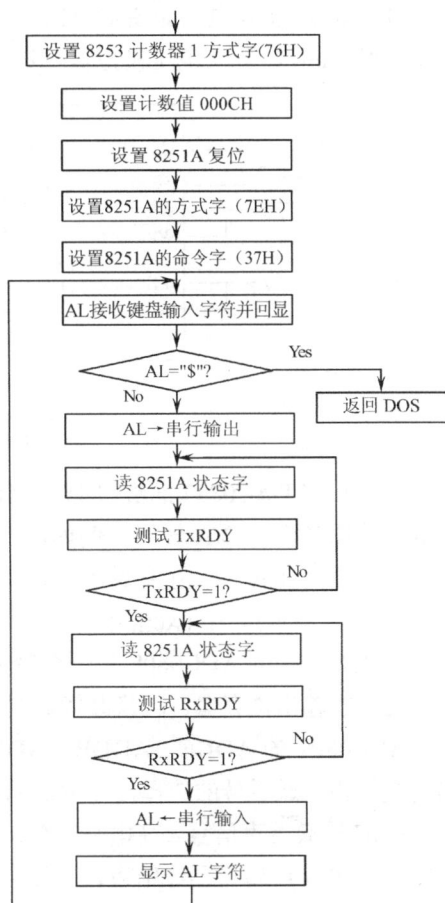

图 11.21　自发自收实验程序流程

③ 对 8251A 端口做"OUT"操作后，要调用一个软件延时子程序，以确保 8251A 硬件能完成相应操作。

④ 8251A 复位操作，一般采用对 8251A 先写 3 个 0，再写 1 个 40H（复位命令字）的设置。

⑤ AL 接收键盘输入字符并回显用 01H 号 DOS 功能调用，在屏幕显示接收的字符用 02H 号 DOS 功能调用。

⑥ 键盘输入"$"字符，实验程序结束。

4．实验步骤

① 装载 8251A 实验程序。启动实验程序运行。

② 在键盘上输入任意可显示字符，观察屏幕上的显示结果。

观察到的现象应该是，每输入一个字符，显示该字符 2 次，第 1 次是键盘输入的回显字符，第 2 次是经串行通信接收到的字符，2 次显示的字符应相同。

11.2.6　DAC0832 和 ADC0809 实验

实验系统中的 DAC0832 是一个带双缓冲/锁存器的、电流输出型 8 位 D/A 转换器。转换精度为 8 位，电流输出稳定时间为 1μs。

DAC0832 实验电路如图 11.22 所示。电流输出端 I_{OUT1} 和 I_{OUT2} 外接了 2 级运算放大器，第 1 级得到 V_{OUT}（−）负电压模拟量，第 2 级得到 V_{OUT}（+）正电压模拟量。

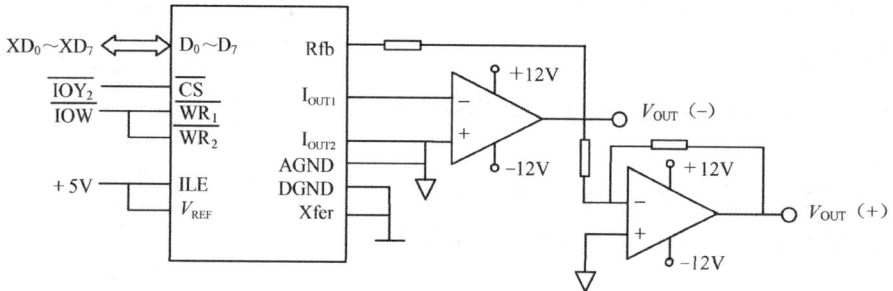

图 11.22　DAC0832 实验电路

系统设定 DAC0832 的端口地址为 0A0H。DAC0832 采用一级缓冲/锁存器方式，在输出转换数据的同时启动 D/A 转换。例如，

```
        MOV     AL,< 转换数据 >          ; AL 取转换数据
        OUT     0A0H,AL                 ; 数据送 DAC0832，启动 D/A 转换
```

实验系统中的 ADC0809 是一个带 8 路模拟输入的、逐次逼近型 8 位 A/D 转换器。数字量输出经三态输出锁存器，转换时间约为 100μs。ADC0809 实验电路如图 11.23 所示。

ADC0809 的 ADDC、ADDB、ADDA 接地址线的最低 3 位 XA_2、XA_1、XA_0，其 3 位编码为模拟输入通道号的选择，即 $IN_0 \sim IN_7$ 对应的端口地址为 0B0H～0B7H。

EOC 转换结束信号（高电平有效），可作为中断申请信号或状态信号，提供给中断或查询方式，得知 A/D 转换已经结束，可以将转换好的数据读入。

模拟输入通道号的选择，以及启动 A/D 转换只需要一条"虚写"指令。例如，

```
        OUT     0B7H,AL                 ;选择/锁存 IN₇，START 信号启动 A/D 转换
```

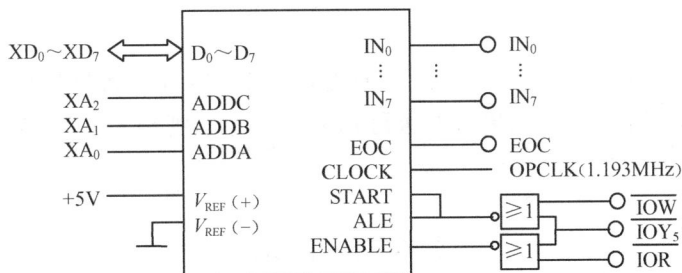

图 11.23　ADC0809 实验电路

ADC0809 实验的 EOC 为转换结束的状态信号，接 8255A 的 PC_0 位输入，可通过 8255A 的 C 口（62H）读出查询。读取和测试 EOC 状态信号的程序段如下：

```
IN       AL,62H        ;读 8255A 的 C 口
TEST     AL,01H        ;测试 PC0 位，即 EOC 状态
JZ(JNZ)  <标号>        ;判断 ZF 标志位得知 EOC 状态，转到某标号处
```

1．实验目的

① 掌握 DAC0832 和 ADC0809 的使用方法。

② 掌握 D/A、A/D 联合转换的过程。

2．实验内容

① 用 ADC0809 测量一个输入的模拟电压，用电压转换的 8 位值控制 8 个 LED 的亮、灭。

② 用 DAC0832 将 8 个电平开关的数字量转换为一个电压模拟量，再通过 ADC0809 将该模拟量再转换为数字量，控制 8 个 LED 的亮、灭。

3．实验提示

（1）硬件连接。

① ADC0809 实验：可调电位器电路如图 11.24 所示，其电压输入 V_{in} 端，接 ADC0809 的 IN_7 路模拟输入端，那么 XA_2、XA_1、XA_0 编码为 111；ADC0809 的 $D_7 \sim D_0$ 接 $XD_7 \sim XD_0$，转换好的数据通过 8255A 的 $PA_7 \sim PA_0$ 接 LED 组的 $L_7 \sim L_0$；EOC 接 8255A 的 PC_0。

② DAC0832 和 ADC0809 联合实验：开关组的 $K_7 \sim K_0$ 接 8255A 的 $PB_7 \sim PB_0$；B 口读入的开关值，通过 $XD_7 \sim XD_0$ 接到 DAC0832 的 $D_7 \sim D_0$；DAC0832 的模拟输出端，接 ADC0809 的 IN_7 路模拟输入端；ADC0809 的连接，如上面①所述。

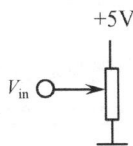

图 11.24　可调电位器电路

（2）编程要点。

① DAC0832 和 ADC0809 联合实验程序流程如图 11.25 所示。单独的 ADC0809 实验，参照其中的 A/D 转换部分。

② 8255A 的 A 口为输出，控制 LED；B 口为输入，接收开关值；PC_0 为输入，做 ADC0809 的 EOC 状态信号。8255A 的方式字为 83H，设置语句如下：

```
MOV   AL,83H
OUT   63H,AL
```

4. 实验步骤

① 装载 ADC0809 实验程序。启动程序运行，对 IN_7 路进行 A/D 转换。使用电位器调节输入电压 V_{in}，转换完成后，把结果数据送到 LED 组显示。观察 8 位 LED 的亮、灭变化。不断重复上述过程。

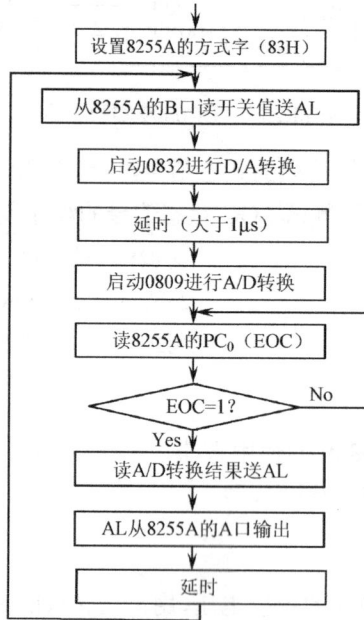

图 11.25　DAC0832 和 ADC0809 联合实验程序流程

② 装载 DAC0832 和 ADC0809 联合实验程序。启动程序运行，拨动开关组，观察 LED 组的亮、灭状态，并与开关值比较。

11.2.7　时间数码显示系统实验

小键盘和数码管是最常用的 I/O 设备。时间数码显示系统实验是上述已给出的多个可编程接口（8259A、8253、8255A）、小键盘和数码管的一个综合应用实验，也称为电子钟系统实验。

小键盘有 16（4×4）个键，其布局如图 11.26 所示，分别为 0～9 数字键、控制计时/显示的 5 个功能键和一个留待扩展使用的 F 键。5 个功能键定义如下。

图 11.26　小键盘布局

C 键（清除）——显示 00-00。

G 键（启动）——显示以××-××格式变化的分、秒值。

S 键（停止）——显示××-××不变。

P 键（设置初始值）——设置分、秒初值。

E 键（终止程序）——熄灭数码管，退出程序。

时间的显示用 4 个共阴极 LED 七段数码器实现，2 位为分值，另 2 位为秒值。另用一个数码管固定显示 "-" 符号，作为分值和秒值之间的分隔符。

时间数码显示系统实验电路如图 11.27 所示。

1．实验目的

① 了解小键盘结构，掌握读取小键盘输入的方法。

② 了解七段数码器显示数字的原理，掌握其动态显示方法。

③ 进一步掌握 8255A 的应用，掌握实时处理程序的设计。

2．实验内容

设计一个用 8255A 接口控制 4×4 小键盘和 4 位 LED 数码管的定时显示装置，即电子钟。

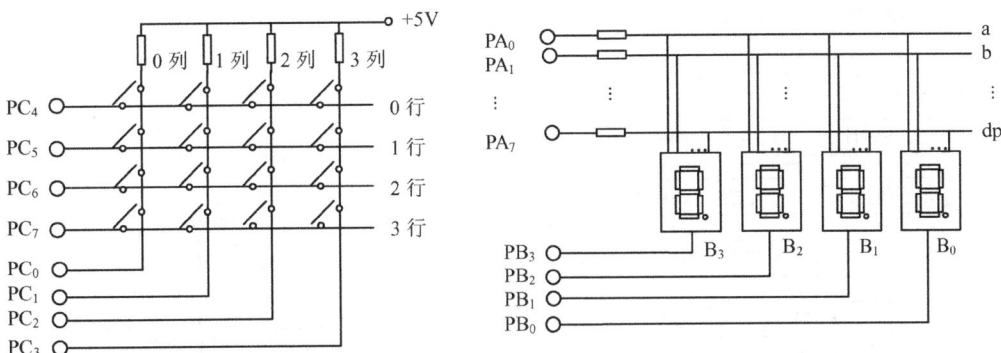

图 11.27　时间数码显示系统实验电路

3．实验提示

（1）硬件连接。

① 8255A 的 A 口和 B 口，连接 4 位数码显示器（B_3，B_2，B_1，B_0），A 口用于数码管的段码输出，B 口（仅用低 4 位）用于数码管的位码输出。8255A 的 C 口控制 4×4 的小键盘，$PC_7 \sim PC_4$ 控制小键盘的行线输出，$PC_3 \sim PC_0$ 控制小键盘的列线输入。

② 实验系统用时钟源 OPCLK（1.193MHz）经 8253 计数器 0 进行方波分频，产生周期为 4ms 的时钟信号，向 8259A 的 IRQ_0 发出定时中断信号。

（2）编程要点。

① 实验需要编制两个程序模块，即主程序和 IRQ_0 定时中断服务子程序，主程序流程如图 11.28 所示，IRQ_0 定时中断服务子程序流程如图 11.29 所示。

② 主程序流程中"扫描键盘"采用逐行扫描方法。

③ 主程序流程中"从左到右显示分值、秒值"程序段的处理步骤如下。

● 取一个显示数字，换成段码，从 A 口送出。

● 取位码（仅有 1 个 0），从 B 口送出，点亮一个数码管。

● 延时。

● 送位码（全 1），熄灭所有的显示器（避免发生闪烁）。

● 如果已经是最右边的数码管（CH=0FEH）就结束显示过程，否则继续。

● 修改显示指针（+1），指向下一个要显示数字。

● 修改位码（CH 循环右移一位），指向下一个要点亮的数码管。

● 重复上述过程。

④ 实验使用的各个接口的应用情况如下。

8259A 端口地址为 20H～21H，IRQ$_0$ 中断类型号为 08H，中断向量表地址为 20H～23H。

8253 端口地址为 40H～43H，方式字为 36H，CLK$_0$ 接 1.193MHz 时钟，OUT$_0$ 要得到 4ms 周期的时钟，计数值为 1193×4。

8255A 端口地址为 60H～63H，方式字为 81H。

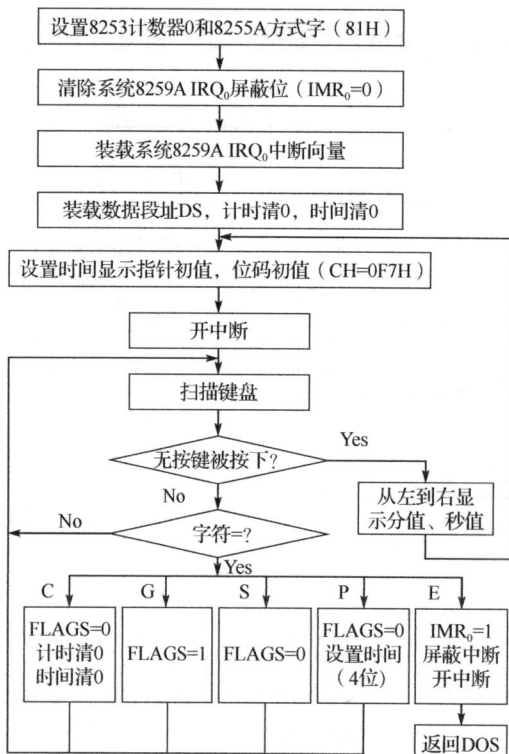

图 11.28 主程序流程

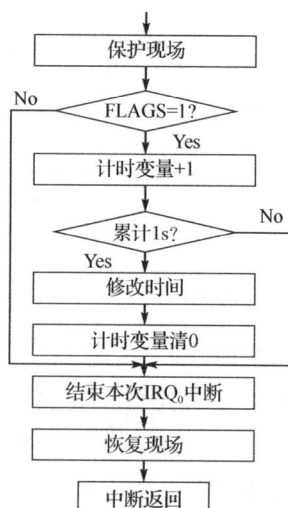

图 11.29 IRQ$_0$ 定时中断服务子程序流程

⑤ 实验程序要建立两张表。

一个是按行、列顺序排列的 16 个键对应的键码值表 Keytbl，通过查表能换成按键的键码；另一个是 0～9 数字的七段显示段码值表 Tabel，显示的每位分、秒数据通过查表能换成对应的段码。

对于这两张表，查表换码的程序流程：设置 DS:BX 为表首址→设置 AL 为查表的序号（0,1,2,…）→用"XLAT"指令得到换码值。

⑥ 实验程序需要设置以下几项。

● 逻辑变量 FLAGS。FLAGS=1，正常计时；FLAGS=0，停止计时。

● 计时变量 TIMES，累计定时中断的次数。满 1s 时，TIMES 清 0 并修改时间单元。

● 2 位分值（2 字节）和 2 位秒值（2 字节）的时间单元。在计时满 1s 时，秒值+1；当 2 位秒值是 60s 时，秒值清 0 并分值+1；当 2 位分值是 60min 时，秒值、分值均清 0。

⑦ 实验程序的数据段（设定为 DS 段）如下：

```
DATA    SEGMENT
```

```
Tabel     DB    3FH,06H,5BH,4FH,66H,6DH,7DH,07H,7FH,6FH        ;0～9 共阴极段码表
Keytbl    DB    '0123456789CGSPEF' ;16 个按键的编码表
Dismem    DB    4   DUP(?)              ;4 字节的分值、秒值时间单元
FLAGS     DB    ?                        ;逻辑变量单元，为 1 时计时，0 时不计时
TIMES     DB    ?                        ;计时变量单元,加1表示计数,等于250表示满1s(4ms×250)
DATA      ENDS
```

4. 实验步骤

① 装载实验程序并运行，使用键盘各个功能键，观察是否达到所设计的功能要求。

② 调整延时参数，得到较理想的显示效果。

附录 A　8086/8088 指令系统表

符号说明

r:	8 位或 16 位寄存器	prt:	8 位 I/O 端口地址
r8/r16:	8 位/16 位寄存器	lab:	标号
a:	8 位或 16 位累加器（AL 或 AX）	prc:	过程名
rs:	段寄存器（CS 或 DS 或 ES 或 SS）	n:	中断类型号（0~255）
F:	状态寄存器	∧:	逻辑与运算符
i:	8 位或 16 位立即数	∨:	逻辑或运算符
i6/i8/i16:	6 位/8 位/16 位立即数	⊕:	逻辑异或运算符
m:	内存字节或字单元		
m8/m16/m32:	内存字节/字/双字单元		

类　　型	指 令 格 式	指 令 操 作	备　　注
数据传送类	MOV　r,r	r←r	除 POPF 和 SAHF 之外，其他指令执行均不影响所有标志位
	MOV　r,m	r←(m)	
	MOV　m,r	m←r	
	MOV　r,i	r←i	
	MOV　m,i	m←i	
	MOV　rs,r16	rs←r16	
	MOV　r16,rs	r16←rs	
	MOV　rs,m16	rs←(m16)	
	MOV　m16,rs	m16←rs	
	LEA　r16,m16	r16←(m16)的偏移地址	
	LDS　r16,m32	r16←(m32)，DS←(m32+2)	
	LES　r16,m32	r16←(m32)，ES←(m32+2)	
	PUSH　r16	SP←SP−2，(SP+1,SP)←r16	
	PUSH　rs	SP←SP−2，(SP+1,SP)←rs	
	PUSH　m16	SP←SP−2，(SP+1,SP)←(m16)	
	POP　r16	r16←(SP+1,SP)，SP←SP+2	
	POP　rs（除 CS 外）	rs←(SP+1,SP)，SP←SP+2	
	POP　m16	m16←(SP+1,SP)，SP←SP+2	
	PUSHF	SP←SP−2，(SP+1,SP)←F	
	POPF	F←(SP+1,SP)，SP←SP+2	
	LAHF	AH←F 的 0~7 位	
	SAHF	F 的 0~7 位←AH	
	XLAT	AL←(BX+AL)	
	XCHG　r,r	r←→r	
	XCHG　r,m	r←→(m)	
	IN　a,prt	AL/AX←(prt)	
	IN　a,DX	AL/AX←(DX)	
	OUT　prt,a	(prt)←AL/AX	
	OUT　DX,a	(DX)←AL/AX	

类 型	指 令 格 式	指 令 操 作	备 注
算术运算类	ADD r,r	r←r+r	指令指行影响状态标志位（SF，ZF，CF，AF，OF，PF），不影响控制标志位（IF，DF，TF）
	ADD r,m	r←r+(m)	
	ADD m,r	m←(m)+r	
	ADD r,i	r←r+i	
	ADD m,i	m←(m)+i	
	ADC r,r	r←r+r+CF	
	ADC r,m	r←r+(m)+CF	
	ADC m,r	m←(m)+r+CF	
	ADC r,i	r←r+i+CF	
	ADC m,i	m←(m)+i+CF	
	INC r	r←r+1	
	INC m	m←(m)+1	
	SUB r,r	r←r−r	
	SUB r,m	r←r−(m)	
	SUB m,r	m←(m)−r	
	SUB r,i	r←r−i	
	SUB m,i	m←(m)−i	
	SBB r,r	r←r−r−CF	
	SBB r,m	r←r−(m)−CF	
	SBB m,r	m←(m)−r−CF	
	SBB r,i	r←r−i−CF	
	SBB m,i	m←(m)−i−CF	
	DEC r	r←r−1	
	DEC m	m←(m)−1	
	CMP r,r	r−r	
	CMP r,m	r−(m)	
	CMP m,r	(m)−r	
	CMP r,i	r−i	
	CMP m,i	(m)−i	
	NEG r	r←0−r	
	NEG m	m←0−(m)	
	MUL r8	AX←AL×r8	
	MUL r16	DX,AX←AX×r16	
	MUL m8	AX←AL×(m8)	
	MUL m16	DX,AX←AX×(m16)	
	IMUL r8	AX←AL×r8	
	IMUL r16	DX,AX←AX×r16	
	IMUL m8	AX←AL×(m8)	
	IMUL m16	DX,AX←AX×(m16)	
	DIV r8	AL←AL/r8，AH←余数	
	DIV r16	AX←(DX,AX)/r16，DX←余数	
	DIV m8	16AL←AX/(m8)，AH←余数	
	DIV m16	AX←(DX,AX)/(m16)，DX←余数	
	IDIV r8	AL←AL/r8，AH←余数	
	IDIV r16	AX←DX, AX/r16，DX←余数	
	IDIV m8	AL←AX/(m8)，AH←余数	
	IDIV m16	AX←DX, AX/(m16)，DX←余数	
	CBW	如果 AL<0，则 AH←FFH，否则 AH←0OH	指令执行不影响所有标志位
	CWD	如果 AX<0，则 DX←FFFFH，否则 DX←0000H	

类 型	指 令 格 式	指 令 操 作	备 注
BCD 码 调 整 类	DAA	如果(AL∧0FH)>09H 或 AF=1，则 AL←AL+06 如果(AL∧F0H)>90H 或 CF=1，则 AL←AL+60H	指令执行影响状态标志位。DAA 和 DAS 用于压缩 BCD 码调整，其他指令用于非压缩 BCD 码调整。AAM 用于 MUL 指令之后的 BCD 码调整。AAD 用于 DIV 指令之前的 BCD 码调整
	DAS	如果(AL∧0FH)>09H 或 AF=1，则 AL←AL−06 如果(AL∧F0H)>90H 或 CF=1，则 AL←AL−60H	
	AAA	如果(AL∧0FH)>09H 或 AF=1 则 AH←AH+1，AL←（AL+6）∧0FH	
	AAS	如果(AL∧0FH)>09H 或 AF=1， 则 AH←AH−1，AL←(AL−6)∧0FH	
	AAM	AH←(AL/10)的整数，AL←(AL/10)的余数	
	AAD	AL←AH×10+AL，AH←0	
逻 辑 运 算 类	AND r,r	r←r∧r	指令执行影响 ZF 和 SF 标志位（CF=0，OF=0）
	AND r,m	r←r∧(m)	
	AND m,r	m←(m)∧r	
	AND r,i	r←r∧i	
	AND m,i	m←(m)∧i	
	TEST r,r	r∧r	
	TEST r,m	r∧(m)	
	TEST m,r	(m)∧r	
	TEST r,i	r∧i	
	TEST m,i	(m)∧i	
	OR r,r	r←r∨r	
	OR r,m	r←r∨(m)	
	OR m,r	m←(m)∨r	
	OR r,i	r←r∨i	
	OR m,i	m←(m)∨i	
	XOR r,r	r←r⊕r	
	XOR r,m	r←r⊕(m)	
	XOR m,r	m←(m)⊕r	
	XOR r,i	r←r⊕i	
	XOR m,i	m←(m)⊕i	
	NOT r	r←r 取反	指令执行不影响标志位
	NOT m	m←(m)取反	
逻 辑 移 位 类	SHL/SAL r,l SHL/SAL r,CL SHL/SAL m,l SHL/SAL m,CL		指令执行影响状态标志位
	SHR r,l SHR r,CL SHR m,l SHR m,CL		
	SAR r,l SAR r,CL SAR m,l SAR m,CL		

类　型	指令格式	指令格式	备　注
逻辑移位类	ROL　r,l ROL　r,CL ROL　m,l ROL　m,CL	r/m　CF 左移1/(CL)	指令执行仅影响状态标志位
	ROR　r,l ROR　r,CL ROR　m,l ROR　m,CL	r/m　CF 右移1/(CL)	
	RCL　r,l RCL　r,CL RCL　m,l RCL　m,CL	r/m　CF 左移1/(CL)	
	RCR　r,l RCR　r,CL RCR　m,l RCR　m,CL	r/m　CF 右移1/(CL)	
串操作类	MOVS　src,dst MOVSB MOVSW	(ES:DI)←(DS:SI), DI←DI±1/2, SI←SI±1/2	CMPS、SCAS 指令执行影响状态标志位，其他指令执行均不影响标志位。 DF=0,相应指针加 1 或加 2, DF=1，相应指针减 1 或减 2
	LODS　src LODSB LODSW	AL/AX←(DS:SI), SI←SI±1/2	
	STOS　dst STOSB STOSW	(ES:DI)←AL/AX, DI←DI±1/2	
	CMPS　src,dst CMPSB CMPSW	(DS:SI)–(ES:DI), DI←DI±1/2, SI←SI±1/2	
	SCAS　dst SCASB SCASW	AL/AX–(ES:DI), DI←DI±1/2, SI←SI±1/2	
	REP REPZ/REPE REPNZ/REPNE	如果 CX≠0,则重复串操作, CX←CX–1 如果 CX≠0 且 ZF=1, 则重复串操作, CX←CX–1 如果 CX≠0 且 ZF=0, 则重复串操作, CX←CX–1	
无条件转移类	JMP SHORT　lab（短转） JMP　lab　（近转） JMP　lab　（远转） JMP　r16 JMP　m16 JMP　m32	IP←OFFSET lab IP←OFFSET lab IP←OFFSET lab, CS←SEG lab IP←r16 IP←(m16) IP←(m32), CS←(m32+2)	指令执行不影响所有标志位

续表

类 型	指令格式	指令操作	备 注
有条件转移类	JAE/JNB lab JNC lab	如果 CF=0，则 IP←OFFSET lab，否则 IP←IP+2	指令执行不影响标志位。转移目标地址必须在 −128～+127 范围内
	JB/JNAE lab JC lab	如果 CF=1，则 IP←OFFSET lab，否则 IP←IP+2	
	JNZ/JNE lab	如果 ZF=0，则 IP←OFFSET lab，否则 IP←IP+2	
	JZ/JE lab	如果 ZF=1，则 IP←OFFSET lab，否则 IP←IP+2	
	JNS lab	如果 SF=0，则 IP←OFFSET lab，否则 IP←IP+2	
	JS lab	如果 SF=1，则 IP←OFFSET lab，否则 IP←IP+2	
	JNP/JPO lab	如果 PF=0，则 IP←OFFSET lab，否则 IP←IP+2	
	JP/JPE lab	如果 PF=1，则 IP←OFFSET lab，否则 IP←IP+2	
	JNO lab	如果 OF=0，则 IP←OFFSET lab，否则 IP←IP+2	
	JO lab	如果 OF=1，则 IP←OFFSET lab，否则 IP←IP+2	
	JA/JNBE lab	如果(CF∨ZF)=0，则 IP←OFFSET lab，否则 IP←IP+2	
	JBE/JNA lab	如果(CF∨ZF)=1，则 IP←OFFSET lab，否则 IP←IP+2	
	JGE/JNL lab	如果(SF⊕OF)=0，则 IP←OFFSET lab，否则 IP←IP+2	
	JL/JNGE lab	如果(SF⊕OF)=1，则 IP←OFFSET lab，否则 IP←IP+2	
	JG/JNLE lab	如果 [(SF⊕OF)∨ZF] =0，则 IP←OFFSET lab，否则 IP←IP+2	
	JLE/JNG lab	如果 [(SF⊕OF)∨ZF] =1，则 IP←OFFSET lab，否则 IP←IP+2	
	JCXZ lab	如果 CX=0，则 IP←OFFSET lab，否则 IP←IP+2	
	LOOP lab	CX←CX−1，如果 CX≠0，则 IP←OFFSET lab，否则 IP←IP+2	
	LOOPE/LOOPZ lab	CX←CX−1，如果 CX≠0 且 ZF=1，则 IP←OFFSET lab，否则 IP←IP+2	
	LOOPNE/LOOPNZ lab	CX←CX−1，如果 CX≠0 且 ZF=0，则 IP←OFFSET lab，否则 IP←IP+2	
过程调用和返回类	CALL prc （段内）	SP←SP−2，(SP+1,SP)←IP，IP←OFFSET prc	指令执行不影响标志位
	CALL r16 （段内）	SP←SP−2，(SP+1,SP)←IP，IP←r16	
	CALL m16 （段内）	SP←SP−2，(SP+1,SP)←IP，IP←(m16)	
	CALL prc （段间）	SP←SP−2，(SP+1,SP)←CS，CS←SEG prc SP←SP−2，(SP+1,SP)←IP，IP←OFFSET prc	
	CALL m32 （段间）	SP←SP−2，(SP+1,SP)←CS，CS←(m32+2) SP←SP−2，(SP+1,SP)←IP，IP←(m32)	
	RET （段内）	IP←(SP+1,SP)，SP←SP+2	
	RET val （段内）	IP←(SP+1,SP)，SP←SP+2+val	
	RET （段间）	IP←(SP+1,SP)，SP←SP+2 CS←(SP+1,SP)，SP←SP+2	
	RET val （段间）	IP←(SP+1,SP)，SP←SP+2 CS←(SP+1,SP)，SP←SP+2+val	

续表

类　型	指　令　格　式		指　令　操　作	备　注
软件中断和返回类	INT　n		SP←SP−2，(SP+1,SP)←F，IF←0，TF←0 SP←SP−2，(SP+1,SP)←CS，CS←(n×4+2) SP←SP−2，(SP+1,SP)←IP，IP←(n×4)	除 IF=0，TF=0 以外，指令执行不影响其他标志位
	INTO		如果 OF=1， 则 SP←SP−2，(SP+1,SP)←F，IF←0，TF←0 SP←SP−2，(SP+1,SP)←CS，CS←(00012H) SP←SP−2，(SP+1,SP)←IP，IP←(00010H)， 否则 IP←IP+1	
	IRET		IP←(SP+1,SP)，SP←SP+2 CS←(SP+1,SP)，SP←SP+2 F←(SP+1,SP)，SP←SP+2	
处理器控制类	STC		CF←1	指令执行不影响标志位
	CMC		CF←CF 取反	
	CLD		DF←0	
	STD		DF←1	
	CLI		IF←0	
	STI		IF←1	
	LOCK		封锁总线前缀	
	WAIT		等待外同步（TEST）信号	
	ESC　i6,m		数据总线←(m)	
	ESC　i6,r		数据总线←r	
	HLT		CPU 暂停（动态）	
	NOP		空操作	

附录 B   常用 BIOS 中断调用表

INT	AH	功　　能	调　用　参　数	返　回　参　数
10	1	置光标类型	（CH）0～3=光标起始行号 （CL）0～3=光标结束行号	
10	2	置光标位置	BH=页号，DH=行号，DL=列号	
10	3	读光标位置	BH=页号	CH=光标起始行号 DH=行号，DL=列号
10	8	读光标位置的字符和属性	BH=显示页	AH=属性 AL=字符
10	9	光标位置显示字符及其属性	BH=显示页 BL=属性 AL=字符 CX=字符重复次数	
10	A	在光标位置显示字符	BH=显示页 AL=字符 CX=字符重复次数	
10	13	显示字符串 （适用 AT）	ES：BP=串地址，CX=串长度 BH=页号，DH=起始行号，DL=起始列号 AL=0，BL=属性， 　　串：char，char，… AL=1，BL=属性， 　　串：char，char，… AL=2， 　　串：char，attr，char，attr，… AL=3， 　　串：char，attr，char，attr，…	光标返回起始位置 光标跟随移动 光标返回起始位置 光标跟随移动
12		测定存储器容量		AX=字节数（KB）
14	0	初始化串行通信口	AL=初始化参数 DX=通信口号（0，1）	AH=通信口状态 AL=调制解调器状态
14	1	向串行通信口写字符	AL=字符 DX=通信口号（0，1）	写成功：（AH）7=0 写失败：（AH）7=1 （AH）0～6=通信口状态
14	2	从串行通信口读字符	DX=通信口号（0，1）	读成功：（AH）7=0 　　　AL=字符 读失败：（AH）7=1 （AH）0～6=通信口状态

续表

INT	AH	功　能	调 用 参 数	返 回 参 数
14	3	取通信口状态	DX=通信口号（0，1）	AH=通信口状态 AL=调制解调器状态
16	0	从键盘读字符		AH=扫描码，AL=字符码
16	1	读键盘缓冲区字符		AH=扫描码 ZF=0，AL=字符码 ZF=1，缓冲区空
16	2	取键盘状态字节		AL=键盘状态字节
17	0	打印字符回送状态字节	AL=字符 DX=打印机号	AH=打印机状态字节
17	1	初始化打印机回送状态字节	DX=打印机号	AH=打印机状态字节
17	2	取打印机状态字节	DX=打印机号	AH=打印机状态字节
1A	0	读时钟		CH=时，CL=分 （BCD 数） DH=秒，DL= 1/100 秒 （BCD 数）
1A	1	置时钟	CH=时，CL=分 （BCD 数） DH=秒，DL= 1/100 秒 （BCD 数）	
1A	2	读实时钟（适用 AT）		CH=时，CL=分 （BCD 数） DH=秒，DL= 1/100 秒 （BCD 数）
1A	6	置报警时间（适用 AT）	CH=时，CL=分 （BCD 数） DH=秒，DL= 1/100 秒 （BCD 数）	
1A	7	清除报警（适用 AT）		

附录 C 常用 DOS 功能调用（INT 21H）表

AH	功　能	调 用 参 数	返 回 参 数
00	程序终止（同 INT 20H）	CS=程序段前缀	
01	键盘输入并回显		AL=输入字符
02	显示输出	DL=输出字符	
03	异步通信输入		AL=输入字符
04	异步通信输出	DL=输出数据	
05	打印机输出	DL=输出字符	
06	直接控制台 I/O	DL=FF（输入） DL=字符（输出）	AL=输入字符
07	键盘输入（无回显）		AL=输入字符
08	键盘输入（无回显） 检测 Ctrl-Break		AL=输入字符
09	显示字符串	DS:DX=字符串首地址 （$ 为串结束字符）	
0A	键盘输入到缓冲区	DS:DX=缓冲区首地址 (DS:DX)=缓冲区最大字符数	(DS:DX+1)=实际输入字符数
0B	检验键盘状态		AL=00 有输入 AL=FF 无输入
0C	清除输入缓冲区并请求指定的输入功能	AL=输入功能号（1，6，7，8，A）	
0F	打开文件	DS:DX=FCB 首地址	AL=00 打开成功 AL=FF 文件未找到
10	关闭文件	DS:DX=FCB 首地址	AL=00 关闭成功 AL=FF 文件未找到
13	删除文件	DS:DX=FCB 首地址	AL=00 删除成功 AL=FF 文件未找到
14	顺序读	DS:DX=FCB 首地址	AL=00 读成功 AL=01 文件结束，记录无数据 AL=02 DTA 空间不够 AL=03 文件结束，记录不完整
15	顺序写	DS:DX=FCB 首地址	AL=00 写成功 AL=01 盘满 AL=02 DTA 空间不够

AH	功 能	调 用 参 数	返 回 参 数
16	建文件	DS:DX=FCB 首地址	AL=00 建立成功 AL=FF 无磁盘空间
21	随机读	DS:DX=FCB 首地址	AL=00 读成功 AL=01 文件结束 AL=02 缓冲区溢出 AL=03 缓冲区不满
22	随机写	DS:DX=FCB 首地址	AL=00 写成功 AL=01 文件结束 AL=02 缓冲区溢出
25	设置中断向量	DS:DX=中断向量 AL=中断类型号	
26	建立程序段前缀	DX=新的程序段前缀	
29	分析文件名	ES:DI=FCB 首地址 DS:SI=字符串 AL=控制分析标志	AL=00 标准文件 AL 01 多义文件 AL FF 非法盘符
2A	取日期		CX=年，DH=月，DL=日 （二进制）
2B	设置日期	CX=年，DH=月，DL=日 （二进制）	AL=00 成功 AL=FF 无效
2C	取时间		CH:CL=时:分 （BCD 数） DH:DL=秒:1/100 秒 （BCD 数）
2D	设置时间	CH=时，CL=分 （BCD 数） DH=秒，DL=1/100 秒 （BCD 数）	AL=00 成功 AL =FF 无效
31	结束并驻留	AL=返回码 DX=驻留区大小	
33	Ctrl+Break 检测	AL=00 取状态 AL=01 置状态（DL） DL=00 关闭检测，DL=01 打开检测	DL=00 关闭 Ctrl+Break 检测 DL=01 打开 Ctrl+Break 检测
35	取中断向量		AL=中断类型号 ES：BX=中断向量
3C	建立文件	DS：DX=字符串首地址 CX=文件属性	成功：AX=文件代号 失败：AX=错误码
3D	打开文件	DS：DX=字符串首地址 AL=0 读，AL=1 写，AL =2 读/写	成功：AX=文件代号 失败：AX=错误码
3E	关闭文件	BX=文件号	失败：AX=错误码
3F	读文件或设备	DS：DX=数据缓冲区首地址 BX=文件号 CX=读取的字节数	读成功：AX=实际读入字节数 AX =0 已到文件尾 读出错：AX=错误码
40	写文件或设备	DS：DX=数据缓冲区首地址 BX=文件号 CX=写入的字节数	写成功：AX=实际写入字节数 写出错：AX=错误码

AH	功　　能	调　用　参　数	返　回　参　数
41	删除文件	DS：DX=字符串首地址	成功：AX=00 失败：AX=错误码（2，5）
48	分配内存空间	BX=申请内存容量	成功：AX=分配内存首址 失败：BX=最大可用空间
49	释放内存空间	ES=内存起始段地址	失败：AX=错误码
4A	调整已分配的存储块	ES=原内存起始段地址 BX=申请的内存容量	成功：BX=最大可用空间 失败：AX=错误码
4B	装配/执行程序	DS：DX=字符串首地址 ES：BX=参数区首地址 AL=0 装入执行 AL=3 装入不执行	失败：AX=错误码
4C	带返回码结束	AL=返回码	
4D	取返回码		AX=返回代码
62	取程序段前缀地址		BX=PSP 首地址

参 考 文 献

1. 杨文显，等. 现代微型计算机与接口教程. 北京：清华大学出版社，2004.
2. 朱庆保，张颖超，孙燕. 微机系统原理与接口. 南京：南京大学出版社，2003.
3. 丁辉，陈书谦，朱海峰. 汇编语言程序设计. 北京：电子工业出版社，2003.
4. 李芷，杨文显. 微机接口技术及其应用. 北京：电子工业出版社，2002.
5. 朱定华. 微机原理与接口技术. 北京：北京交通大学出版社，2002.
6. 洪志全，洪学海. 现代计算机接口技术. 北京：电子工业出版社，2000.
7. 贾智平，石冰. 计算机硬件技术教程——微机原理与接口技术. 北京：中国水利水电出版社，1999.
8. 李继灿，李华贵. 新编16-32位微型计算机原理及应用. 北京：清华大学出版社，1997.
9. 戴梅萼，史嘉权. 微型计算机技术及应用——从16位到32位（第二版）. 北京：清华大学出版社，1996.

反侵权盗版声明

电子工业出版社依法对本作品享有专有出版权。任何未经权利人书面许可，复制、销售或通过信息网络传播本作品的行为；歪曲、篡改、剽窃本作品的行为，均违反《中华人民共和国著作权法》，其行为人应承担相应的民事责任和行政责任，构成犯罪的，将被依法追究刑事责任。

为了维护市场秩序，保护权利人的合法权益，我社将依法查处和打击侵权盗版的单位和个人。欢迎社会各界人士积极举报侵权盗版行为，本社将奖励举报有功人员，并保证举报人的信息不被泄露。

举报电话：（010）88254396；（010）88258888
传　　真：（010）88254397
E-mail:　　dbqq@phei.com.cn
通信地址：北京市海淀区万寿路 173 信箱
　　　　　电子工业出版社总编办公室
邮　　编：100036